"博学而笃志,切问而近思。"
《论语》

博晓古今,可立一家之说;
学贯中西,或成经国之才。

复旦博学·复旦博学·复旦博学·复旦博学·复旦博学·复旦博学

主编简介

李晓玲，1956年7月出生。现任复旦大学图书馆文献检索教研室主任、研究馆员，全国医学文献检索教学研究会副理事长。从事医学文献检索教学20余年。曾获1995年上海医科大学研究生教学奖，1996年、2005年上海市优秀教学成果奖，1997年上海医科大学优秀中青年教师（华藏奖），2007年、2010年获复旦大学"复华奖"。2009年获得上海市重点课程项目，同年"医学文献检索与利用"课被评为复旦大学精品课程，2010年获复旦大学优秀教学成果奖，2011年《医学信息检索与利用》（第四版）获中国大学出版社图书奖优秀教材奖一等奖。在国内外权威期刊发表论文20多篇，如"The University Library——Incubation of the Research Literacy"、"信息检索与利用网上教学整合系统刍议"、"网络学习支持服务系统"等。主编《医学信息检索与利用》（第二、四版），参编《医学信息检索与利用》（第一、三版）、《医学文献检索》等。

符礼平，1968年9月出生，获华东师范大学管理学硕士学位，副研究馆员。从事文献检索教学20余年，发表论文10余篇，曾任《医学信息检索与利用》（第四版）副主编，并参编"十一五"国家级规划教材《医学信息检索教程》（第二版）、《医学信息检索与利用》（第二、三版）、《医学文献检索》等；2005年获上海市教学成果奖；2010年获复旦大学教学成果奖。

博学·基础医学

医学信息检索与利用
YIXUE XINXI JIANSUO YU LIYONG

（第五版）

主　编　李晓玲　符礼平
副主编　王宇芳　程　鸿
课件主编　许美荣
编　委（按姓氏笔画排序）
　　　　王宇芳（复旦大学）
　　　　叶　琦（复旦大学）
　　　　许美荣（复旦大学）
　　　　李晓玲（复旦大学）
　　　　应　峻（复旦大学）
　　　　林　红（南昌大学）
　　　　钟丽萍（南昌大学）
　　　　俞　健（复旦大学）
　　　　夏知平（复旦大学）
　　　　符礼平（复旦大学）
　　　　蒋佳文（南昌大学）
　　　　程　鸿（内蒙古医科大学）
　　　　潘素珠（南昌大学）

復旦大學出版社

内容提要

全书共9章，主要内容有信息及其信息素养基本知识、数据库基本检索及深度检索、信息利用及其表达等。系统介绍了学术资源门户及整合体系；中外文学术数据库检索；电子学术图书数据库检索；特种文献数据库检索；全文数据库检索及全文获取；循证医学证据检索、生物信息学相关数据库检索；互联网学术信息检索。针对科研的不同阶段的信息需求，详细介绍了信息整理、分析、研究的科学方法和步骤，并增加了医学科技查新的内容。在科研信息的表达方面，提供了医学学术论文、综述、学位论文的写作指导和递交的最新指南。

本版教材突出最新资源的整合、更新了最新数据库检索功能，并配以实习案例，深入阐述了医学信息检索和研究分析利用的完整科学过程。本教材可供医药卫生专业院校学生使用，也可作为医药卫生工作人员提高信息和科研素养能力的学习资源。（本教材配有教学课件供教学单位免费使用。）

前言

21世纪,大数据环境带来了信息革命的深入发展。信息从知识的载体发展到智慧的源泉,科学研究在大数据环境的影响下,伴随信息技术发展的突飞猛进,学术信息大数据时代已经到来。

为了更好地提升高校学生的科学研究能力、信息素养能力、数据素养能力,掌握发现、探究、利用学术信息及知识的能力,以利于开展自主科研创新活动,《医学信息检索与利用》教材进行了更新和再版。在前4版的基础上,本版教材内容有了进一步完善、充实、更新,对教材的结构进行了适当调整。

新版教材共9章,主要内容有信息检索的基础知识、数据库检索、信息利用和信息表达。数据库检索包括:学术资源门户及整合体系;中外文期刊数据库检索;电子图书数据库检索;特种文献数据库检索;全文数据库检索及全文获取;循证医学证据检索、生物信息学相关数据库检索;互联网信息检索。在信息利用部分整合了信息的管理和分析,充实了文献管理软件的内容。针对科研的不同阶段的信息需求,介绍信息整理、分析、研究的科学方法和步骤,并增加了医学科技查新的内容。在科研信息的表达方面,有医学学术论文、综述的写作指导以及学位论文写作和递交的最新指南。

本版教材突出最新资源的整合,更新了最新数据库检索功能,并配以实习案例,将医学信息检索及其利用与学生的学业攻读、科研活动、知识创新紧密结合。本教材配有多媒体教学课件供教学老师免费使用。

本教材不仅可供医药卫生专业的研究生、本科生使用,也可供医药院校教师、医师、科技人员使用。

编 者

2013年12月

目录

第一章　导论 ································· 1
　　第一节　信息及信息素养 / 1
　　第二节　数据库知识 / 11
　　第三节　信息检索基础 / 14
　　第四节　图书馆资源导航 / 24
　　第五节　学术资源门户 / 41

第二章　中文数据库检索 ································· 52
　　第一节　中国学术期刊网络出版总库 / 52
　　第二节　中文科技期刊数据库 / 60
　　第三节　万方数据期刊论文数据库 / 67
　　第四节　中国生物医学文献数据库 / 73

第三章　外文数据库及检索系统 ································· 83
　　第一节　美国医学文献数据库 MEDLINE / 83
　　第二节　美国学术知识检索系统 Web of Knowledge / 101
　　第三节　美国化学文摘数据库 SciFinder / 123
　　第四节　化学事实数据库 / 131
　　第五节　其他全文数据库及检索系统 / 135

第四章　特种文献检索 ································· 149
　　第一节　学位论文检索 / 149
　　第二节　会议信息检索 / 154
　　第三节　专利信息检索 / 156

第五章　互联网学术信息检索 ································· 163
　　第一节　互联网基础知识 / 163
　　第二节　搜索引擎 / 165
　　第三节　免费学术资源检索 / 172

第六章 循证医学及证据检索 ························· 180
- 第一节 循证医学概述 / 180
- 第二节 循证医学研究证据 / 182
- 第三节 循证医学证据检索 / 183

第七章 生物信息学数据库 ························· 192
- 第一节 生物信息学数据库概述 / 192
- 第二节 主要生物信息学数据库 / 192
- 第三节 生物信息学数据库检索 / 197

第八章 信息处理与分析 ························· 204
- 第一节 文献检索策略与案例分析 / 204
- 第二节 个人文献管理软件 / 212
- 第三节 医学信息调查与研究 / 227
- 第四节 医学科技查新 / 237

第九章 医学写作 ························· 248
- 第一节 医学学术论文 / 248
- 第二节 医学综述 / 253
- 第三节 医学学位论文及提交 / 257

参考文献及网站 / 267

第一章 导论

第一节 信息及信息素养

一、信息及文献基本概念

(一) 信息与信息环境

信息(information)作为比较正式的学术名称,主要译名有信息、情报,我国港台地区学者译为资讯。

关于信息的定义,不同的专业领域如图书情报学领域、计算机与通信科学领域等都有不同角度的解释。一般认为,信息是指人类社会传播的一切内容。英国科学家波普尔(K. Popper)认为信息的概念可以分成三大类:第一类是有关客观物质世界的信息,即信息是事物存在方式及其运动规律、特点的外在表现形式;第二类是有关人类主观精神世界的信息,它反映人类所感受的事物运动状态及其变化方式,处于意识和思维状态的信息;第三类是有关概念世界的信息,它反映人类所表述的事物运动状态及其变化方式,用语言、文字、图像、影视数据等各种载体来表示。

在信息技术飞速发展的当今时代,信息环境发生着巨大的变化,这些变化极大地影响了人类的学习、研究、工作和生活。

2003年,美国自然科学基金会(NSF)发表了先进知识整合网络基础设施计划(Advanced Cyberinfrastructure Program,ACP)报告:计划建立大规模知识环境整合基础设施,为科研、工程、教育服务。与国家信息基础设施(National Information Infrastructure,NII)相比,ACP的网络信息资源更丰富、类型更多样,信息技术功能更全面,科研协同能力更强劲,网络连接更广泛,跨学科的资源、新的应用、互操作、数据软件共享更深入。传统的文献信息数据库结合网络信息检索先进技术,逐步实现跨地域、跨学科的知识挖掘,提供用户个性化服务、研究学习平台、信息分析等知识管理层面的服务,向网络资源整合平台发展,帮助用户发现、推断、提示信息需求表达及有用的知识,颠覆了传统的信息处理、获取理念。科学研究信息环境正向着知识整合、分析与处理系统化的方向大踏步迈进。

互联网已经成为科学研究和技术开发不可缺少的工具。依靠互联网的巨大平台,集计算机技术、通信技术、激光技术、自动控制技术、光导技术和人工智能技术等之大成的信息技术突飞猛进,使得图书馆、信息服务技术发生了翻天覆地的变化。信息获取技术、信息传递技术、信息存储技术、信息加工技术及信息标准化技术,从网络化、光盘处理、全文挖掘到电子标签

(RFID)等已成为图书馆信息服务工作的技术基础。数字图书馆研究、自动化网络研究、知识发现系统的建设、智能检索系统、自然语言处理等技术成为图书馆信息服务工作的主流。

当前,随着互联网、云计算等信息技术的飞速发展,整个社会对信息数据应用需求的提升,大数据如日中天。大数据即巨量数据,具有数量(volume)、增速(velocity)、多样性(variety)和价值(veracity)4个特性。国际数据公司估计,2011年世界数据总量已经达到泽字节(ZB,10^{21}字节)的量级;全球每分钟就有几十个小时的视频、每月有几十亿张照片、每天有几亿条微博上传网络,几千亿封电子邮件发送。大量的数据精确地记载了极其重大的意义和价值,大大有利于新的科学规律的发现、企业取得更大的市场竞争力,而且会给社会生活和管理带来革命性的变化,最终造福人类。

在大数据时代的科学研究领域,同样受到巨大的影响,数据成为科学研究新的基础设施,科研人员基于大量动态科学数据聚合、分析和探索,将促进新的科学方法的产生。

(二) 知识

信息是知识(knowledge)的原料,知识是信息的产品。知识是信息的一部分。人类在认识世界和改造世界的过程中,不断接受客观事物发出的信息,经过思维加工,获得了对事物本质及其运动规律的认识,信息如此转化为知识。人类获取知识以后,再将这些知识用来创造新信息,获取新知识。如此反复循环,信息越来越纷繁,知识越来越丰富,知识不断提高和深化。因此,人类要认识世界和改造世界就必须不断地搜集信息、加工信息、创造信息,使信息造福于人类。

按照认识论的分支:知识是人们在改造世界的实践中不断接受客观事物发出的信息所获得的认识,是经过人脑而形成的系统化的信息集合。国际经济合作与发展组织(OECD)在1996年发表的《以知识为基础的经济》报告中系统地提出了知识的4个W概念:知道是什么(know-what);知道为什么(know-why);知道怎么做(know-how);知道是谁(know-who)。这是目前人们对知识的一般认识和概念划分。

对应认识论的概念,医学知识需求可以表达为:查找一些新概念的基本定义,如"什么是端粒酶";查找某概念的背景知识,如"谁最先发现了传染性蛋白";查找某些事物的数值及量化指标,如"2009~2013年我国肺癌的发病率";查找学科专业领域的历史沿革、新进展,如"有关端粒酶与白血病相关性研究进展的文献";查找专业课题相关的详细研究内容,如"白血病细胞表达和端粒酶活性及意义"。了解了知识的不同需求,我们可以有针对性地选择获取知识的不同工具。

(三) 文献

关于文献(literature,document),我国国家标准GB—3469—83《文献类型与文献载体代码》中的定义:文献是记录有知识的一切载体。文献是知识的外在表现形式。文献中记录着大量的知识和信息,这些知识和信息为读者所利用时就转化成了情报。长期以来,人们已经习惯从文献中获取情报,把它看成是一种重要的情报源。但是,文献并不是唯一的情报源,除了文献情报源还有非文献情报源。非文献情报源主要指的是实物情报和口头情报源。文献是用文字、图表、可视图像、符号、声频、视频等手段,记录知识和信息的物质形态,或者说,是以一定方式将人类知识和信息记录于一定载体之上所形成的物体。

医学文献就是记录着医学知识、信息的物质载体,如医学图书、期刊、会议录等。医学科研的成果大多数是以文献的形式加以记载并得到学术认可。医学文献是提供医学科研和临床实践借鉴、交流的重要载体。医学科研人员在科研过程中,包括立题、试验研究、成果鉴定、交流推广,都要通过文献查阅、信息调研来了解课题的相关信息,如该课题是否有人进行过研究、研究的程度如何、已经有哪些重要的突破、有哪些问题有待解决、研究发展的趋势如何等。医学信息(包括知识、文献和情报)是促进推动医学科研发展的重要支柱和资源动力。

(四) 情报

当人们为了解决某一个特定问题去搜寻所需要的知识,那一部分知识就是情报(information),其含义国际标准定为:被传递的知识或事实。著名科学家钱学森称它是激活了、活化了的知识。情报来源于知识,必须在特定的时间里经过传递,并能为用户所接受和利用。情报作为交流对象的有用的知识,是知识的一部分,是进入人类社会交流系统的运动着的知识。这些含义都包括了情报的3个基本属性——知识性、传递性、效用性。

1. 知识性　从情报角度来讲,情报来源于知识,而知识又来源于信息。任何情报都具有一定的知识和信息,但并非所有的知识、信息都能构成情报。只有那些经过加工并为用户所需要的、特定的知识或信息,才称得上情报。

2. 传递性　知识、信息要转化为情报,必须经过传递,并为用户接受和利用。通常记录在书刊中的知识属于静态的知识,还没有为人所用。只有当书刊中的知识传递给了用户,并发挥了使用的价值,才使静态的知识变为动态的情报。

3. 效用性　效用性是衡量情报服务工作优劣的重要标识。人们创造情报、传递情报的目的就在于充分利用,提高其效用性。情报的效用性表现为启迪思维,增进见识,改变知识结构,提高认识能力,帮助人们改造世界,发挥其使用价值、社会价值和经济价值。在知识经济社会中,人们也把一部分能够增值的情报称为竞争性情报(competitive intelligence)。

由此信息、文献、情报三者之间的关系就可以写成如下的关系式:

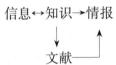

二、信息及文献的主要类型

信息技术飞速发展、网络浏览日趋便捷,但是人们对信息特别是文献的本质和特征以及重要、权威的学术资源仍然要有清晰的认识,对医学资源的各种类型仍需仔细识别,如此,人们才能有效、准确地利用信息。

(一) 按信息存储技术的类型划分

1. 电子文献(electronic document)　根据我国国家标准 GB 7714—2005,以数字方式将图、文、声、像等信息存储在磁、光、电介质上,通过计算机、网络或相关设备使用的记录有知识内容或艺术内容的文献信息资源,包括电子书刊、数据库、电子公告等。

电子文献主要有以下一些格式:文本(text)型、多媒体(multimedia)型、超文本(hypertext)型等。

随着数字图书馆、全文数据库的涌现,文本型文献的在线阅读、网上传递已成为医学科研临床工作者获取医学信息与知识的常用形式。

超文本(包括超媒体)文献则是由于计算机网络特别是 Web 技术的发展而产生的一种通

过文本或图像的关键词或图标链接文件的形式,让用户不必考虑信息的来源或分类,随意地在网络中寻找相关信息、文献的一种新型计算机信息阅读的方式。

现在有许多用于阅读电子文献的软件,如 Acrobat reader 阅读常见的 PDF 格式的文献、各种网页浏览器阅读用超文本标记语言(hypertext mark language,HTML)或可扩展标记语言(extensible hypertext markup language,XHTML)编写的网页、中国知网全文阅读软件(CAJViwer)阅读中国学术期刊网络出版总库中的全文等。它们支持不同类型电子文献的阅读、保存和打印。

计算机内有组织、可共享的文件数据集合形成了电子文献存储的数据库。这些数据的存储都须遵循一定的规范和标准,如国际标准——ISO、国家标准——GB、多柏林元数据标准等,依照这些规范和标准,数据库对文件内容、对象格式进行规范的编码、建立标识,更方便用户进行检索。

电子信息资源中最具代表性的事物便是数字图书馆。对于数字图书馆,目前尚未有明确的定义,但人们已经有了一些初步的概念,如有人认为它是"全球信息高速公路上信息资源的基本组织形式",有人则认为它是"存储电子格式的资料,并对这些资料进行有效的操作"。不管定义如何,数字图书馆都有以下一些特点,即信息存取多媒体化、信息组织有序化、操作电脑化、传输远程网络化、资源共享化、结构连接化(跨库连接无缝化)。

数字图书馆从资料保存的安全性和使用的方便角度上来看可以分成以下 4 个级别。

永久保存级:具有保存价值的资料存储在图书馆硬盘或高等存储装置上。这种保存方式,资料数据不容易丢失。在局域网上使用数据,比较稳定。

服务级:通过网络传输,利用其他图书馆计算机服务器上的资源,资料在本地图书馆不具有永久保存性。通常资源使用需要专线,用户使用有权限控制。

镜像级:其他数字图书馆资料拷贝到本图书馆网站,保存责任在其他图书馆,使用权受网络 IP 地址控制,用户使用有一定的范围限制。

链接级:通过网站的链接,不受控制地获取和保存,但由于网址的变迁、网络传输、数据源的变化,链接容易失效。

2. 印刷型(print document) 从过去的手工书写发展到由计算机打印,或复印机复制、网络传递等形式。不管记录方式如何,载体总是纸张。由于印刷型文献符合人类传统的阅读习惯、实用、方便,将在相当长的时间内与电子型文献共存。

3. 缩微型(microfilm document) 采用照相技术,将文献以 1∶100 或 1∶1 000 的比例,缩小存储在感光胶卷或平片上,通过专门的阅读机进行阅读。其特点是,存储容量较印刷型大,保存期比印刷型长。

4. 声像型(audio visual document) 它包括录音带、录像带、幻灯片、电影拷贝,目前多数已经以音频或视频的电子形式在光盘和计算机网络中出现。

(二) 按文献出版类型划分

1. 图书(book) 图书是指记录的知识比较系统、成熟的文献,主要包括教科书、丛书、专著、全集、会议论文集以及词典、百科全书、指南、手册等参考工具书等。正式出版的图书其重要著录特征中通常都有国际标准书刊号 ISBN(International Standard Book Number)。常用图书的种类有以下 3 种。

教科书(text book):供学生和科研工作者进行专业学习的主要文献。大多是某个专业的研究总结,反映了较成熟的科学理论,具有严密的系统性和逻辑性,内容可靠性强。在科研课题资料查找时,可以从教科书开始,明确专业基本概念和理论。另外,教科书所附的参考文献选录经典、质量也较高,是拓展知识的重要信息来源。

专著(monography):以一个专题为中心的科学著作,如《休克》、《心血管药理学》等。专著对某一个专题有较深入的研究知识和独到见解,是查阅某一个课题的"第二阶梯"资料。在阅读了教科书后,紧接着要深入了解专题内容知识,就应读专著。

参考工具书(reference book):主要指词典、百科全书、年鉴、指南、手册等,是供日常工作、阅读或写作中随时查阅知识点和数据用的一类文献,它内容有序,便于查考。通常在某一课题开始时,用于搞清一些名词、术语、数据等资料。医学生和医学工作者可以常备综合性的词典解决文字的规范问题。有些辞海和词典(如美国的 Dictionary of Dorlen)则兼有百科全书功用,也要必备。为准确使用医学名词术语,要备有一本规范标准的医学词汇或词典。

2. 连续出版物(journal,serial,periodical) 连续出版物是指一些记录的知识比较新颖、所含信息密度比较大的连续出版物,一般都有固定的名称,这里主要指期刊。期刊也可分为几种类型,比如综合性期刊、专业性期刊、检索性期刊、科普性期刊等。例如:有关自然科学的综合性期刊有《中国科学》、《自然杂志》等;医学学科的专业性期刊《中华医学杂志》、《中国药理学学报》等;检索性期刊如《美国化学文摘》(Chemical Abstracts,CA,现在已发展成为网络版数据库 SciFinderScholar)、《美国生物学文摘》(Biological Abstracts,BA,现在已发展为 BIOSIS Previews 网络数据库)、《美国医学索引》(Index Medicus,IM,现在已发展为医学文献数据库 MEDLINE)等。

医学期刊通常刊登了能够反映学科领域最新的理论、方法、技术等的论文(journal article)、综述(review)、病例报告(case report)等各种文献信息。正式出版的期刊其文献著录特征中,通常都有国际标准期刊号 ISSN(International Standard Serial Number)。

期刊论文包括研究报告、论著、著述等是反映科研最新成果的科学论述文献,是科学研究原始创造的首次记录。它们是一类具有科学性、学术性、创新性特点的医学文献,是医学科研工作者在科研课题进行的全过程包括立题、试验研究、成果鉴定都要及时查阅的文献。

综述文献是综合描述某一专题或学科在一定时间内研究的现状和进展的文献。综合性强且有较高的权威性,能够直接反映专业领域科研的动向和情况,也是医学科研人员在课题开始进行时,为了了解科研背景、现状、预测发展前景要阅读的医学文献。

期刊是科研课题工作的主要文献源、信息源、情报源。医学科研工作者依靠期刊来及时跟踪最新的国际、国内的研究动向,把握科研的主动权。

3. 特种文献(special document) 无法归入图书或期刊的文献,比如科技报告、学位论文、专利说明书、标准文献、会议文献、政府报告等。这些文献一般不公开出版,普通图书馆也不收藏。但是,特种文献反映的有许多涉及了最新的研究和技术以及国家的法规、标准定义等信息,也是医学科研的重要信息源。

科技报告(technical report):科学技术工作者围绕某个课题研究所取得成果的正式报告,或对某个课题研究过程中各阶段进展情况的实际记录。其中,绝大多数涉及高、精、尖科学研究和技术设计及其阶段进展情况,客观地反映科研过程中的经验教训。文献著录重要特征通常包含技术报告号、资金资助号或合同号等(详见第九章)。

会议文献(conference paper):会议文献是在各种学术、专题会议上发表的论文和报告。当前,科研人员在使用网络资源的同时,非常重视会议文献,通常通过会议文献获取第一手的科研借鉴资料。其著录文献重要特征通常都有会议名称和会议地点(详见第四章)。

专利文献(patent document):发明人或专利权人申请专利时向专利局所呈交的一份详细

说明发明的目的、构成及效果的书面技术文件,经专利局审查,公开出版或授权后的文献。广义包括专利申请书、专利说明书、专利公报、专利检索工具以及与专利有关的一切资料。专利文献的重要著录特征有专利申请号、专利分类号等(详见第四章)。

标准文献(standard):经过公认的权威当局批准的以文件形式表达出的统一规定,包括技术标准、技术规格和技术规则等文献的总称。标准文献的重要著录特征有标准号,包括国际标准(ISO)号、国家标准(GB)号。

学位论文(dissertation):高等学校或研究院所的学生在导师指导下从事某一学术课题的研究,为获得某种学位而撰写的学术性较强的研究论文。学位论文同时是攻读学位的学生进行科研选题、撰写论文需要借鉴的重要信息源。学位论文的重要著录特征有学位颁发机构(学校)名称、学位名称(详见第四章)。

政府出版物(government document):各国政府部门及其所属机构发表、出版的文件,其内容广泛,可以分为行政性文献和科技文献两大类。

产品资料(product literature):各厂商为推销产品而印发的商业宣传品,包括产品样本、产品目录、产品说明书、厂商介绍、技术座谈资料等。

(三) 按信息加工的程度划分

1. 一次文献 也称原始文献(primary literature),是首次记录科学创造和科研成果的文献,首次记录新理论、新技术、新知识、新发明、新见解的一类文献,如期刊论文、学位论文、专利文献、会议文献等。一次文献目前主要有以下特点。

数量激增,种类繁多:有资料报道,近20年的科学文献的数量相当于人类历史几千年来的总和,并以每十年翻一番的速度增长。随着社会的发展,医学信息的产出数量呈指数级增长。有资料报道,现在医学文献每天发表12 000多篇。知识学科内容彼此相融、交叉,分支学科、边缘学科大量涌现。17世纪,医学期刊只有10种;20世纪初,医学期刊是1 600多种;20世纪末,医学期刊是21 000多种;目前为35 000多种,占科技期刊的1/5。另外,目前在全世界发行的医学文献有几十个文种。

发表分散,老化加快:学科的分支越来越细,造成原文发表分散,关于免疫学的文献可以出现在肿瘤学、分子生物学、医学工程等多种杂志上。科学在发展,知识要更新,文献就会老化,科技文献的寿命一般为5~10年,而医学文献的老化速度更快,其"半衰期"(也就是文献被人引用减少一半所需用的时间)一般为5年。

处理数字化与印刷型并存:目前,全文数据库大量涌现,各种出版商以及数据库公司合作开发的全文数据库不下几十种。通过网络和光盘等载体,提供给用户及图书馆近万种电子期刊,用户在数字图书馆中可以更方便地检索全文,直接获取一次文献。同时,印刷型文献依然存在,人们以另一种方式保存和阅读。

2. 二次文献 书目类(bibliography)文献,包括题录型和文摘型文献。目前都以计算机网络化的数据库形式加以处理和应用,是对原始信息进行加工整理组织后,便于管理和查找利用原始信息的工具。书目文献是将文献的来源、出处和概要内容,以及文献中的题名、著者、主题、原文的出处(刊登的期刊名称、年、卷、期、页、网址等)、收藏文献的图书馆或机构等加以记录,并按一定规律和方法编制成的检索工具。此类文献常见来源有图书馆馆藏目录、书目文献数据库。著录格式举例如下。

题录:通常只提供文献的标题、著者和原文的出处(期刊名,年、卷、期、页码)等简要信息,这些信息是查找全文的线索。下例是书目文献数据库题录格式。

标题:蜂毒肽对细胞膜跨膜离子转运的作用
著者:杨申;Gaspar CARRASQUER
出处:中国药理学报 1997.01.15;18(1):3—5

随着计算机检索技术和情报学技术的发展,包括计算机的处理能力和存储容量不断提高和扩大,进一步发展到文摘型的数据库文献。文摘型文献既提供了文献的主要内容、主题梗概,也是查找全文的线索,所以也具有检索性。20世纪70年代以前所指的文献检索,大部分是指这些类型的文本获取。

随着网络技术的飞速发展,二次文献数据库通过各种网络的链接方式与全文数据库链接,大大完善了二次文献数据库。也有很多二次文献数据库发展形成了知识网络的整合平台,如美国医学文献数据库 MEDLINE、美国科学信息研究所的 Web of Knowledge,等等。又由于二次文献数据库历史悠久,系统成熟,收录的期刊较全。目前,如要满足文献的查全,此种类型的数据库和知识网络整合平台是获取信息的首选工具。

3. **三次文献** 在阅读一次文献的基础上,分析综合归纳信息后,组织形成具有资料性、查考性、阅读性的文献,如教科书、综述、参考工具书、进展、调查报告等。

参考工具书通常包括了数值数据(data)和事实(factor),如实验室各种数据、仪器的参数、图表、化学物质的理化常数等。它反映信息的内在含义、知识点的内容,回答某些特定的事实和具体的问题。例如,什么是克隆技术?阿司匹林的系统化学物质名称?等等。但是,随着信息资源的发展日益迅猛,许多新的知识已经不能仅仅依靠编撰滞后的参考工具书(词典、百科全书、年鉴、手册等)来获取,此时,网络搜索引擎则成为重要的参考工具。通过搜索引擎,特别能够解决新的、跨专业的知识点信息,如查询:"flanking 在遗传学研究中的正确含义"。

4. **零次信息及文献** 私人笔记、试验记录、设计草图、口头交流、企事业机构发布的网络信息等。

三、医学及其相关专业的工具和资源

(一) 主要核心检索工具和资源

1. **学术资源门户及发现系统** 学术机构和大学局域网,通常都有本机构资源门户及发现系统,通过整合局域网资源,指引、帮助本机构科研人员更便捷、全面地获取包括全文在内的学术资源。身处局域网的科研人员,应该掌握本机构局域网的学术资源门户系统。

2. **美国科学信息研究所学术研究整合平台(Web of Knowledge)** 该系统收录了文、理、农、工、医等世界顶尖杂志具有权威性的文献,同时系统具有进行核心期刊和著者及机构群体、科研发展趋势及热点等信息分析功能。

3. **美国国立医学图书馆主建的 MEDLINE 数据库** 该数据库起源于1879年印刷版的 Index Medicus,收录医学文献比较全面。目前主要有广域网上的 PubMed 网站和 OVID 技术公司的 OvidSP 系统提供检索。

4. **中国国家知识基础设施网站(www.cnki.net)** 该网站包含各种专业期刊全文数据库、医院信息、优秀硕博士论文库等信息库,网站还提供学术趋势、热点研究、经典文献分析等服务。

5. **中国生物医学文献数据库(CBM)** 收录中国生物医药类期刊、会议录等论文,专业性强、检索体系规范。

6. **荷兰医学文摘(EMBASE)** 由总部设在荷兰阿姆斯特丹的医学文摘基金会(The

Excerpta Medica Foundation)编辑出版,1947年创刊。以大量非英文医学文献为收录特点。

(二) 临床专业资源

1. **循证医学类资源** EBM Reviews-ACP Journal Club、EBM Reviews-Cochrane Central Register of Controlled Trials、Cochrane Database of Systematic Reviews、BMJ Best Practice 等循证医学数据库,这些数据库收录了生物医学领域富有创见的研究文章和系统评价,为临床决策提供借鉴依据。

2. **PubMed 数据库**(www.pubmed.gov) 其中专设临床核心期刊子文档(Core Clinical Journals)、临床循证文献子文档(Clinical Queries)。

3. **美国科学信息研究所学术研究整合平台**(Web of Knowledge) 其中专设现刊目次子文档临床医学类 Web of Knowledge-Current Contents Connect-Clinical Medicine (CM)。

(三) 基础及分子生物学专业

1. *BIOSIS Previews* 美国生物学文摘,收录生命科学期刊和非期刊文献如学术会议、研讨会、评论文章、美国专利、书籍、软件评论等。

2. *Nature* 英国著名杂志,覆盖生物、医学、物理等学科。其网站内容相当丰富,除 *Nature* 外还包含各类姐妹刊。

3. **HighWire** 学术文献电子出版平台,由美国斯坦福大学图书馆创立于1995年,合作的出版社有独立学术出版社、大学出版社等,收录近1 800种期刊、参考工具书、电子书、会议录等。

4. **生物信息学资源** 包括美国生物信息技术中心 NCBI、欧洲分子生物学技术中心 EMBL。这些网站收录全世界生物信息学的各类资源,包括核酸及蛋白质序列、蛋白质结构、基因组、序列对比工具等数据库信息,为重要生物信息学资源。

(四) 药学专业数据库

1. **SciFinderScholar** 美国 CA(化学文摘)的网络版,学科领域覆盖普通化学、农业科学、医学科学、物理学、地质科学、生物和生命科学、工程科学、材料科学、聚合物科学和食品科学等。收录美国化学会(ACS)34种期刊,化学领域中被引用次数最多的化学期刊的文献著者授权发布、尚未正式出版的最新文章、专利、化学反应等信息。可与 PubMed、Medline、GenBank、Protein Data Bank 等数据库相链接;具有增强图形功能,含3D彩色分子结构图、动画、图表等。

2. **CrossFireBeilstein/Gmelin** 《贝尔斯坦有机化学手册》、《盖墨林无机与有机金属化学手册》数据库,除化学结构式、子结构式、化学反应式检索外,也可检索立体结构式、化合物的事实数据、化合物、反应式及其相关文献。CrossFire 整合体系 Reaxys 是辅助化学研发的在线解决方案,优化化学合成路线研发工具数据库。涵盖最全面的有机化学、金属有机化学和无机化学的大量经实验验证的信息。

四、信息素养、数据素养

(一) 信息素养

1974年,美国信息产业协会主席 Paul Zurkowski 在《信息服务环境、关系和优先权》中首次提出:"具有信息素养的人能掌握各种信息工具和主要信息源的使用技巧,以形成信息解决方案来解决问题。"

1987年,美国图书馆协会成立了"信息素养指导委员会"(Presidential Committee on Information Literacy,PCIL)。

21世纪,美国大学与研究型图书馆协会指导委员会(ACRL)(http://www.ala.org/acrl.html)于2000年1月18日审议批准制定高等教育信息素养能力标准(Information Literacy Competency Standards for High Education)(以下简称"标准"),对于在现代信息技术广泛应用为前导的时代,高等学校学生如何开展信息素质培养,确立了一系列培养的目标和标准。

根据美国图书馆协会信息素养指导委员会的指导文件,在联合国教科文组织等世界各国不断完善和推进下,人们对信息素养的认识达成了共识:信息素养(information literacy)又称信息文化,是指人们在信息社会环境下,具备能够认识信息的重要性,判别信息的需求,应用现代信息技术,合理合法地获取信息,科学组织和评价信息,有效利用、交流、创造信息,以发现和解决实际问题,并支持终身学习的一种文化能力。目前,全世界许多国家建立了针对不同对象和层次的培养目标、标准和详细的成效指标,并研发了相应的评估工具。

其主要内容有如下5个方面。

(1) 确定信息的需求包括性质和范围,其具体内容包括培养学生能够定义,并明确地表述信息需求、能够识别各种潜在的信息资源的类型和形式、能够考虑获取所需信息的代价和受益、重新评估所需信息的性质和范围。同时,能够识别各种类型的资源与价值,如哪些是权威的期刊和重要的网站。

(2) 有效地检索所需信息,能够选用恰当的调查研究方法,熟练地使用各种信息检索系统,包括选择数据库及其有效的检索策略(关键词、同义词、相关术语、受控词表、算符、用户界面、引擎、命令语言等),并且了解信息源收藏处(图书馆、网络传递、专业协会、研究机构等)。

(3) 鉴别信息及其来源、将检出的信息融入自己的知识基础,包括能够概括信息的主要观点和思想,评价并比较信息的可靠性、权威性、时效性,综合主要观点形成新的概念,进行知识比较与引证。学习引用文献的方法、意义,开展科研相关课题的最新进展评估,研究热点等。

(4) 有效地利用信息去完成科研课题,包括能够应用信息来选择科研课题项目,在完成项目全过程中,不断借鉴、跟踪最新的信息,实现整体科研情报调查研究工作。为实现科研成果、完成科研项目,不断借鉴、分析、表达信息,最终进行科研自主创新实践。

(5) 了解利用信息所涉及的经济、法律和社会问题,合理、合法地获取和利用信息,包括识别并研究印刷型、电子型信息环境的隐私和安全、免费和收费信息、审查制度和言论自由、知识产权、版权、电子讨论、网络礼仪、合适的文献格式、引用格式等。

(二) 数据素养

在大数据时代,有效地获取、管理、分析、利用数据,将能提高科研产出的效率,促进研究成果的转换。美国著名计算机专家,图灵奖获得者格雷(J. Gray)将这种基于数据密集型计算的科学研究模式称为"科学研究的第四范式"。在这种数据密集型科学范式环境下,科研人员的数据素养要求日显突出。

数据素养(data literacy)是信息素养的延续和扩展,包括:对数据的敏感性;数据的收集能力;数据的分析、处理能力;利用数据进行决策的能力;对数据的批判性思维等等。

科学研究领域的数据素养教育在国外前几年已展开研究并得到重视,美国自然科学基金委员会(NSF)资助,开展科学数据素养项目的研究,培养科学领域的学生管理数据的技能,重点研究元数据在科学数据素养课程中的作用。美国博物馆和图书馆服务研究所近年也资助了一系列项目,2011年普度大学、斯坦福大学、明尼苏达大学、俄勒冈大学获得资助,联合开展

"数据信息素养培训"项目,发展特定学科领域的研究生的信息素养教学。

(三)课程发展过程

1984年教育部发布了《关于在高等学校开设〈文献检索与利用课〉的意见》的通知,目的在于"提高大学生的自学能力和独立研究能力",把学生由一个知识型人才培养成为素质型人才,特别要注重学生自学和独立研究能力的培养。文献检索与利用的知识与技巧是自学和独立研究能力的重要方面。要求"凡是有条件的学校可作为必修课,不具备条件的学校可作为选修课或先开专题讲座,然后逐步发展完善"。这一文件的颁布,使文献检索课教学有了明确的发展方向,走向了正规化。

1999年的《中共中央国务院关于深化教育改革全面推进素质教育的决定》对高等教育实施素质教育提出了明确要求:"高等教育要重视培养大学生的创新能力、实践能力和创业精神,普遍提高大学生的人文素养和科学素质。"

2001年教育部工作要点中提出坚持用最新的科学文化成果教育学生,融传授知识、培养能力和提高素质为一体,促使学生广泛参与科研和社会实践,加大对学生创新精神与实践能力的培养力度。高等学校人才培养目标的关键就是创新、求索、综合能力的培养。

(四)课程教学目标

基于科学发现、科研自主创新的需求,开展不同科研阶段的信息素养培养,包括科研初期阶段能够了解相关科学领域基础知识、理论、概念的信息需求,充分认识学术信息源;在科研立题阶段对科研背景、科研趋势、发展信息的获取,分析研究需求,开展信息有效检索,具备检索策略制定、信息筛选和分析能力;科研进展过程中,针对方法借鉴、完善课题思想的信息需求,能够具备开展特定信息获取、研究、信息融合能力;科研完成阶段能够全面比较课题的新颖性、先进性、科学性,开展研究评价、科学表述研究信息。

(五)课程教学方法

纸本教材与电子教材相结合,复旦大学图书馆文献检索教研室在网上建立了教学网站,配合教学建立了网上学习支持服务系统。

课堂教学和实习同步进行,鉴于本课程内容实践性很强,所以涉及操作的数据库检索,大部分采用学生用计算机的多媒体机房进行教学,教师演示与学生操作同步进行。

考试形式采用综合实习检索、综述写作的方式。全面考核学生信息调研选题、数据库选择、检索策略制定和调整、综合描述总结学科专业课题研究等能力。

课程配备教学网站,提供教学计划、课程安排、电子教案、实习指导、学习导航等各种教学资源,全面辅助学生完成课程学习。

习题

1. 简述信息的基本概念及其分类。
2. 简述信息、知识、文献、情报之间的关系。
3. 网络环境下信息资源如何分类?各自有什么特点?
4. 什么是信息素养、数据素养?其主要培养内容是什么?

(李晓玲)

第二节 数据库知识

计算机检索的对象是数据库和互联网上的各种信息资源。数据库是指由计算机进行处理的一定数量同类信息的有序集合,是用来存储和查找文献信息的电子化检索工具。

一、数据库的类型

1. 书目数据库(bibliographic database)　书目数据库是文献检索中最常见的一类数据库,它提供文献的各种特征,如文章的标题、作者、文献出处[刊名、年、卷(期)、页码]、文章摘要、引文信息、馆藏单位等。检索书目数据库得到的最终结果是所要的文献刊登或收藏在什么地方。书目数据库有题录型数据库、文摘型数据库、馆藏书目数据库等,如文摘型生物医学数据库有 PubMed、EMBase(荷兰医学文摘)、BIOSIS Previews(生物学文摘)、CBM(中国生物医学文献数据库)等,馆藏书目数据库有复旦大学图书馆馆藏书目系统、《华东地区西文生物医药期刊馆藏联合目录》等。

2. 事实数据库(fact database)　事实数据库提供问题的答案,如机构、人物、事件、疾病的诊断和治疗、药物的用法和不良反应等信息。例如,反映癌症研究信息的 PDQ(Physician Data Query)、反映药物处方信息的 PDR(Physicians' Desk Reference)、查询化合物基本信息的 Crossfire Beilstein/Gmelin、《中国企业、公司及产品数据库》等。电子化的参考工具书,如词典、百科全书、指南等也属于事实性数据库。

3. 数值数据库(numeric database)　数值数据库提供数值信息,包括统计数据、实验数据、人口数据、化学品理化参数等。这一类的数据库有:美国国立生物技术信息中心(NCBI)的 Genbank(基因库),美国疾病控制与预防中心(CDC)网页上的 Data and Statistics,世界卫生组织的 WHOSIS (WHO Statistical Information System,世界卫生组织统计信息系统),查询期刊影响因子等数据的 Journal Citation Reports 等。

4. 全文数据库(full text database)　全文数据库直接提供原文,是近年来发展迅速和深受欢迎的一类数据库。使用全文数据库,免去了查询书目数据库后还得奔波去获取原文的麻烦。中文期刊全文数据库有中国知网中的"中国学术期刊网络出版总库"、四川维普的"中文科技期刊数据库"、万方数据知识服务平台上的"期刊全文库"等。西文期刊全文数据库有 Elsevier ScienceDirect、ProQuest Health and Medical Complete 等。提供图书全文阅读的有"超星数字图书馆"、EBSCO Ebook(原名 NetLibrary)等。有的全文数据库提供学位论文全文,如万方系统中的"学位论文全文库"。电子全文最常见的格式为 PDF,要下载 Acrobat Reader 软件阅读。在使用全文数据库时必须遵守电子文献管理条例,批量下载或用软件下载电子全文是侵犯知识产权的违规行为。

5. 图像数据库(image database, Atlas Online)　图像数据库以图像为信息主体,配有文字解释,如解剖图谱、中药图谱、诊断图谱、手术图谱等。医学图像数据库中有用 CT 或 MRI 等制成的影像类图像数据库,也有照片类、绘画类图像数据库。美国国立医学图书馆的 The Visible Human Project(可视人计划)和哈佛大学医学院的 The Whole Brain Atlas(全脑图谱)就是高质量的影像类图像数据库。近年来,互联网上供免费使用的医学类图像数据库越来越多。

6. 多媒体数据库(multimedia database)　存储文字、图像、声音等多种媒体信息的数据库。例如，由 OVID 营销的 Primal pictures 三维人体解剖学数据库，可以从不同角度看人体结构组织的立体画面，集动画、视频短片、幻灯片、文字解释于一体。

以上各类数据库中，提供情报为主的有书目数据库、全文数据库，提供知识为主的有事实数据库、图谱数据库、多媒体数据库。

二、数据库的结构

数据库由文档构成，文档由记录构成，记录由字段构成。

1. 文档(file)　文档是指数据库中的顺排文档和倒排文档。顺排文档是数据库的主体，又称主文档，它按每条记录的顺序号大小排列。检索结果的信息都来自于顺排文档。倒排文档是供快速检索顺排文档的工具，在一个数据库中可以有若干个，如主题词索引、著者索引、刊名索引等，它按索引词的字母顺序排列。检索时，计算机按输入检索词的字顺先从指定的倒排文档中找到相匹配的索引词，然后根据索引词后的记录顺序号到主文档中调出记录。

文档的另一概念是大型检索系统中的子数据库，它依据数据库所属的学科和时间范围而定。例如，著名的国际联机检索系统 Dialog 分有自然科学、人文社会科学、经贸信息等在内的 900 多个文档，如 5 号文档为 BIOSIS Previews，154 文档为 1990 年以来的 Medline、155 文档为 1966 年以来的 Medline。

2. 记录(record)　记录是构成文献数据库的基本单元，它揭示文献的内容特征和外表特征。在书目数据库中，一条记录代表一篇文献，如一篇期刊论文(journal article)、一篇综述文献(review)、一本专著(monograph，book)、书中的一个章节(chapter)、一篇专利说明书(patent specification)、一篇会议论文(conference paper，meeting article)、一本会议论文集(proceedings)、一篇学位论文(dissertation)、一种期刊(journal，periodical)等。记录与文献的概念区别在于：前者是数据库中的一个单元，含有数据库加工信息，如主题词、文献类型、记录顺序号等；后者的内容由作者提供，对应的是文献的原文。

3. 字段(field)　字段是组成记录的数据项。书目数据库中的字段反映一篇文献的具体特征，如标题(又称篇名或题名)字段、著者字段、文献来源字段(又称文献出处)、主题词字段、关键词字段、文摘字段、语种字段等。每个字段都有自己的字段标识符(field tag)以供识别，如 TI 表示题名、AU 表示著者、SO 表示文献来源、AB 表示文摘。把记录细划成字段的作用有：帮助识别记录内容，方便检索结果输出时的格式选择，便于进行字段限定检索。

标题、著者、文献来源 3 个字段构成题录。题录是检索结果显示和文献后所列参考文献的常用格式，也是获取原文所需的基本信息。

三、数据库的访问

数据库访问是指用户从网络终端成功登录进数据库并对其进行检索操作。

1. 数据库的存放地点　按数据库的存放地点划分，可分为自建数据库、本地镜像数据库、远地镜像数据库、数据库主站等。

自建数据库一般存储在本单位的数据库服务器上，有的仅限于本单位用户使用，如复旦大学图书馆自建的"教学参考书数据库",也有的向互联网用户免费开放。

本地镜像数据库是存储在本单位服务器上的由数据库供应商提供的数据库,例如"超星数字图书馆"和"万方数据知识服务平台"在复旦大学图书馆设有镜像站。设立数据库本地镜像站的优点是并发用户数多、访问速度快,缺点是存储数据的硬盘空间成本高、最新入库的数据更新慢。

远地镜像数据库是存储在外单位服务器上的数据库。为了降低数据库的订购成本,多家图书馆联合组成集团(consortium),由牵头图书馆出面统一订购,称为集团订购。部分集团订购的引进数据库在国内设有镜像站,这样可以节约网络通讯费和提高访问的速度,例如,设在北京大学图书馆的 Nature 电子期刊全文库镜像站。

数据库主站是数据库供应商主服务器上的数据库,大多数数据库的访问属于这类情况,如 Web of Knowledge、Springer Link、CBM 等。

2. **数据库使用的免费与收费** 按收费与否,数据库分免费和收费两大类。

对于免费数据库,任何连接互联网的计算机只要有相应的检索客户端(大多数用 IE),就可以免费访问。提供免费检索的数据库有:美国国立医学图书馆的 PubMed、美国国立癌症研究所的 Physician Data Query (http://www.cancer.gov/cancertopics/pdq)、中国知网的"中国学术期刊网络出版总库"中的文摘、万方数据知识服务平台中的文摘、各图书馆馆藏书目查询系统(OPAC),等等。

学术型文献数据库中大多数为收费数据库。数据库收费分机构订购和个人订购两种情况。

机构订购的数据库多采用 IP 地址控制使用权限,用户在授权范围(如校园网)内可以随意访问本单位订购的数据库和试用数据库。从校园网之外的学生宿舍访问数据库需要设置代理服务器,例如复旦大学学生公寓须用本校网络中心提供的免费代理地址 libproxy.fudan.edu.cn 和端口 8080 进行访问。教师在自己家里设置学校提供的代理服务器,再用学校网络中心或人事处给予的用户名和密码,也能像在办公室一样进行本校订购的收费数据库的检索。

用户个人订购数据库的方式通常是购买充值卡,在获得用户名和密码后即可检索访问。以订购"中国知网"数据库为例,付费方式有以下 10 余种:银联支付、知网卡充值(100~1 000元)、汇付天下充值、支付宝充值、神州行卡充值、财付通充值、移动短信充值、联通短信充值、电信短信充值、银行电汇充值、邮局汇款充值。

3. **设置代理服务器** 代理服务器(Proxy Server)是网络通讯的中转站。设置代理服务器的主要作用是为了让授权用户在授权的 IP 地址范围之外也能访问收费的数据库。设置代理服务器后,在访问数据库时,必须通过用户名和密码来验证访问者身份的合法与否。代理服务器设置步骤是:打开浏览器 IE→在"工具"下拉菜单中选"Internet 选项"→点击"连接"选项卡→选"局域网设置"→勾选"为 LAN 使用代理服务器",分别输入代理服务器地址和端口(图 1-2-1),点击"确定"→再点击"确定"。撤销代理服务器设置的操作是取消"为 LAN 使用代理服务器"的勾选,点击"确定"。

4. **并发用户数与超时退出** 数据库供应商为了更多的赢利,订购方为了节省开支,于是产生了同一数据库在同一时间内有用户数限制的问题。同一时间允许访问数据库的最大用户数称为并发用户数。并发用户数满了,数据库就登录不进。遇此情况,一是避开使用高峰;二是重复进行登录操作,期待有用户退出。为了避免虚占数据库而影响其他用户的使用,在数据库停止操作一段时间后继续操作,屏幕上有可能出现"Your session has expired"(你的访问权已过期)之类的提示。此时,应退出已掉线的数据库,重新登录。

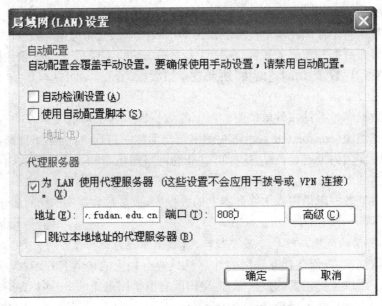

图 1-2-1 代理服务器的设置

习题

1. 书目数据库与事实数据库有什么区别?
2. 把记录划分成字段有什么作用?
3. 本地镜像数据库和远地数据库主站有哪些优缺点?
4. 为什么要设置代理服务器?

（夏知平）

第三节 信息检索基础

信息检索经历了手工检索、计算机检索的不同发展阶段。20世纪50年代问世的脱机检索(offline search)开始用计算机自动进行检索批处理;70年代的联机检索(online search)借助通讯线路实现了远地实时检索;80年代的光盘检索大大降低了用户的检索费用;90年代进入网络时代,信息的共享检索能力大幅度提高;近年来的无线网络、手机图书馆等使检索更加便捷。

一、计算机信息检索原理

计算机信息检索是建立在信息收集与信息存储的基础之上。信息的存储标识与检索标识相匹配(match)是检索成功的前提。

1. 信息收集　信息的收集是指数据库制作者在已确定的范围之内采集数据源。例如,

CBM 采集国内 1 600 种中文生物医学期刊和会议录为信息源,SCI Expanded 收录 7 000 多种英语科技期刊文献及其引文信息为信息源。一种数据库的信息源范围不是一成不变的,一般每年会有小幅的增加或删减,总的趋势是信息源范围越来越广。

2. 信息存储与标引 信息存储是将采集到的信息按规定格式进行加工,并由系统自动生成索引。在存储过程中,数据库加工人员需对文献信息进行预处理、归类、标引,如分类标引、主题词标引、文献类型标引等,以形成标准规范的检索语言。信息存储中的核心工作是标引。标引(indexing)就是把自然语言转换为人工控制的检索语言。标引分为人工标引和自动标引两种。人工标引的步骤是:分析文献主题,查主题词表或分类表,在文献记录的相应字段赋予主题词、副主题词、分类号、类目名、文献类型等。自动标引由计算机按设计者预先的设定,自动抽取文献的标题词或关键词、摘要或全文中的高频词进行标引。自动标引速度快、成本低、前后一致性好,但抽出的关键词表述文献主题的准确性还达不到人工标引的水平。一部分数据库制作商为了降低成本,不作主题词等标引。

3. 信息检索 信息检索是指用户从数据库中查找所需信息的过程。检索时,用户通过分类体系、主题词表等,将检索意图转换成检索语言标识,与数据库中的存储标识相比较,两者匹配一致,才能检索命中(图 1-3-1)。

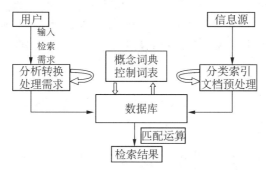

图 1-3-1 检索原理图

4. 检索匹配 检索匹配指检索提问与数据库记录中的检索标识一致或基本一致,即存储标识和检索标识相一致。匹配有完全匹配(每个字或每个字母都相同)、部分匹配(词干相同,词尾不同,利用截词符检索)、容错匹配(容许检索词有小部分不一致)和扩展匹配(下位主题词扩检、下位分类扩检)等。

导致检索不匹配的原因有:①需要的文献信息不在所查数据库收录范围之内;②检索用词正确但标引有误;③检索提问错误,包括检索途径用错、检索词用错、运算符用错。检索提问错误中,最常见的是没有使用数据库中的规范化检索语言。

二、检索语言

检索语言是信息存储与信息检索时共同使用的约定语言,其作用是使信息存储的标识与信息检索的标识保持一致,以保证检索匹配命中。

1. 检索语言的种类 检索语言分两大类:描述文献外表特征的检索语言和描述文献内容特征的检索语言。前者包括书名、刊名、著者、著者机构、出版机构等,后者主要有分类检索语言和主题检索语言。以下介绍分类检索语言和主题检索语言。

2. 分类检索语言　分类检索语言以科学分类为基础,以分类号或类目名作为检索标识。分类检索语言以分类法为信息标引和信息检索的依据。

(1) 分类法的种类。分类法采用概念逻辑分类的一般原则,从总到分,从一般到具体,逐级展开,构成具有上下位隶属关系和同位并列关系的知识体系。国外比较著名的分类法有杜威十进分类法(Dewey Decimal Classification,DDC)、国际十进分类法(Universal Decimal Classification,UDC)、美国国会图书馆分类法(Library of Congress Classification)、美国国立医学图书馆分类法(NLMC)等。国内使用最普遍的分类法是中国图书馆分类法。互联网上的一些门户网站自创的分类体系也具有分类法的功能,如 Yahoo!、Google 中的分类浏览。

(2) 中国图书馆分类法。中国图书馆分类法简称"中图法",最新版是 2010 年出版的第 5 版。"中图法"分基本大类 22 个,例如:A 马克思主义、列宁主义、毛泽东思想、邓小平理论;B 哲学、宗教;C 社会科学总论;D 政治、法律;……N 自然科学总论;O 数理科学和化学;P 天文学、地球科学;Q 生物科学;R 医药、卫生;S 农业科学……

在"R 医药、卫生"类目下又分 17 个二级类目,它们是:R1 预防医学、卫生学;R2 中国医学;R3 基础医学;R4 临床医学;R5 内科学;R6 外科学;R71 妇产科学;R72 儿科学;R73 肿瘤学;R74 神经病学与精神病学;R75 皮肤病学与性病学;R76 耳鼻咽喉科学;R77 眼科学;R78 口腔科学;R79 外国民族医学;R8 特种医学;R9 药学。

按类目的隶属关系,可以逐级展开,划分出更专指、更具体的类目。例如,"血液学检验"的分类号是"R446.11",它的上位类目和同位类目是:

R 医药、卫生

R4 临床医学

R44 诊断学

R446 实验室诊断

R446.1 生物化学检验、临床检验

R446.11 血液学检验

R446.12 尿液检验

……

为了易于辨认,"中图法"分类号 3 位数字后加"."。

在我国,"中图法"不仅用于图书馆的书刊排架和目录组织,还用于一些中文数据库的分类检索中。有的数据库完全照搬"中图法"的分类体系,有的只利用"中图法"中的类目名,不用分类号,且对"中图法"的分类体系稍有更改。

3. 主题检索语言　主题检索语言是用于表达文献主题内容的词语标识系统,应用最多的是关键词法和主题词法。

(1) 关键词法。关键词是未经规范化处理的自然检索语言。广义的关键词是指出现在文献标题、关键词、文摘和全文中的文本词,即自由词;狭义的关键词指作者投稿中所列出的处于文章标题和文摘之间的 3~5 个关键词。关键词具有以下特点。

1) 有关键词检索而没有主题词检索的数据库制作成本低,因为它省去了主题词标引和制定主题词表的工作。

2) 用关键词检索可以检索到那些新出现的科技名词术语。

3) 在同义词多的情况下,用一个关键词检索容易造成漏检。

4) 关键词法未经数据库加工人员的分析干预,不完全揭示文献的实质内容,因此容易检索到相关性不大的文献。

（2）主题词法。主题词（subject heading）又称叙词（descriptor），是经过规范化处理的人工检索语言。主题词具有以下 5 个特点。

1) 在多个同义词中规定一个词（或词组）为主题词，通过主题词表的参照系统将非主题词引见主题词，或引见相关的主题词。例如：kidney stone（肾结石）see kidney calculi。

2) 配有副主题词，使文献检索更具针对性。例如：asthma/drug therapy 中的 drug therapy 是副主题词，表示需要检索哮喘药物治疗方面的文献，而非哮喘所有方面的文献。

3) 主题词表中有树型结构（tree structure），形成主题词的等级知识体系，从中可了解主题词的隶属关系，便于了解和选择更合适的检索词。

4) 主题词往往滞后于科学技术发展。新的科技词汇要在文献中出现一段时间并达到一定数量后，经专家学者推荐和词表制定者的核准，才可能成为正式的主题词，从而出现在记录中的主题词字段中。

5) 主题词不是一成不变的。在主题词表的历史注释中（previous indexing）经常可见某一主题词的历史变化。

在医学领域中，最成熟的主题词法是用于 PubMed 等数据库中的 Medical Subject Headings（医学主题词表，简称 MeSH）（详见第三章第一节）。"中国生物医学文献数据库"（CBM）中使用的主题词表是 MeSH 的中译本和我国自己编制的《中医药学主题词表》合并而成的主题词表。

三、检索途径

检索途径是指用记录的某一特征为检索切入点进行检索，通常体现为字段检索。常用的检索途径如下。

1. **自由词检索** 自由词又称文本词（text word），是作者写文章时所使用的自然词语，包括标题词、关键词、文摘词、全文词。自由词不受主题词表约束，同一概念用词取决于著者的偏爱。

2. **主题词检索** 主题词是一种规范化的检索语言。主题词的规范作用在于对同义词、近义词、拼写变异词、全称与缩写等进行归并，以保证一词输入，多词命中，提高文献的查全。主题词由主题词表（thesaurus）控制。例如，在 MeSH 主题词表中，关于"肾结石"这个概念，著者可以用 renal calculi 表示，也可用 kidney calculi 表达，还可以用 kidney stone，但 MeSH 词表规定的主题词是 kidney calculi。假如有两篇论述"肾结石"的文章，一篇文章中用 renal calculi，另一篇用 kidney calculi，由于标引人员会在这两条记录的 MeSH 字段标引上主题词 kidney calculi，因此用 kidney calculi 检索，这两条记录都命中。如果用自由词 renal calculi 检索，查到一篇，漏掉一篇。

3. **分类检索** 分类法（classification）是利用学科、专业、概念之间的逻辑关系建立的一种等级体系。在分类法中，用数字或数字加字母构成的分类号代表一个一个概念，这些概念之间有反映上位类下位类关系的从属关系，有反映同位类之间的并列关系。分类检索普遍用于图书馆馆藏目录查询系统，也用于 CBM 等中文数据库中，但西文数据库中采用分类检索的少见。国内最常用的分类法是"中图法"（参见本节检索语言部分）。

4. **著者检索** 著者（author）检索是用文献上署名的作者或编者的姓名作为检索词。著者检索的规则是:姓(last name, surname, family name)在前,名(first name, given name)在后,更多的情况是名只用首字母。欧美人在社会交往中或原文署名时,名放在姓之前,因此,检索时必须进行姓与名的转换。例如:Christine Wade 要改成 Wade C 来检索,William Henry Smith 要变成 Smith WH 来输入。著者姓名中若出现逗号,表明逗号前就是姓,例如 Smith, William Henry 中,Smith 是姓,William Henry 是名,检索时去掉逗号,名保留首字母。在西文数据库中查中国著者发表的文献,也是姓在前,名的拼音首字母在后。例如检索"闻玉梅"发表的文章,检索词是 Wen YM。

著者检索时,有时会出现同名同姓但不同人。遇此情况,可借助文献主题、期刊名称和著者单位加以鉴别。

5. 引文检索 列于文章后面的参考文献叫做被引用文献(cited paper),列有参考文献的文献称为引用文献(citing paper),也称引证文献、施引文献。引文检索是以被引用文献为检索起点来查到引用文献的过程。引文检索的主要作用有:①通过某篇较为经典的文献查询那些在主题上具有继承和发展的新文献;②通过文献被引用情况来评价著者的学术水平;③通过从引文数据库中统计得出的期刊影响因子来考评期刊的学术质量。引文检索最常用的检索词是被引用文献的著者,也有反映被引文献主题的词,或被引文献的刊名等。引文数据库中提示引文检索的词汇有引文、参考文献、cited author、reference、cited ref search、cited work 等。提供引文检索的数据库有 Web of Science、Scopus、中国科学引文数据库、中国引文数据库等。

6. 机构检索 机构检索以机构名称为检索词,来查该机构学者发表的文献。不少数据库把机构名并入地址字段(address)。选择地址字段检索,既可从机构名称入手,也可按机构所在的城市名或国家名进行检索。常见的机构检索字段名有 organization, address, institution 等。

7. 刊名检索 刊名检索供检索指定刊物上发表的文献。有的数据库提供刊名浏览,简单点击刊名链接即可,有的则须输入期刊名称,或两者兼有。西文期刊名的输入有刊名全称(full journal name)和刊名缩写(journal abbreviation)的区别,两者不能混淆。对刊名缩写与全称转换无把握时,可查询数据库中的收录期刊一览表,例如 Journals referenced in the NCBI Databases。

8. 默认检索 默认(default)检索又称缺省检索,是在检索系统预先设定的多个字段中进行检索,目的是为了查到更多的文献。例如 Web of Science 中的 Topic 检索是默认在 Title、Author Keywords、KeyWordsPlus 和 Abstract 4 个字段中检索。

9. 其他检索途径 其他检索途径有:专利号(patent number)检索,国际标准连续出版物编号(ISSN)检索,化学物质登记号(CAS registry number)检索,分子式(formula)检索,记录顺序号(accession number)检索,化合物结构图检索(structure search)等。

四、检索步骤

一个正规的检索课题,应当遵循以下检索步骤:分析课题需求→选择数据库→选择检索途径→拟定检索词→构筑检索式→浏览检索结果→(调整检索策略→重新检索操作)→输出检索结果→(获取原始文献)。

信息检索的过程是一个整体。无论什么主题内容,无论何种检索系统,其检索流程大同小异。在以上程序化的过程中,每一个步骤都是整个检索过程不可或缺的一部分,其中任何一步遗漏或出错,都会对检索结果产生负面影响。因此,放眼检索的整体流程,把握检索的共性原则,做好检索的策略调整,才能接近查全查准之检索目标。

1. **分析检索课题,明确检索要求** 首先,要分析检索课题的主题内容、所属学科范围、所需信息内容和本次检索的目的。若对课题背景不够熟悉,可先利用专著、教科书、综述、百科全书、词典等,尽可能多地了解课题的基本知识、目前的研究进展、常用的名词术语、著名的专家学者。其次,要明确所需文献信息的类型、语种、检索年限、研究对象的性别及年龄、期望得到的文献数量等。例如,检索课题是侧重基础研究还是临床研究?任何文献类型都要,还是只要综述文献?查最近3年文献,还是近5年文献?倾向查全,还是查准?等等。当然,可以在得到初步检索结果之后进行检索的调整。

2. **选择数据库** 熟悉了解各种数据库的收录学科范围是正确选择数据库的前提。例如,欲检索国内生物医学文献,首选的数据库是CBM,还可选中国学术期刊网络出版总库、中文科技期刊数据库等;若要比较完整地检索国际上的生物医学文献,首选PubMed,同时可考虑用EMBase、BIOSIS Previews等补充检索;若要快速查询到英文医学文献的全文,可选ProQuest Health and Medical Complete、OVID全文期刊库等;查询与药学有关的文献,可选SciFinder、EMBase等;查询药物的基本信息可检索MicroMedex,或Prescribing Reference(http://www.prescribingreference.com)等。若要进行引文检索,可查Web of Science、中国引文数据库等。

要做到正确选择数据库,除了应考虑数据库的学科范围和语种外,还应考虑数据库的类型、数据库的知名度、数据库收录文献的年限、文献类型及收录规模、收费情况等。若追求查全,应多选几个相关的数据库,或使用跨库检索。正确选择数据库,可求助专家同行的指点,但更需实践经验的积累。

3. **选择检索途径** 常用的检索途径是自由词检索、主题词检索、分类检索和默认检索。对有主题词检索途径的数据库,尽可能选主题词检索,因为主题词检索具有诸多优点,如紧扣文章中心、能够网罗同义词、可用副主题词限定、可进行下位词扩检。自由词检索也有其自身长处,如有些比较新的概念尚未被主题词表收录而只能用自由词检索,用自由词检索可得到那些新入库尚未标引主题词的文献记录。用分类检索可以满足族性检索的要求,但通常情况下是用分类检索和自由词检索两者结合检索。著者检索简明快捷、方便准确,可作为主题词检索途径的补充。在进行引文检索时不要与著者检索相混淆,前者是查某一著者的文献被人引用的情况,后者是查某一著者撰写发表的文献。

4. **确定检索词** 确定检索词是整个检索过程中较难把握且容易出错的环节。拟定的检索词必须与记录中的标识一致才能检索命中。用主题词检索时,要多利用主题词表,要考虑主题词有没有倒置形式,要注意副主题词的适用范围,要考虑是否用下位主题词扩展检索。用自由词检索时,要注意著者可能采用不同的术语表达同一概念,还要考虑词与词之间的邻近位置。在不同的数据库中查同一主题的文献,所用检索词可能会有所不同。唯有熟悉数据库中的主题词表和分类体系,勤查多读,不断积累专业词汇和提高拼写水平,才能减少检索选词中的差错。

5. **构筑检索提问式并作检索操作** 构筑检索提问式就是用逻辑算符或位置算符将检索词连接起来,形成一个复合检索式提交给检索系统,这多用于部分数据库的高级检索之中。在一般检索中,一个复合检索提问式通常要分解成几次检索,期间可用"二次检索"或"在结果中检索"将前后几次检索进行"逻辑与"等的运算。在检索过程中按需要,可对文献年份、文献类型、语种、研究对象等进行限制检索。

6. **调整检索策略** 对检索返回的结果若不满意或发现有更合适的检索词未被使用,应进行检索策略的调整。检索策略调整包括调整数据库、调整检索途径、调整检索词,甚至调整逻辑算符和位置算符等。检索策略的调整有查全和查准两个不同方向。

当检出文献量小于期望时,试用以下方法来扩大检索范围:删除某个用 and 连接的不重要的检索词;增加用 or 连接的检索词;位置算符放宽;检索词后用截词符;多用几个副主题词甚至选用所有副主题词;用下位主题词扩检;用一个字段检索改为用多个默认的字段检索;选择全文检索;从在某个分类类目中输词检索改为在所有分类类目中输词检索;用著者检索进行检索补充;多查几个数据库;进行跨库检索。

当检出文献过多,且其中一部分文献并非真正需要时,试用以下方法缩小检索范围:增加用 and 连接的检索词,或用"二次检索";增加用 not 连接的检索词;用特定的副主题词进行限定;用字段限定检索,如标题词检索、主要主题词检索、加权检索等;进行文献类型、语种、重要期刊、核心期刊、年份等的检索限定;进入更专指的分类类目中输词检索;模糊检索改为精确检索。

7. **输出检索结果** 在输出检索结果之前,可对需要的记录加标记(mark record, check box),也可对所有的记录打上输出标记。

检索结果的输出形式有打印、下载、发 E-mail 和输出到文献管理软件。在检索输出的操作过程中,通常要选择输出的字段。标题、著者、文献来源和文摘字段是输出常选的字段。题录数据库或文摘数据库的输出过程中若有记录排序选择,建议按文献来源排序(sort by source),这便于获取原文时对期刊名称的核对查找。全文的输出只限于逐篇下载或逐章节下载,原因之一是为避免批量非法下载。下载后的全文若打不开,要检查计算机内是否已装有与所下载全文格式一致的全文阅读器。

8. **获取原始文献** 检出文献的题录或摘要后大多数可见到全文链接,有全文链接的大致有以下 3 种情况:①原文是 OA 期刊,供免费使用;②某文摘数据库与某全文数据库合作,同时订购两者的机构用户可直接获得全文,如 CBM 的大多数记录可直接链接到"中文科技期刊数据库"的全文;③文摘后出现某一全文数据库图标,订购机构用户在其授权的 IP 地址范围内可直接获取全文。如果以上途径还不能满足全文获取,可通过以下途径获取:到本单位本地区图书馆复印或阅读印刷型文献,向图书馆申请文献传递服务,网上搜寻免费电子期刊,到电子全文数据库中检索,利用"电子期刊导航系统"或学术资源门户("MetaLib/SFX")等进行全文查询,通过 E-mail 向作者索取原文。

9. **创建文献跟踪服务** 一次再完美的检索也无法获得未来入库的文献。要跟踪同一专题文献,传统的做法是每隔一段时间到相同的数据库中重复检索。这样做的缺点一是费时,二是部分检索结果会与上次检索结果重复。目前部分数据库提供的"定题跟踪服务"弥补了以上缺陷。创建文献跟踪服务的大致步骤是:注册登录数据库,保存检索历史,选择 Send Me E-mail Alerts 之类的功能,选择文献自动发送的时间间隔。创建文献跟踪服务后,用户的电子邮箱将定期获得某一数据库中指定专题的最新文献。同样,通过创建"引文跟踪服务",用户同样会自动收到新入库的指定文献的引用文献(详见第三章第二节)。

五、计算机检索技术

计算机检索的优点之一是检索灵活,可以用不同的检索技术构筑起不同的检索提问,从而满足文献查全或查准的不同要求。计算机检索的主要技术有以下 9 种。

1. **布尔逻辑检索** 布尔逻辑检索是用英国数学家乔治·布尔提出的 3 个逻辑算符 (Boolean operators)and、or、not 进行检索。

and 称为"逻辑与",表示"相交"关系,可用来缩小检索范围。检索式 A and B 表示要检索既含有检索词 A,又含有检索词 B 的文献记录,即同时要满足 A、B 两个条件。有的中文数据库也可用" * "表示"逻辑与"。

or 称为"逻辑或",表示"并列"关系,可用来扩大检索范围。检索式 A or B 表示检索含有检索词 A 或含有检索词 B 的文献记录,即只要满足 A 或 B 中的一个条件即可。有的中文数据库也可用"+"表示"逻辑或"。

not 称为"逻辑非",表示"排斥"关系。检索式 A not B 表示只检索含有 A 但不含 B 的文献记录,即把既含 A 又含 B 的记录排斥在检索结果之外。运算符 not 要慎用,因为它容易造成漏检。例如,用检索式"胃癌 not 肝癌"检索,会把同时出现"胃癌"和"肝癌"的记录排斥在外。有的数据库用"−"表示"逻辑非",也有的用 and not。

在这 3 个布尔逻辑算符中,not 优先运算,and 其次运算,or 最后运算,这一点与数学中"先乘除后加减"的规则一样。如果要改变运算次序,用括号来表示括号内的逻辑算符先运算。

例如,检索式"甲肝 and 婴儿 or 乙肝 and 婴儿"表示检索"婴儿患甲型肝炎或者乙型肝炎"方面的记录。为避免检索词重复,该检索式可简化成:(甲肝 or 乙肝)and 婴儿,但不能写成"甲肝 or 乙肝 and 婴儿",因为这样会误将含有甲肝的所有记录都检索出来。又如,检索式"(甲肝 or 乙肝)and(婴儿 or 儿童)"表示检索"婴儿或者儿童患甲肝或者乙肝"方面的记录。这比以上检索式多检出"儿童患甲肝或乙肝"的文献。

2. **邻近检索** 邻近检索又称位置算符检索(proximity searching, positional searching, adjacent searching),用于规定命中的检索词在记录中的间隔距离。邻近检索适用于自由词检索。不同检索系统的位置算符不尽相同,常见的位置算符有 near, N, W, adj 等。

例如,near 表示左右两个检索词出现在同一句子中,near1 表示左右两个检索词紧相邻,near2 表示左右两个检索词之间可以有一个单词或没有单词,以此类推。用检索式 tongue near1 base 可以检索到含有 tongue base(舌根)的记录,但检索不到含有 base of tongue 和 base of the tongue 的记录。要检索到后两者的记录,应当用 near3 处理。

若用逻辑与 and 连接 tongue 和 base 会造成明显的误检,因为检索结果中可能出现以下情况:在文摘的第一句中出现 tongue、第五句中出现 base。邻近检索弥补了"and"易误检的缺陷,但并非所有数据库都有邻近算符。

许多数据库或搜索引擎中的词组检索也属于邻近检索。词组检索又称短语检索(phrase search),通常用双引号将词组括起,表示一个词组中的单词紧相邻。

3. **截词检索** 在英语中,有不少含义相同或相近的词其词干相同,词尾不同。为了查全,虽可用运算符 or 相连接,但这样增加了键盘的操作,且同根词未必都能记住。截词符(truncation)的运用,简化了这一问题。常用的截词符有" * "和"?"。

" * "称为"无限截词"或"前方一致",替代任何数量的字符,用来查相同词根的所有词。例如,输入 immun * ,可一次性查出含有 immun、immune、immunal、immunity、immunology、immunization、immunizations 的记录。

"?"为"有限截词",替代一个字符或零个字符。例如,输入 computer??? 来检索,可以查到含有 computer，computers，computing，computerize 的记录，但对含有 computerization 的记录检索无效。用 pe？diatrics 检索，可检索到含有 pediatrics 和 peadiatrics 的记录。

不同数据库所用的截词符会有所不同，如在 OVID 系统中用＄表示截词。

4．字段检索　字段检索是指对指定的一个或多个字段进行检索，目的是提高查准。字段检索的操作形式有两种：①在字段下拉菜单中选择字段后再输词检索；②一次性输入字段标识符和检索词。后者的例子有：ti＝hepatoma 表示检索标题字段中含有 hepatoma 的文献，smith bt [au]表示检索 Smith BT 发表的文献。

5．限制检索　限制检索(limit search)是一种辅助的检索技术，意在将检索结果限制在一定范围之内。常见的限制项有：publication year(出版年份)、article type(文献类型)、language(语种)、full text only(仅要有全文的记录)、human or animal(选择研究对象)等。

6．精确检索与模糊检索　精确检索表示完全匹配，模糊检索表示含有，允许词间插入其他字词。精确检索与模糊检索多用于关键词和作者等字段的检索。例如，在中国学术期刊网络出版总库中，选用"精确"在关键词字段中查"计算机"方面的文献，只检索出关键词为"计算机"的文献，而选"模糊"能检索到关键词为"计算机"、"计算机软件"、"计算机管理"等更多的文献。又如，输入"肾衰竭"进行模糊匹配，不仅能检出"肾衰竭"，还能查到"肾功能衰竭"。

7．扩展检索　扩展检索表现为一词输入、多词命中，其基本原理是通过同义词表、主题词表的树形结构或分类索引，系统自动或半自动地将所输入的检索词转换成多个检索词进行逻辑或(or)运算。例如，中文科技期刊数据库中的"同义词检索"是一种半自动的扩展检索，PubMed 中的 MeSH Database 提供下位主题词的自动扩展检索，中国生物医学文献数据库(CBM)的分类检索提供下位分类号半自动检索。

8．智能检索　智能检索是检索系统利用主题词表、同义词词典等来改善用户的输入，以达到查全的一种检索技术。例如，输入"计算机"，检索系统自动用"电脑"、"微机"等参与检索，扩大了检索结果，提高了检索质量。

9．跨库检索　跨库检索(cross search)是指通过一次性的检索操作，在统一的检索平台上同时检索多个数据库中的记录。跨库检索是数据库品种日益增多和用户追求查全的产物，它省却了逐一登录和检索多个数据库的繁琐。具有跨库检索功能的平台有 Web of Knowledge、MetaLib、中国知网等。

六、检索式编写举例

检索式又称检索提问式(query)，是信息用户向数据库表达检索意图的句式。检索提问式分简单提问式和复合提问式。简单提问式只含一个检索词，只表达一个简单的检索概念，例如：sars，ti＝hepatitis b virus，舒喘灵，au＝吴阶平。复合提问式含有两个或两个以上的检索词，用布尔算符或位置算符相连接。

【例1】 acute near3 pancreatitis and (mice or mouse)（急性胰腺炎的小鼠实验）。

"胰腺炎"之间用位置算符 near3 是因为其间有可能出现以下词汇：necrotizing(坏死型)、biliary(胆汁型)、gallstone(结石型)、severe(严重型)、and chronic(及慢性)等词汇。mice 是 mouse(小鼠)的复数。

【例2】 (renal calculi or kidney calculi or kidney stone＊) and (surgery or operation)（肾结石的手术治疗）。

kidney stone 后用截词符表示同时需要检索含有 kidney stones 的文献记录。为了使文献查全,本检索式中列出了"肾结石"的 3 个同义词和"手术治疗"的两个同义词。在无主题词的数据库中,若不作模糊匹配,提问式中的检索词只检索命中与著者用词完全一致的文献记录,因此要尽量列全同义词,用逻辑"或"连接。对于有主题词字段的数据库,不必如此。例如,在 PubMed 中检索提问式可写成:kidney calculi/surgery。其中,kidney calculi 是 PubMed 的主题词,surgery 是副主题词。用主题词可以检索命中含有同义词的文献记录。副主题词须紧跟在主题词后面,不能用 and 连接,否则会查到虚假组配的文献。

【例 3】asthma/chemically induced AND aspirin/adverse effects(阿司匹林诱发哮喘)。

本例是检索 PubMed 数据库的检索式。其中,asthma(哮喘)和 aspirin(阿司匹林)是主题词,chemically induced(化学诱导)和 adverse effects(不良反应)是副主题词。

主题词和副主题词在不同的数据库中未必相同。例如在数据库 EMBase 中,"阿司匹林"的主题词是 acetylsalicylic acid,药物"不良反应"的副主题词是 adverse drug reaction(用于药物主题词后面)和 side effect(用于疾病主题词后面)。

【例 4】检索"小儿心脏瓣膜疾病诊断"方面的文献。

有的数据库检索中,需要通过多个检索操作步骤来体现检索式的编写,而不像以上 3 例可以直接输入一个完整的检索式。示例如下:

心脏瓣膜疾病属于某一类疾病,具体的疾病名有主动脉瓣关闭不全、主动脉瓣狭窄、二尖瓣关闭不全、二尖瓣狭窄等至少 20 余种。该检索课题拟定的检索式应为:(心脏瓣膜疾病 or 主动脉瓣关闭不全 or 主动脉瓣狭窄……)and 诊断 and(小儿 or 儿童)。本检索课题因检索词复杂,检索应当分成几步进行。

若在 CBM 中检索,先通过"主题词检索"进行"心脏瓣膜疾病"的下位词扩检,副主题词选"诊断"(系统默认用"诊断"及其下位副主题词"病理学"、"放射摄影术"、"放射性核素显像"、"超声检查"进行检索),在检索返回页面的"快速检索"状态下输入儿童,然后勾选"二次检索",点击"检索"完成该课题的检索。

在中国学术期刊网络出版总库中检索该课题,操作有所不同。进入高级检索→在"文献分类目录"下先点击"清除"→点击"医药卫生科技"前的"＋"→点击"儿科学"前的"＋"→点击"小儿内科学"前的"＋"→勾选"小儿心脏、血管疾病"→点击检索提问框前的"＋"→在上下两行检索提问框内分别输入诊断和瓣,两者之间的运算符选"并且",检索项可选默认的"主题"(对题名、关键词、文摘字段检索),点击检索按钮,完成检索。中国学术期刊网络出版总库因没有主题词表,所以无法进行下位主题词扩检,但可利用分类中的"小儿心脏、血管疾病"类目加上检索词"瓣"等来检索。

习题

1. 自由词检索与主题词检索有什么区别?
2. 引文检索有哪些作用?
3. 力求文献查全的方法有哪些?
4. 为什么有时要在检索式中加括号?

(夏知平)

第四节 图书馆资源导航

图书馆是文献资源收集、加工、保管、传播的信息场所。随着科学技术的突飞猛进,传统图书馆的文献存储方式和传播方式发生了巨大的变化,数字图书馆迅速发展,并与实体图书馆紧密结合,成为当前图书馆的主流。随着数字资源占馆藏资源的比重急剧上升,电子文献已成为读者利用馆藏资源的首选。而另一方面,传统的纸质资源依然在某些方面具有数字资源难以替代的特点,仍是读者不可或缺的重要信息源。因此了解图书馆在数字时代的服务内容和方式,掌握数字资源及传统资源各自的特点和查询方法,是读者的必备技能。

一、数字图书馆的基本知识

(一) 数字图书馆的起源与发展

数字图书馆(digital library)最早由美国国家科学基金会的伍尔夫(W. Wulf)于1988年在撰写的国际合作白皮书中正式提出。1993年,美国国家科学基金会、国家宇航局和国防部高级研究署联合公布了《数字图书馆启动计划》,正式开始领导、组织和资助美国数字图书馆的研究和开发。

我国从1995年开始,清华大学、北京大学等高校图书馆开始率先在国内开展数字图书馆的研究。1998年10月,文化部与国家图书馆启动了中国国家数字图书馆工程,标志着中国数字图书馆工程进入了实质性操作阶段。

这些年来,国内外的数字图书馆得到了蓬勃发展。很多大学图书馆在本身实体图书馆的基础上,建设起数字图书馆,为科研、教学提供各种数字化服务。一些公共图书馆、商业公司等其他机构,也纷纷建立了数字图书馆,极大地推动了数字图书馆的发展。例如:中国"超星数字图书馆"已经成为商业数字图书馆中成功典范之一。

(二) 数字图书馆的主要服务内容

数字图书馆使人们获取信息的方式发生了翻天覆地的变化,人们利用数字图书馆获取文献资源更加方便、灵活、全面,其主要服务内容如下。

1. 馆藏目录查询　图书馆一般在网页上均提供馆藏资源查询系统,供读者在任何连接互联网的计算机上查询图书馆的资源目录,从而获知文献资源的简介和收藏情况等信息。

2. 网上数据库　网上数据库是数字图书馆的主体部分。随着科学技术的发展,几乎所有的文献信息都可以成为数据库的一部分,放在网上为人们提供服务。它包括网上全文电子期刊、电子图书、专利文献、科技报告等。

3. 网上咨询　网上咨询是近年来发展较快的图书馆服务项目之一,主要形式有电子邮件咨询、公告栏(BBS)咨询、留言板咨询和实时咨询等。此项服务受时空限制小,针对性强,能解决读者个体的信息需求。

4. RSS服务　RSS(Really Simple Syndication,又称聚合内容)是一种描述和同步网络的格式。用户下载安装RSS阅读器后,就可以从网站的RSS目录列表中订阅自己感兴趣的内容。订阅后,用户打开RSS阅读器就可立即获得网站的最新信息。图书馆利用RSS服务,可及时把图书馆的最新信息(如:公告、新书通报等)推送给 RSS 订户。

5. 学术资源门户　这是数字信息资源日益增长的产物。面对数以百计的各种文献数据库,读者需要统一的检索平台,实现跨库检索、全文链接、个性化服务。学术资源门户的功能就是对所有可利用的电子资源进行整体性揭示和检索(包括本馆电子资源、网上免费资源等)。目前有多个相关产品,其中以 MetaLib/SFX 使用较为广泛(详见第一章第五节)。

(三) 数字图书馆和传统图书馆的比较

数字图书馆是在传统图书馆的基础上发展起来的,它的很多服务是传统图书馆服务的延续和发展。数字图书馆和传统图书馆的比较见表 1-4-1。

表 1-4-1　传统图书馆和数字图书馆的比较

项目	传统图书馆	数字图书馆
信息对象的载体形式	印刷型为主,少量的音像制品、缩微制品,占用大量空间	信息数字化,压缩了大量的存储空间,保存期延长
信息的检索形式	卡片目录检索为主,在本馆检索	网上书目查询,检索速度提高,查全率、查准率提高,可远程检索
信息获取的开放性	受到图书馆开放时间、地点约束,读者不方便、不自由	依靠互联网,不受时间、空间影响,信息获取比较自由
信息的可扩展性	信息资源无法收集全面,可扩性低	通过数据库技术、网络技术,信息资源可以实现共享,可扩性高
技术依赖性	对设备、技术依赖程度低	严重依赖先进设备和先进的科学技术
提供服务的模式	比较被动,需要读者亲临图书馆才能开展服务	被动和主动式服务相结合,为读者提供全方位的服务
读者与工作人员的关系	读者和工作人员面对面,直接服务,有利于沟通	读者和工作人员通过网络联系,直接服务、沟通少,需要依靠其他服务方式了解读者的想法需求

二、馆藏目录查询系统

(一) 书目

学术界对书目(bibliography)的定义有多种描述,我国国家标准对书目的定义为:书目是根据特定要求著录一批相关文献,并按一定顺序编排而成的一种揭示与报道文献的工具。它可以是独立的,也可以作为另一文献的附录或一部分。因此,书目不只报道图书,可包括期刊、报纸等各种类型的文献。

(二) 馆藏目录

馆藏目录是书目的一种,是图书馆收藏文献资源的目录。它对馆藏资源的形式、内容、载体等特征进行描述,包括书名、期刊名、著者、主题、索书号,乃至摘要等,揭示了图书馆文献收藏地和借阅情况(图 1-4-1),可供读者多途径地查找所需文献资源。

按馆藏目录的载体形态,可以分为卡片式目录、书本式目录,缩微目录、机读目录。机读目录可在计算机和互联网上供读者查询,是当前图书馆馆藏目录的主要形式。由于馆藏目录具有规范性,所以文献目录的形成必须依靠编目工作进行著录。对文献的标准化著录,有相应的国内和国际标准,如《国际机读目录通讯格式》(UNIMARK)、《中国机读目录通讯格式》(CNMARK)等。

图1-4-1 图书《表观遗传学》在馆藏目录中的记录格式

(三) 馆藏查询系统

20世纪90年代,图书馆馆藏机读目录,如"联机公共查询目录"(on-line public access catalogue, OPAC)的出现,逐渐取代了卡片式目录,读者可以用图书馆局域网内的计算机查询本馆的文献收藏情况。随着互联网的发展,互联网公共查询目录(web based online public access catalogue, WebPAC)使读者在任何连接互联网的计算机上可进行馆藏查询。21世纪初又推出了iPAC(information public access catalogue)的形式,不仅能查询馆藏信息,而且可以查看和管理读者本人的账户信息,实现网上图书预约、续借等功能。

以下以ALEPH500的"馆藏书刊检索系统"为例,介绍馆藏查询系统的使用方法。

1. 馆藏目录查询 可供读者查找书刊等各类图书馆馆藏文献的书目信息、收藏地等情况,以帮助读者进一步获取详细文献资料。

(1) 馆藏检索:基本检索、高级检索(多字段检索、多库检索、高级检索、通用命令语言检索)。

1) 基本检索:查询系统检索首页。可利用下拉菜单选择某一字段,输入对应的检索词查询。常用的检索字段包括:题名关键词、题名(精确匹配)、著者、主题词、出版社、ISBN(国际标准书号)、ISSN(国际标准连续出版物号)等(图1-4-2)。在检索过程中,可以在"更多选项"中对馆藏地点、文献语种、出版年等进行限制(图1-4-3)。

检索字段需注意的是,"题名关键词"不同于"题名(精确匹配)"字段。前者只要题名中含有输入的检索词即为命中记录,而后者检出题名必须与输入的检索词字顺、字数完全一致,才为命中记录。因此,精确匹配检出记录更少,但准确性更高。例:利用题名字段查找有关"神经

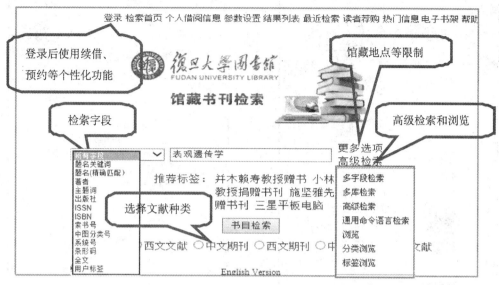

图 1-4-2　ALEPH500 的 OPAC 基本查询界面

图 1-4-3　基本查询"更多选项"设置界面

生理学"的中文馆藏。"题名关键词"字段检出 20 条记录(图 1-4-4),而"题名(精确匹配)"仅检出 5 条记录(图 1-4-5)。因此,当知道确切的题名时,可选用"精确匹配";当对题名的匹配要求比较宽松,或不知道确切题名时,宜选用"题名关键词"字段。另外,这两个字段所指的"题名"包含正题名、并列题名、丛书名等各类题名。

2) 多字段检索:可以在检索界面提供的主题、作者、题名等多个字段中,同时在不同字段中输入检索词进行检索,字段之间的逻辑关系只能是 AND 关系。

3) 高级检索:可以根据读者的需要,利用下拉菜单任意选择多个字段,输入检索词进行检索,比多字段检索更为灵活。

4) 通用命令语言检索:可同时使用任意多个检索途径进行检索,需采用带有 CCL 命令标识的检索词构造检索式。其输入规则包括:系统会检索用户输入字符中的斜线(/)符号。用索书号检索时,如输入的索书号含有括号,需给索书号加上英文半角状态的双引号,如:"H319.5/L8/2(MGT)"。当 AND/OR/NOT 作为短语的一部分时,将作为实词检索(即不作为逻辑运算符),如需按逻辑算符处理,应用双引号将逻辑算符括起。例如:WTI=gone "NOT" forgotten。系统忽略大小写字母的差异。在开头(或结尾)加"?"或"*",表示查找以该字符串开头或结尾的所有词。例如:wau=(李? or *中天)。注意:不能在单词的首尾同时使用截词符号,例如:? dva? 是无效的。—>符号可以置于两词之间,表示检索从第一个词(包括该词)到第二个词之间的记录,常用于限定出版年的检索。例如:WYR=1999—>2002。

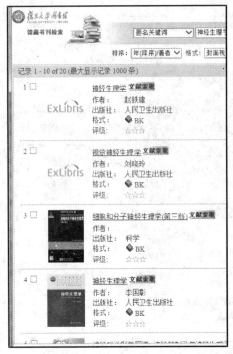

图 1-4-4 "题名关键词"检索结果

图 1-4-5 "题名精确匹配"检索结果

(2) 馆藏浏览:可按某字段的字顺排列、浏览记录。系统首页的"高级检索"菜单下,提供索引词浏览、分类浏览、标签浏览3种浏览方式(见图1-4-2)。

1) 索引词浏览:用户输入检索词,选择字段后,系统将在该字段中,按索引词字顺,快速定位到输入检索词所在位置,并从该检索词开始,按字顺显示所有记录,供用户浏览。

例如:用该功能,从篇名为"神经生理学"起始的记录开始,按篇名字顺浏览记录。

点击首页"高级检索"→"浏览"→输入神经生理学→选择"题名"字段,"中文文献库"→系统从篇名以"神经生理学"开头记录开始,按篇名字顺显示所有馆藏记录。可通过"下一页"不断浏览,挑选合适的索引词→点击索引词"神经生理学"可浏览篇名为"神经生理学"的所有资料的馆藏信息(图1-4-6)。

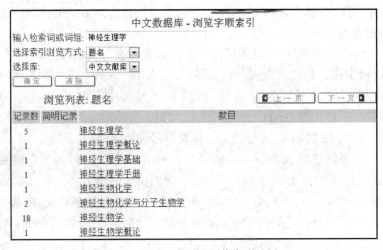

图 1-4-6 索引词浏览查询结果

2) 分类浏览:系统按各种分类法提供的文献导航,供用户按学科类别浏览记录。包括中国图书馆分类法、科图法、古籍分类法、学科分类法 4 种。用户只需在分类导航中,从大类到小类逐级点击相应类即可。

3) 标签浏览:为了更好地显示和突出检索的重点关键词或者词条,以便更好地索引和指导读者浏览图书馆馆藏书目信息,系统还提供了标签浏览。一般而言,标签用以标注重点关键词(如:幸福)或某类特藏(如:施坚雅先生捐赠书刊)。

(3) 结果显示:默认显示命中记录的简要信息,包括题名、复本数、索书号、收藏地、外借情况等。可选择按题名、著者或出版年份等排序记录,更改显示格式与每页显示记录数。点击相应的题名链接,可浏览"标准格式"的详细书目信息。

系统还对结果进行了归类分组,供用户进一步筛选,并提供检索结果的二次检索功能。由此形成的多个记录集合,用户可以进行合并、划分。

不论是检索结果,还是新的记录集合,都可以对它们进行选择记录、添加到列表,或保存到本地硬盘,或发送 E-mail。

索书号是馆藏目录显示的重要信息,它是每种馆藏纸本书刊的固定编号,是唯一的,并与该种书刊在书架上的位置一一对应(注:同种书刊不同复本的索书号相同)。因此,索书号可以快速定位书刊架位,是读者寻找纸本书刊的依据。索书号的构成为:分类号/著者号。分类号依据《中国图书馆分类法》确定。

2. 个人账户　提供读者个人账户管理的功能,登录后不仅可以了解自己的借书情况,还可以网上续借、预约图书。

3. 其他服务　系统把纸本馆藏资源和数字资源联系起来,实现一站式的快速全文链接。如:ALEPH500 馆藏书刊检索系统的检索结果,通过一些链接点,可以直接连到 Internet 资源、电子期刊、电子图书等全文网站,使读者更便捷地获取数字化全文资源。另外,它还提供了新书通报、读者荐购等功能,增加了读者和图书馆的沟通和联系。

(四) 馆藏联合目录查询

馆藏联合目录是反映若干个图书馆文献资源收藏情况的目录。由于文献信息的急剧增长,单个图书馆不可能把需要的文献收集齐全,而读者的文献需求涵盖面越来越广。为了解决这一矛盾,馆藏联合目录成为实现资源共享、解决矛盾的有效途径之一。目前,国内外使用比较多的联合目录有以下。

1. CALIS 联合目录公共检索系统(http://opac.calis.edu.cn/simpleSearch.do)　由中国高等教育文献保障系统(China Academic Library & Information System,CALIS)牵头编制。CALIS 是由国家出经费支持的文献保障系统,其宗旨是实现高校文献资源共建、共知、共享,为中国高校提供高效率、全方位的文献信息保障与服务。该系统管理中心设在北京大学,迄今参加 CALIS 项目建设,获取 CALIS 服务的成员馆已超过 500 家。

CALIS 联合目录可检索成员馆馆藏情况,所有成员馆均可使用。其检索功能和使用方法与馆藏查询系统(OPAC)类似,差异在于馆藏地是收藏该资料的成员馆名称。例如:检索 2011 年以来出版的,题名中含有"表观遗传学"的图书有哪些馆收藏。使用高级检索,选择题名字段输入表观遗传学,选"包含"匹配方式,限制性检索区域,选择出版时间≥2011(图 1-4-7)。

在结果显示页中,点击文献题名可以显示文献的详细书目信息,点击"馆藏"标记"Y",可浏览收藏该书的所有 CALIS 成员馆(图 1-4-8)。用户可根据实际情况选择某个图书馆进行馆际互借。

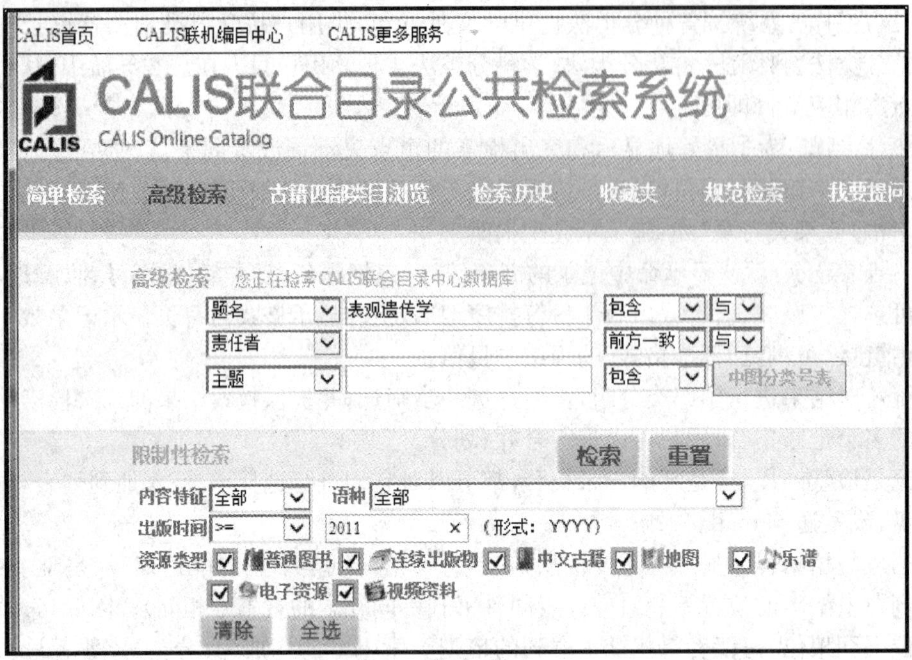

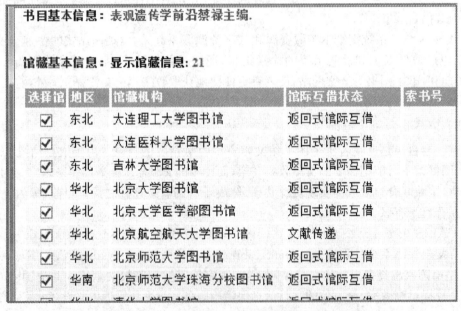

图1-4-7 CALIS联合目录的简单检索

图1-4-8 CALIS联合目录的馆藏机构检索结果

2. 全国期刊联合目录(http://union.csdl.ac.cn/Union/index.jsp) 由中国科学院文献情报中心牵头,提供全国400多家高校、科学院、部委图书情报机构及大型公共图书馆的英、日、俄、中文等8万多种期刊的查询。该目录只对成员馆读者开放。检索结果除提供文献的书目信息外,还标明了收藏馆及收藏卷期。

3. 全国高校医药图书馆期刊联合目录(http://www.library.imicams.ac.cn/lm/xklm.asp) 由国家医学中心馆中国医学科学院协和医科大学图书馆牵头,北京大学医学部图书馆、中国医科大学图书馆、复旦大学医科图书馆、西安交通大学医学分馆、四川大学医学图书馆、湖南医科大学图书馆六大地区中心馆合作研制开发,可查找全国201个医药院校的馆藏情况。

4. OCLC(Online Computer Library Center) 由美国俄亥俄州图书馆中心建立于1967年。这是世界上最大的国际性图书馆协作网络组织,成员馆超过2 300个。1996年,它在清华大学成立服务中心,正式进入中国图书馆系统。

Worldcat是OCLC的联机目录数据库,是世界上9 000多个图书馆参加的联合编目数据库,包括约7 000多万条图书、期刊和其他资料的书目及收藏馆信息,覆盖400多种语种。该数据库只供成员馆和订购机构使用。其检索方法与其他目录类似,在检索结果中,点击"世界各地拥有的馆藏图书馆"链接即可找到某书收藏馆的信息(图1-4-9)。

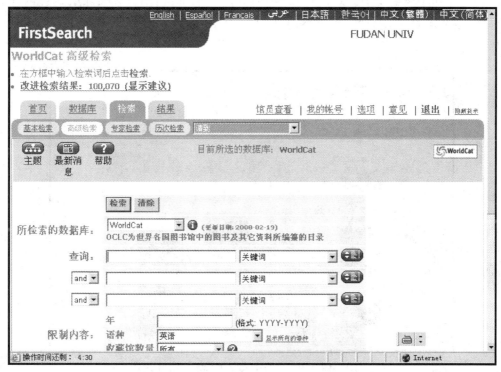

图1-4-9 WorldCat数据库检索的高级检索界面

三、电子图书

电子图书(Electronic Book,E-book)也称数字图书。按其生成方式可以分为两类:一类是将纸本图书扫描后存贮在计算机存储介质上,依靠计算机把图书内容再现出来供读者阅读利用;另一类是直接用电子文档进行格式转换后生成的电子图书。电子图书与印刷型图书相比,具有集成性、非线性、交互性、数字化、高密存贮、快速检索、体积小、出版周期短、制作简单、修订再版容易、检索能力强、图文声并茂、发行传递快等优势。电子图书是检索学科专业基本方法、基本原理、术语定义和事实类信息时的常用信息源。

(一) 读秀中文学术搜索

1. 概况 读秀中文学术搜索是由北京超星公司开发研制,集各类文献搜索、试读、全文获取于一体的知识库,为用户提供目录和全文的深度检索,是提供知识搜索及中文文献服务的平台,其文献传递服务可弥补馆藏文献资源的不足,实现知识资源共享。所含资源包括218万种中文图书简介与目录,约150万种图书全文(大部分来自超星数字图书馆),已订购的电子书可阅读全文,已订购的期刊、会议论文等可链接CNKI、万方等全文,未订购的电子书可部分阅读某章节全文。读秀最为常用的是中文电子图书及知识搜索功能。

2. 常见信息需求与读秀检索技巧

(1) 寻找课题专业相关的图书:当读者需要检索与某课题或专业相关的一系列图书时,可以利用读秀图书的分类导航、主题词或书名检索获取相关信息。例如:查找"放射性物质污染及防治"方面的电子书。点击首页"图书"链接,检索框右侧"分类导航",再依次点击"环境科学、安全科学"、"环境污染及其防治"、"放射性物质污染及其防治"类目即可(图1-4-10)。

图1-4-10 读秀中文学术搜索检索首页

(2) 寻找某本特定的图书:当明确地知道书名或作者等特征,查找特定图书时,可利用首页图书搜索,对书名、作者等字段检索,准确地检出相关图书,也可使用检索框右侧的"高级检索"或"专业检索"查询。例如:查找高美华主编的《细胞与分子免疫学》电子书,阅读全文。从首页依次点击"图书"→"高级搜索"→"书名"字段输入细胞与分子免疫学→作者字段输入高美华→点击"高级搜索"按钮→显示结果中点击"包库全文",即可打开全文。

(3) 寻找原理、技术细节、方法等知识:在查找这类信息时,读秀的"目次"、"全字段"、"知识"搜索的优势便体现得淋漓尽致。例:查找关于核被膜的结构介绍和图示。从首页开始,依次点击"图书"→选择"目次"→输入检索词核被膜的结构→"搜索"。系统显示目次中含有该检索词的所有图书(图1-4-11),点击相应的目录章节名,浏览该章节全文,可快速找到核被膜结构的详细说明及对应的结构图(图1-4-12)。

图 1-4-11　读秀目次检索结果

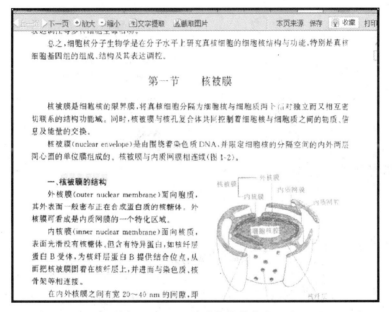

图 1-4-12　读秀检出的全文

如用目次检索查不到相关信息,也可扩大到全部字段或用知识搜索在全文中检索。对于查出的章节,即便本校没有订购全文,也可以免费阅读该章节约十几页的内容,因此在查找具体知识内容时非常有效、便捷。

(4) 寻找概念定义、事件等知识点:当要查询这些更细小的知识点时,读秀的"知识搜索"可以快速地对图书、期刊、会议文献等全文进行深度搜索,快速返回相关全文片段。例如:查找"分子生物学"的定义,点击"知识"搜索链接→输入检索词分子生物学定义→"搜索",系统显示出自不同书刊含有"分子生物学定义"的全文片段,用户可根据需要,选择合适的定义。在筛选时,可利用"阅读"链接,打开相应页面的上下文,点击"来源"了解原文作者、出处等信息,进一步判断其权威性。

（二）超星数字图书馆

1. 概况　2000年1月，北京时代超星公司与广东中山图书馆共同合作，正式开通超星数字图书馆，是收录中文电子图书最丰富的数据库，涵盖文学、经济、计算机等各个学科。目前共计150多万种，每年持续更新。

2. 服务形式　超星数字图书馆的服务形式主要有两种：一是单位用户购买，二是注册用户制。付费单位的用户可以在IP地址认可范围内下载、阅读超星数字图书馆的全文资源。如果不是付费单位的用户，可以在超星数字图书馆网站上（http://www.chaoxing.com/）注册后，购买充值卡阅读全文。

3. 检索方法　超星数字图书馆的图书检索主要有分类浏览、基本搜索和高级搜索。其检索方法与读秀学术搜索类似，此处不再赘述（图1-4-13）。

图1-4-13　超星数字图书馆教育网主站检索界面

访问方式，以复旦大学为例，设有"本馆镜像"，还可访问"教育"、"电信"和"网通"3个主站。该校校园网用户不设代理可直接访问本馆镜像，访问主站需同时在IE和超星阅览器中设置代理。

4. 全文阅读与下载　超星电子书的全文可以用网页阅读模式打开全文，也可以使用超星阅览器打开全文。推荐使用"阅览器阅读"打开全文，在阅览器"注册"菜单"用户登录"中登录后，再用阅览器下载全文，以便在其他机器上可以打开下载的电子书全文。在其他电脑上阅读下载的图书，也须先在阅览器中先登录，才能正常打开图书全文文件（图1-4-14）。

下载时遇不能完全下载时，重新进入主页，再次下载。若问题依旧，和图书馆联系，或用超星主页下方的联系方法和客服联系。如果访问时页面提示您输入用户名和密码，点击"IP登录"按钮进行登录。如果还不能进入，则表明您的IP不在开通的范围内。

5. 超星阅览器（SSReader）　超星阅览器是超星公司专门针对其出版的数字图书研究开发的，拥有自主知识产权的图书阅览器，浏览超星数字图书全文必须先下载并安装该阅览器。

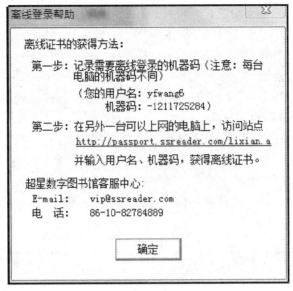

图 1-4-14　超星电子书离线阅读全文设置

通过超星阅览器,不仅可以阅览、下载、打印、电子书,还可以浏览网页、在线注册、登陆、订阅主题馆服务、软件升级、扫描资料、采集网络资源等。

(1) 超星阅览器(4.1.2 版)的主界面(图 1-4-15)

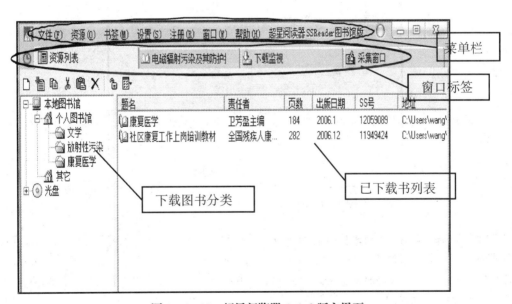

图 1-4-15　超星阅览器 4.1.2 版主界面

1) 菜单栏:位于阅览器上方,它包括超星阅览器的所有主要功能,以书签、设置、注册功能最为常用。

2) 窗口标签:位于菜单栏下面,主要包括:历史、资源、阅读、下载监视、采集窗口等。常用窗口有:①资源列表窗口:用户可以看到本地资源、数字图书馆或互联网资源情况,并可利用鼠标右键对书籍进行类目之间的复制、粘贴等各项操作,对本地资源进行管理等;②阅读窗口:用以阅览电子书全文,并对全文进行标注、复制等操作。③下载监视窗口:电子书下载时显示下载进度;④搜索窗口:提供用户在线搜索图书;⑤采集:采集和整理电子书文本或网络资源。

(2) 超星阅览器的使用

1) 代理服务器设置:进入菜单栏的"设置"菜单→"选项"→"代理服务器"标签→选择"自己设置"→输入代理服务器地址与端口即可。

2) 其他设置:菜单栏中的"设置"选项可以对超星阅览器的所有功能进行设置,除代理服务器外,还可以设置资源、页面显示、书籍阅读、网页、历史、采集、下载监视等。

3) 图书下载:在"注册"菜单中免费注册并登录→在超星中找到要下载的图书→点击网页中"下载"链接→系统自动跳出下载选项框→选择分类或新建子分类、存放路径→点击"下载"按钮即可(图1-4-16)。

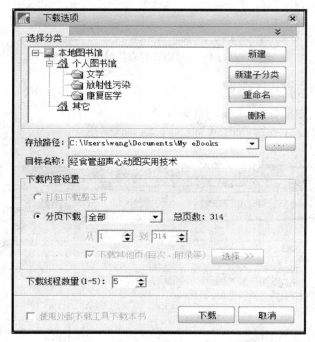

图1-4-16 超星阅览器电子书下载设置

4) 阅读书籍:超星数字图书馆的全文书籍可以用3种方式阅读,它们分别是"阅览器阅读"(即在 SSReader 里阅读 PDG 格式图书)、"IE 插件阅读"(即在 Internet Explorer 里阅读 PDG 格式图书,需要安装插件)、"IE 阅读"(即在 Internet Explore 里阅读 JPG 格式图书,不需要安装插件和超星阅览器)。

在阅读图书的过程中,可以利用阅览器的菜单栏、快捷工具栏的按钮或者鼠标的右键,进行页面缩放、文字识别、书签、标注、下载等。

● 文字识别:利用此功能,可以将 pdg 格式转化为文本格式(txt 格式),从而对文字进行编辑。步骤如下:选取快捷工具栏中的"T"形文字识别按钮→利用鼠标选取书页中需识别的文字→系统自动跳出采集框,并生成识别后的文本→选中采集框中需复制的文字→点击鼠标右键,选取"复制"→打开 Word(或其他文字编辑软件),点击鼠标右键,选取"粘贴",就可把超星图书中的 pdg 格式文字转化为 txt 格式至 Word(或其他文字编辑软件)中(图1-4-17)。

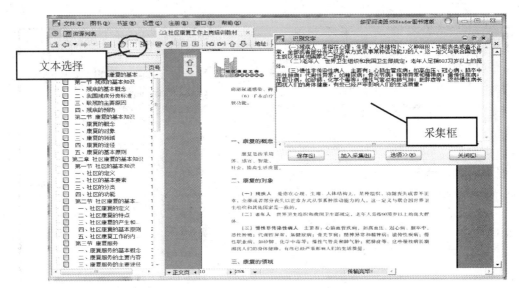

图 1-4-17 超星阅览器文字识别功能

- 添加书签：书签的功能类似于 IE 浏览器中的收藏夹。当阅读到一半需关闭图书，或阅读到特别重要的章节时，可以利用菜单栏的"书签"功能，在该页添加书签，并可命名书签，下次打开此书，只需点击保存的书签即可快速跳至该页。用户可以在"书签"菜单的"书签管理"中对已有的书签进行修改、删除等。
- 图书标注：在阅读窗口中，使用快捷工具栏的"图书标注"按钮，可以对页面重要的内容做各种标记。

5) 网页浏览：可以通过超星阅览器浏览互联网上的资源，功能相当于 IE 浏览器。

6) 采集：利用采集功能，可以编辑和制作 E-book。

(三) 北大方正 Apabi 数字图书馆

1. 概况　方正阿帕比（Apabi）数字图书馆是由北京大学图书馆和北大方正联合推出。目前能提供几十万种电子图书，包括文学、社科、科技、生活、艺术、语言、少儿、教辅、马列、综合性图书。

2. 检索途径　检索途径主要有分类浏览、快速检索、高级检索。其分类有常用分类（17 个一级类目）和中图法分类（24 个一级类目）两种体系供选择。对于需要的图书，可以选择在线阅读或借阅（图 1-4-18）。

3. 全文阅读　采用限期借阅方式提供全文阅读。需下载方正 Apabi Reader 阅读器浏览全文，第一次浏览需登记用户姓名和 E-mail，方可下载借阅电子图书到本机，已被下载借阅期间，该书不能再被其他读者使用。一个用户同时可借 50 本授权资源，每本借期为 7 天，到期自动归还，到期前可续借一次。

4. 方正阿帕比阅读器（Apabi Reader）　方正数字图书馆的电子图书使用的阅览器是 Apabi Reader，最新版本是 3.1 版，可以阅读 CEB、PDF、HTML、TXT 等格式的电子图书。Apabi Reader 不仅具有阅览图书、浏览网页的功能，还可用文献管理器对"我购买的图书"、"我借阅的图书"、"我收藏的网页"进行管理，另外阅读器还支持词典、下载、标签、搜索、RSS 阅读等功能。

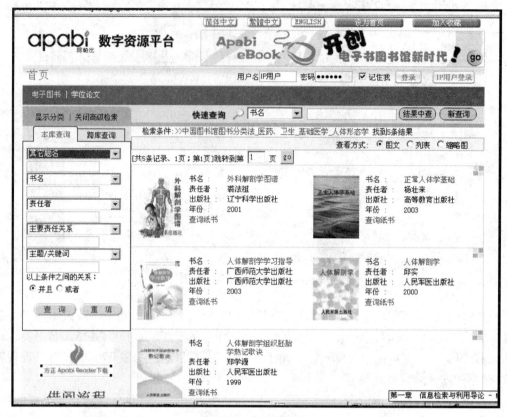

图1-4-18 方正阿帕比数字图书馆的高级检索界面

(四) 方正阿帕比工具书

该数据库收录各个领域的权威工具书近1 400种,1 800多卷,包括《中国大百科全书》、《汉语大词典》、《辞海》等。类型涉及字词、人物、事件、法规、图谱、手册等各类工具书,其中含医学类工具书近300种。提供工具书的全书浏览、基本检索和高级检索。可以分门别类地对工具书中的词条、图片、人物、事件、法规等进行检索。

(五) CALIS高校教学参考书全文数据库

由CALIS牵头成员馆协同制作,包含各高校所用教学参考书全文2万种、出版社推荐的电子教参书4万种。需要下载安装方正Apabi阅读器,才能阅读。所有图书只能在线浏览,不能下载借阅。

(六) Springer电子图书

德国施普林格(Springer-Verlag)是世界上著名的科技出版集团,通过Springer LINK系统提供学术全文期刊和电子图书的在线服务。Springer电子图书数据库包括电子丛书、电子图书和在线参考书。目前复旦大学可阅读其中1 000多种电子期刊全文、电子图书数百种,涉及自然科学和技术、经济、法律、医学等。Springer出版社的所有图书,复旦大学只订电子版,不订纸质书。全文有HTML和PDF两种格式,需按章节分别下载(图1-4-19)。

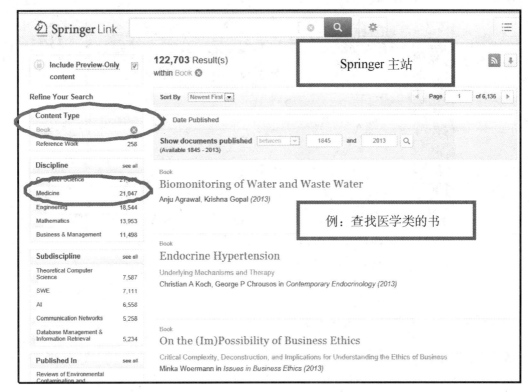

图 1-4-19 Springer LINK 电子图书分类浏览

(七) MyiLibrary 电子图书

该电子图书收录了世界上近 300 个学术和专业出版商出版的内容,提供 80 000 多种电子书。复旦大学订购了 2006 年至今出版的近万种图书,其中医学类图书约 500 种左右,并持续更新中。全文为 PDF 格式,可在线打开阅读,一次最多下载 10 页。

(八) NetLibrary 电子图书

NetLibrary 电子图书于 1999 年在美国科罗拉多州成立,是当今世界上电子图书的主要提供商。2002 年起隶属世界上最大的图书馆协作组织 OCLC。CALIS 以集团订购方式购买该数据库,参加订购的成员馆可使用 9 911 种订购图书和 3 407 种无版权图书,共计可阅读图书 13 318 种,覆盖文、理、医各领域。这些图书 90% 是 1990 年后出版的,以 2006 年以前为主。目前该数据库已不再更新。

目前使用 EBSCO 的检索平台供用户查询。订购图书同一时间只允许一个用户在线阅读,无版权的电子书,没有并发用户数限制。用"打印 pdf"按钮可保存全文,一次最多保存 60 页。需使用 adobe reader7.0 以上版本打开全文。

(九) OVID 电子书

OVID 检索平台中收录了著名的医学出版商 Lippincott Williams & Wilkins 出版的内科、外科、肿瘤、妇产科等各类英文医学权威图书 184 种,以临床书居多,其中不乏经典医学图书。可进行检索、浏览,参考文献可链接到本馆订购的电子期刊全文(图 1-4-20)。

图 1-4-20　OVID 电子书入口

四、通过数字图书馆获取全文的主要途径

在网络数据库中检索得到的结果若是文摘,就需进一步获取全文。获取全文的主要途径如下。

(1) 利用 MetaLib/SFX 学术资源门户查询(参见第一章第五节)。

(2) 搜索引擎检索互联网上的全文(参见第五章)。

(3) 查询本馆馆藏目录,利用本单位图书馆的馆藏目录检索印刷型文献,然后直接借阅或复印。

(4) 查询馆藏联合目录和申请文献传递服务,如果本馆和互联网上都没有收藏所需全文,可以通过联合目录查询其他图书馆是否收藏。如果查询成功,可用 E-mail 等途径向收藏馆申请文献传递,也可直接向本单位图书馆申请文献传递服务。文献传递服务需支付一定的费用,包括查询费、复印费、邮递费等。

(5) 发 E-mail 向著者索取全文,通过以上途径仍查询未果,可向著者发 E-mail 索要。有的数据库中有著者 E-mail 字段。若数据库中没有,可通过互联网上专门查询个人信息的检索工具查询,或通过数据库中提示的著者单位,到该著者单位网站上试查著者的 E-mail 地址。

习题

1. 简述数字图书馆的服务内容。
2. 试比较数字图书馆和传统图书馆的优缺点。
3. 请利用复旦大学馆藏书刊检索系统,查找医科馆外文书库中是否有 Werner Luttmann 撰写的 *Immunology* 这本书? 是否可以外借?
4. 利用华东联目查找期刊 *American Journal of Cardiology* 在华东地区哪些图书馆有收藏?
5. 如何利用超星阅览器,将超星数字图书的文字转换为文本格式?
6. 简述通过数字图书馆获取全文的方法和途径。

(俞　健　王宇芳)

第五节　学术资源门户

随着信息技术的发展,不论是电子期刊、电子书、数据库,还是图书馆自行电子化的特色资源,或是网络免费信息资源都在飞速增长,同时印刷版的书刊资源还将继续存在并不断发展。图书馆处于电子馆藏和印刷版馆藏并存的复合图书馆时代,对用户免费的开放存取(OA)资源的数量也不断增多。对于用户来说,面对日益丰富的信息资源,究竟应该从何处入手去寻找自己所需要的学术信息是一个严峻的问题。提供一个单一整合检索接口,让用户能够像检索 Google 一样一站式检索可以获取的所有信息资源,并直观、便捷地获得所需信息是近年来图书馆界一直追求的目标。

图书馆需要建设一个门户,帮助用户便捷地利用图书馆所有的信息资源。图书馆门户是信息搜寻者和图书馆资源之间的一个网关,市场上有帮助图书馆建设图书馆资源整合系统的专业软件。图书馆资源整合系统通过为用户建立一个有效的图书馆门户实现一站式服务,可以显著提高用户知识发现的能力。

一、图书馆资源整合系统现状

目前图书馆利用的资源整合技术主要有 3 种:第一种是实时跨库检索技术,第二种是元数据集中检索技术,第三种是基于前两种技术整合的资源发现系统。

(一) 实时跨库检索技术

实时跨库检索技术是在充分研究各异构分布资源平台、数据和协议的基础上,采用 XML 标准数据格式和 OpenURL、ODL、OAI 等标准通用检索协议,借助计算机强大的实时处理能力,将用户的查询请求即时构造成各数据源特定的检索表达式,同时并行分发给各异构分布数据源,经各数据源实时检索处理后,将检索结果聚合、去重、排序整合后,统一呈现给用户。实时跨库检索系统使用的是各数据源的最新数据,检索结果及时准确,不存在数据延迟与更新问题。但实时跨库检索系统灵活性和适应性差,如果目标数据源数据结构、字段、程序接口等发生任何改变,系统都必须重新分析并配置数据源。同时由于部分数据源不支持或不开放协议接口,此时实时检索系统只能采用页面分析的办法,通过分析各数据库的 URL 和 Http 页面,抽取页面内容,模拟检索请求和返回检索结果。这些都会极大影响整合的效果和准确性。此外,实时跨库检索受网络实时连接速度和检索性能的影响较大,尤其当数据库并发访问量大时,检索效率会明显下降。

(二) 元数据集中检索技术

元数据集中式索引检索技术的核心是建立中央元数据仓储。它是在分析各个异构分布数据库元数据特性的基础上,参照元数据的国际标准规范,构建新的元数据体系。再通过数据映射、抽取等技术手段,对各数据源的元数据进行收集、收割,经查重、聚合、修正等数据规范化加工后,集中存储到中心元数据仓储中,实现对所有异构资源的元数据分类聚合与统一,最终建立一个单一的元数据集中式索引。元数据集中索引检索系统强调元数据的提交与处理。整合资源越多,数据量越庞大,数据更新和维护工作越繁琐、复杂,管理难度大。尤其对于那些元数据不开放的资源,元数据集中索引检索系统完全不能对它们进行整合检索。

(三) 资源发现系统

实时跨库检索技术和元数据集中检索技术在进行资源整合时都存在一定的缺陷。实时跨库检索实现了对异构资源库的实时并发检索,但受限于外部源数据库协议标准、开放程度、访问方式和网络联通状况等的制约。随着外部数据源的逐渐增多,整合难度加大,整合检索进程缓慢且容易出现检索中断现象。元数据集中索引的整合检索需要数据提供商许可才可采集、索引元数据,如果数据提供商不许可则完全不能整合。

资源发现系统集成了两种整合技术,有中央元数据仓储支撑,检索效率高,检索结果准确清晰;联合了实时跨库检索技术,检索范围更广,几乎覆盖了各主要信息资源。对于用户的任一信息查询请求,系统都会从元数据中央索引集和实时跨库检索两个层面来进行检索。对于已收入中央元数据仓储的数据,直接在元数据仓储中检索,其他的则通过实时跨库检索补全,并将检索结果去重、排序整合后统一呈现给用户。这样不但解决了中央元数据仓储中未收录元数据的数据资源的整合检索,而且大部分资源通过元数据集中索引实现了整合检索,大大减少了实时跨库检索数据库的数量,提高了实时跨库检索的效率。资源发现系统全面提升了用户的检索体验,满足了用户一站式资源查询检索的需求。

自从 2009 年 Serials Solution 公司发布了全球第一个 Summon 资源发现系统以来,资源发现系统以其简单、高效、易用的检索体验引起了图书馆界的广泛关注,迅速成为全新的信息资源发现工具。目前,全球已经有一千多家图书馆及信息机构采用了各类资源发现系统,其中比较流行的系统还有 Ex Libris 的 Primo Central、OCLC 的 WorldCat Local、EBSCO 的 EBSCOhost Discovery System 和 Innovative 的 Encore Discovery。

国内一些图书馆也开始应用资源发现系统作为图书馆信息资源的发现工具,已上线的资源发现系统大多采用引进国外成熟产品的形式实现信息资源发现功能。上海交通大学图书馆的"思源探索",该馆的自动化管理系统、集成检索系统和资源发现系统采用的均为 Ex Libris 公司的 Aleph500、MetaLib/SFX 和 Primo 系列产品。北京大学图书馆的"未名搜索"利用 SirsiDynix 公司的 Symphony 自动化管理系统和 Summon 探索发现系统来建立。华东师范大学图书馆采用的是 EBSCO 的发现检索工具 Discovery System。

由于目前国内使用资源发现系统的图书馆较少,而使用实时跨库检索系统实现图书馆资源整合的图书馆很多,仅 Ex Libris 的 Metalib/SFX 资源整合系统在中国用户已近 40 家。Metalib/SFX 系统基于开放的架构,支持行业互操作标准,兼容 Unicode,支持多语种,具有灵活性、可定制性、易于维护和管理等特点,成为很多图书馆选择的工具。所以,本书仅以 MetaLib/SFX 为例介绍图书馆资源整合系统。

二、图书馆资源整合系统功能简介

提供一站式服务的资源整合系统是通过对电子资源与传统资源的最完整、最大限度的整合,使用户能够在一个入口、一个检索界面、经过一次检索就可以获得全面的相关信息的一体化集成服务,达到简化检索界面、去除复杂操作、节约用户时间、提高检索效率的目的。

图书馆资源整合系统一般由一个跨平台检索工具和一个资源链接工具组成,其主要功能包括资源导航、资源检索、资源链接及个性化服务四部分。

(一) 资源导航功能

在图书馆资源整合系统中,不论是电子资源还是印刷版资源,甚至是一些网络免费资源都可以得到管理和揭示。图书馆可以根据本馆需要将资源划分为不同的学科或类型,供专业人员选用。用户如果对图书馆资源不太了解,可以结合自己的学科,利用图书馆推荐的资源组合进行有针对性的检索。

(二) 资源检索功能

跨平台检索工具允许用户通过资源整合系统平台,一次输入检索词对多个资源同时进行检索,还可以对不同来源的检索结果进行融合、重新编排,合并成统一的浏览清单,同时允许用户在检索结果中进行二次检索。

(三) 资源链接功能

通过资源链接工具可实现不同来源学术信息资源的动态链接,这些资源包括全文电子资源、题录和文摘数据库、引文数据库、图书馆在线书目系统、电子印刷本系统及其他 WEB 资源。图书馆可以针对某个文献提供获取其全文的最佳连接以及获取有关这个文献其他信息和服务的多方位链接。每篇被检索到的文献,不管该文献资源是在图书馆本地,还是远程保存在第三方,都可以通过服务菜单,提供和该文献相关的一系列服务。

对于电子期刊来说,用户往往不知道自己所需要的特定期刊到底收录在图书馆哪个数据库中。资源链接工具可以生成图书馆馆藏期刊的 A-Z 列表,省去了通过数据库或者网站访问电子期刊的繁琐步骤,直接将期刊抽提出来。系统也支持用户按照标题查找期刊、按照字顺浏览期刊。

(四) 个性化服务

图书馆资源整合系统可以帮助用户建立个性化的检索环境,并提供检索策略和检索结果的保存,定期发送定题情报服务功能。用户可以自由选择自己常用的资源检索集或电子期刊列表,定制并保存自己的检索策略。当系统中有相应内容的资源更新时,系统会发邮件给用户。

三、MetaLib/SFX 系统功能介绍

(一) 多库整合检索

在 MetaLib/SFX 系统中,可以对多个异构数据库资源进行跨库统一检索、统一格式显示,支持排序、合并和去重,并提供多种输出方式。

1. 简单检索 在门户首页中,选择"多库整合检索"标签,默认为简单检索(图 1-5-1)。在简单检索界面,用户不能自行选择字段,只能在系统默认的字段中进行检索。用户输入检索词后,通过自行选择数据库或者选择"快速检索集"中的数据库集,即可开始检索。如果自行选择数据库,一旦选中某个数据库,该数据库将以黄色加亮的形式跳至数据库列表的最顶端,被用户选中的所有数据库将在数据库列表上部集中显示。如果选择"快速检索集",只能对"快速检索集"中的某个集全部检索,不能自由选择"快速检索集"中的部分数据库进行检索。

2. 查找数据库 用户通过数据库字顺列表、"常用数据库"、"试用数据库"、"按学科浏览"、"按类型浏览"、"多途径查询"、"快速检索集"可以查找特定数据库(图 1-5-2),也可以在数据库字顺索引后的检索框内直接输入数据库的名称,选择"按数据库名查找"。登录用户可以将查找到的数据库保存在暂存架内,在"我的空间"建立自己的检索集。

图1-5-1 简单检索界面

图1-5-2 查找数据库

在通过各种途径查找到相应数据库后,如果数据库名称前显示可供勾选的"□",表示该数据库可以在系统中进行跨库检索,点击"□"即可选定该数据库用于跨库检索或单独检索。如果数据库名称前没有显示"□",表示 MetaLib 仅能为该资源提供链接,不能提供跨库检索服务。如果数据库为全文数据库、试用数据库或需要安装专门软件,在数据库名称后会出现相应提示。直接点击数据库名称,可以直接进入该数据库的原始界面进行单独检索。点击数据库名称后的 ?Help ,可以链接到该数据库的使用说明页面。点击数据库名称后的 ⓘ ,可以得到该数据库的详细介绍,点击 ⊕ 可以将该数据库放入"我的空间"的暂存架中等待后续处理。

3. 高级检索　在简单检索界面点击"多库整合检索"的下级标签"高级检索",即进入了高级检索界面(图1-5-3)。

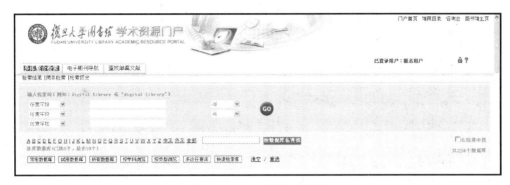

图1-5-3　高级检索界面

在高级检索中,用户可以自由选择主题词、题名、作者等系统支持字段进行检索,也可以分多行输入检索词,在每行检索式之间选择"与"、"或"、"非"的逻辑运算符。高级检索中选择数据库的方法同简单检索。

4. 检索结果的显示与输出　不论是简单检索还是高级检索,检索结果都可以按照来源数据库分别显示,检索结果显示页面的左侧数据库列表显示的是当前检索的所有数据库名称,数据库名称后显示的是该数据库相应的检索结果的数量。点击数据库名就可以查看每个数据库各自的检索结果。数据库列表中同时还会显示"整合结果××条",表示所有被检索数据库检索结果的总和(未去重)。

如果选择查看单库检索结果,显示页面如图1-5-4所示,点击检索结果操作按钮中的 ⊕ 表示将当前记录保存到我的空间中的电子书架中,点击操作按钮中的 ⊙ 将显示 SFX 服务菜单(图1-5-5),表示通过SFX链接可能获得的各种服务,点击各种服务后的 GO ,可以获得相应服务。

图1-5-4　检索结果显示页面

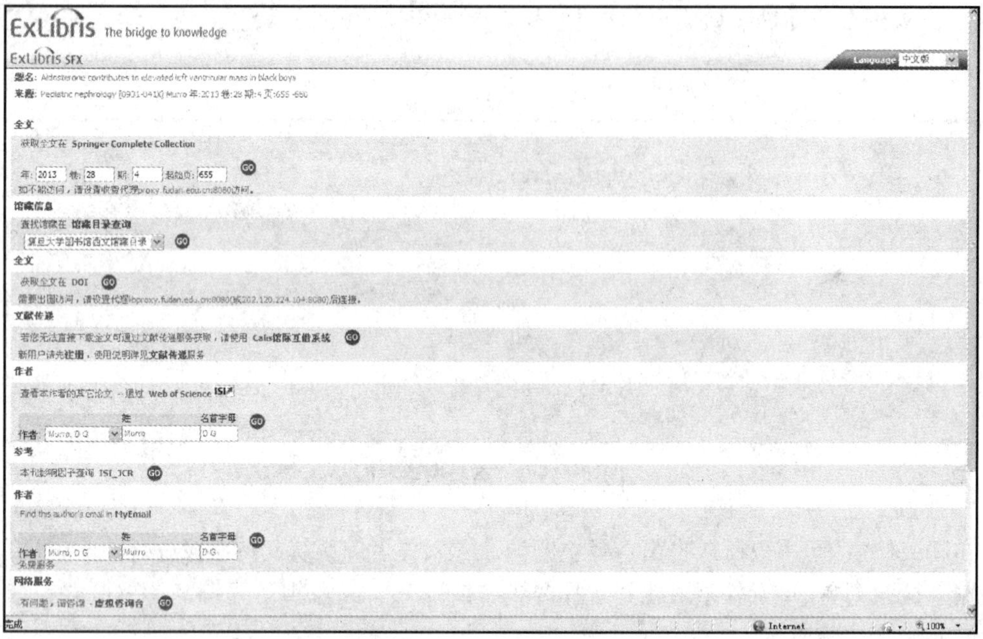

图1-5-5　SFX服务菜单

如果选择查看整合检索结果,如图1-5-6所示,检索结果显示页面右侧将会增加检索结果的聚类和分组的索引内容,检索结果可以按主题、日期、刊名等聚类后,分别显示。检索结果还可以选择按相关度、题名、作者、年份、数据库进行"排序"。

图1-5-6　整合检索结果页面

在以表单形式显示检索结果的页面中,如果有大量的检索结果并不会全部被取回,用户可以通过点击"获取更多记录"得到更多的检索结果。如果有需要保存的记录,可以在需要的记录前面进行勾选,然后点击"导出选中记录到",选择"Endnote"、"Refman"、"BibTex"或"文本文件",将检索结果保存到本地。

针对某一条检索结果,可以通过点击检索结果中每一条题录的论文题名,切换到详细记录格式(图1-5-7)显示该检索结果的详细信息。点击 SFX 、文献传递 获得相应的服务,点击"保存当前记录到"将结果输出。用户也可以发送电子邮件,或者点击 ⊕ 将该条记录保存到"我的空间"的"电子书架"中。

图1-5-7 详细记录格式

如果在某条检索结果详细记录格式页面的最下方显示"全文或原记录"的链接,表示可以通过点击该链接直接获取该篇文献的全文。

5. 检索历史 在多库整合检索状态,如果当前进行过检索,点击"多库整合检索"的二级标签"检索结果",可以查看检索结果。点击"检索历史",将显示当前的检索历史(图1-5-8)。点击检索式后方的 ⊕ ,可以将该检索式加入到"我的空间"中保存成为检索历史。

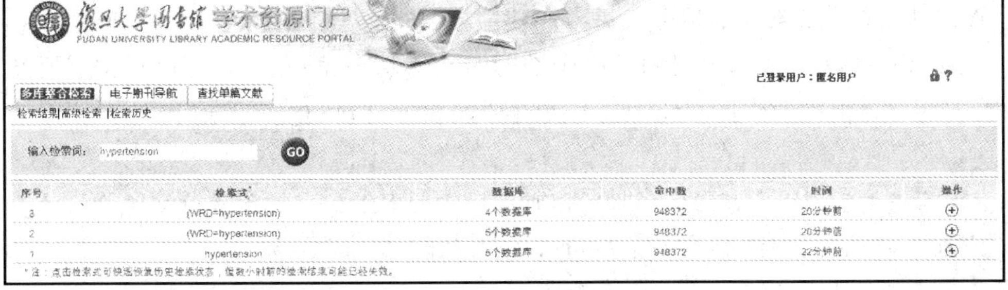

图1-5-8 检索历史

(二) 电子期刊导航

1. **查找电子期刊** 在 MetaLib/SFX 系统中点击"电子期刊导航"标签,可以进入电子期刊导航页面。在期刊检索的检索框中输入检索词后,任选"模糊查询"、"精确匹配"、"前方一致"、"ISSN"中的一项,然后在"全部期刊"、"中文刊"、"外文刊"、"免费刊"中任选一项,点击 查找 ,即可检索到符合要求的电子期刊列表。

另外,可以选择"按字顺浏览期刊"、"按分类浏览"、"按数据库平台浏览"得到符合要求的电子期刊(图1-5-9)。

图1-5-9 查找电子期刊

2. **电子期刊检索结果的显示** 在电子期刊检索结果显示页面(图1-5-10),将按字顺显示符合要求的电子期刊。在期刊刊名后分别显示全文年限、来源库链接、ISSN、学科分类、收录情况和详细信息。全文年限表示相应数据库收录该期刊全文的起止年份。来源库链接显示收录该期刊全文的数据库名称及链接,如果数据库名后有下拉箭头,表示该电子期刊有多个来源库,点击下拉箭头,可以显示所有来源库和相应的全文年限,点击数据库名,可以直接进入该数据库的原始界面。收录情况显示该电子期刊被 SCIE(科学引文索引)、EI(工程索引)等文献检索系统的收录情况。点击详细信息中的 ⓘ ,将显示该电子期刊的详细信息。点击详细信息中的 Ⓢ ,将显示针对该电子期刊的 SFX 服务菜单,用户可以根据需要选择各项 SFX 服务。点击详细信息中的图标,可以将该期刊收录到"我的空间"中的个人电子期刊集中。

3. **单篇论文原文快速查找** 在期刊导航首页的最下端,选择"单篇论文原文快速查找",可以通过输入单篇期刊论文的题录信息,查找该文献的全文。

期刊刊名	全文年限	来源库链接	ISSN	学科分类	收录情况	详细信息
3C on-line	1994 至 1997	ACM Digital Library	1078-2192	信息技术, 艺术和人文		
A-MOST: Workshop on Advances in Model-Based Testing	2005 至今	ACM Digital Library				
Accessibility and computing	2004 至今	ACM Digital Library	1558-2337	社会学		
ACM . Annual Computer Science Conference	1973 至 1996	ACM Digital Library	1041-4517	信息技术		
ACM annual Computer Science Conference	1973 至 1996	ACM Digital Library	1557-9433	信息技术		
ACM communications in computer algebra	1967 至今	ACM Digital Library	1932-2232	信息技术		
ACM computing surveys	1969 至今	ACM Digital Library	0360-0300	数学, 信息技术, 通信技术	SCIE, EI	
ACM guide to computing literature	1985 至今	ACM Digital Library	0149-1199	数学		
ACM Inroads	2010 至今	ACM Digital Library	2153-2184	数学	EI	
ACM journal of computer documentation	2000 至 2002	ACM Digital Library	1527-6805	数学, 信息技术		
ACM journal of experimental algorithmics	1996 至今	ACM Digital Library	1084-6654	数学, 信息技术, 生命科学		

图 1-5-10 检索结果显示界面

（三）查找单篇文献

已知特定文献的卷期或其他相关信息时，可以通过点击“查找单篇文献”标签（图 1-5-11）。在 Citation Linker 中输入全文、期刊或图书相关信息，即可通过 SFX 菜单显示该文献在图书馆的收藏情况，通过点击 SFX 菜单获得相应服务。

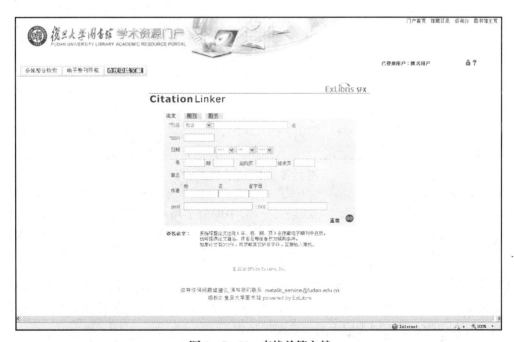

图 1-5-11 查找单篇文献

(四)个性化服务

MetaLib/SFX 系统的个性化服务功能仅为登录用户提供,授权用户只需点击 MetaLib/SFX 系统右上方的 🔒 图标,即可通过用户名和密码成为登录用户。用户成功登录后,用户名将显示在页面右上方,图标 🔒 也变为 🔓,同时系统主页面中的标签栏将增加"我的空间"一栏。

用户在登录状态下,点击"我的空间"标签栏,即可利用 MetaLib/SFX 系统的个性化服务功能。

1. 电子书架 点击"我的空间"标签栏下方的"电子书架",即进入了用户个人的"电子书架"(图1-5-12)。"电子书架"中收集了用户在检索过程中保留的文献信息。在检索结果显示页面,用户点击某条记录后的操作按钮 ⊕,就可以将该条记录保存到"我的空间"的"电子书架"中。"电子书架"中的文献信息可以自行选择以"表单格式"、"简明格式"或"完整格式"显示。通过点击"管理书架"可以用文件夹的形式,对保留的文献信息进行整理。点击单篇文献后的 ⊗,可以删除该篇文献。点击操作按钮 ⊙,可以获得针对该篇文献的 SFX 服务菜单。操作按钮 FT 表示该篇文献可以直接获得全文,点击 FT,可以直接阅读该篇文献的全文。

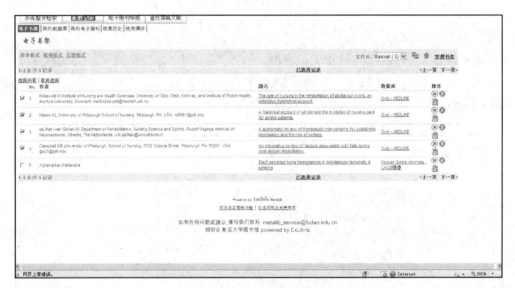

图 1-5-12 电子书架

2. 我的数据库 "我的数据库"(图1-5-13)中保留了用户存储到"我的空间"中的数据库。用户在 MetaLib/SFX 中查找到了自己所需要的数据库后,通过点击数据库名称后的操作按钮 ⊕,可以将该数据库放入暂存架中等待继续处理。在"我的数据库"中通过点击 📁,可以新建一个数据库集,数据库集中的数据库可以从右方的暂存架中自由选择。也可以通过 🏷 修改数据库集中的数据库集合。数据库暂存架显示在页面右方,新建或选定的检索集显示在左方,通过点击 ⬅ 将数据库暂存架中的数据库添加到个人检索集中。

如果用户建立了个人检索集,当用户登录系统后,用户的个人检索集将显示在"快速检索集"中,登录用户也可以指定在自己创建的个人检索集中进行检索。

图 1-5-13 我的数据库

3. 我的电子期刊 "我的电子期刊"中收藏了用户需要关注或需要保留的电子期刊。用户在查找电子期刊时点击电子期刊名后的 ⊕，即可将该期刊保存为"我的空间"中的"我的电子期刊"。点击"我的电子期刊"中的期刊刊名或者 ⊙ 按钮就可以显示针对这本期刊的 SFX 服务菜单，用户可以根据需要选择各项 SFX 服务。

4. 检索历史 "检索历史"为用户显示在以往检索中已保存的检索式，并允许将检索历史定制为定期提醒。用户在 MetaLib/SFX 系统检索过程中，通过点击检索式后方的 ⊕ 按钮，就可以将当前检索式保存为检索历史。点击"我的空间"中的"检索历史"，可以看到所有已保存的检索式。

用户可以为已保存的检索式定制提醒服务，定期收到所存检索式的最新检索结果。点击检索式后的 ⊙ 可以将该检索式定义为一个定期提醒。如果该检索式以前曾被定义过定期提醒，点击 ⊘ 可以修改提醒服务的属性。为定期提醒设置一个名字以便记忆；填写 E-mail 地址以便接收定时提醒发出的信息；选择如果没有更新内容，是否进行提示；指明定期提醒的运行周期；最后，选择定期提醒运行检索式时需要查找的数据库。定期提醒设置成功后，系统右上方将以红色高亮的方式提示定期提醒已设置成功。用户今后就可以通过邮件接收自己定制的检索式的检索结果了。

习题

1. 检索最新发表的有关干细胞移植的文献，请在 MetaLib 中同时选择 Ovid-MEDLINE In-Process、Elsevier-ScienceDirect Journals、Ovid-EMBASE：Excerpta Medica、Kluwer Online Journals-CALIS 镜像这 4 个数据库进行跨库检索，并将关键词限定在题名中。将部分检索结果保存到"我的空间"的"电子书架"中。

2. 将第 1 题中使用的数据库添加到"我的空间"中"我的数据库"，建立一个个人检索集，命名为"我常用的数据库"。

3. 记录一篇期刊论文的题录信息，分别通过"电子期刊导航"和"查找单篇文献"两种方式，尝试是否可以获取该篇文献的全文。

（应　峻）

第二章 中文数据库检索

第一节 中国学术期刊网络出版总库

一、数据库概况

中国学术期刊网络出版总库(China Academic Journal Network Publishing Database, CAJD)是隶属于中国知网(CNKI)的大型学术期刊全文数据库。截至2013年3月,该数据库收录国内学术期刊8 000余种,全文文献总量3 690多万篇。数据库以学术、技术、政策指导、高等科普及教育类期刊为主。内容覆盖自然科学、工程技术、农业、哲学、医学、人文社会科学等各个领域,共分为十大专辑:基础科学、工程科技Ⅰ、工程科技Ⅱ、农业科技、医药卫生科技、哲学与人文科学、社会科学Ⅰ、社会科学Ⅱ、信息科技、经济与管理科学。十大专辑下分为168个专题(表2-1-1)。

表2-1-1 中国学术期刊网络出版总库十大专辑及168个专题

专辑	所含专题
基础科学	自然科学理论与方法,数学,非线性科学与系统科学,力学,物理学,生物学,天文学,自然地理学和测绘学,气象学,海洋学,地质学,地球物理学,资源科学
工程科技Ⅰ	化学,无机化工,有机化工,燃料化工,一般化学工业,石油天然气工业,材料科学,矿业工程,金属学及金属工艺,冶金工业,轻工业手工业,一般服务业,安全科学与灾害防治,环境科学与资源利用
工程科技Ⅱ	工业通用技术及设备,机械工业,仪器仪表工业,航空航天科学与工程,武器工业与军事技术,铁路运输,公路与水路运输,汽车工业,船舶工业,水利水电工程,建筑科学与工程,动力工程,核科学技术,新能源,电力工业
农业科技	农业基础科学,农业工程,农艺学,植物保护,农作物,园艺,林业,畜牧与动物医学,蚕蜂与野生动物保护,水产和渔业
医药卫生科技	医药卫生方针政策与法律法规研究,医学教育与医学边缘学科,预防医学与卫生学,中医学,中药学,中西医结合,基础医学,临床医学,感染性疾病及传染病,心血管系统疾病,呼吸系统疾病,消化系统疾病,内分泌腺及全身性疾病,外科学,泌尿科学,妇产科学,儿科学,神经病学,精神病学,肿瘤学,眼科与耳鼻咽喉科,口腔科学,皮肤病与性病,特种医学,急救医学,军事医学与卫生,药学,生物医学工程

续　表

专辑	所含专题
哲学与人文科学	文艺理论,世界文学,中国文学,中国语言文字,外国语言文字,音乐舞蹈,戏剧电影与电视艺术,美术书法雕塑与摄影,地理,文化,史学理论,世界历史,中国通史,中国民族与地方史志,中国古代史,中国近现代史,考古,人物传记,哲学,逻辑学,伦理学,心理学,美学,宗教
社会科学Ⅰ	马克思主义,中国共产党,政治学,中国政治与国际政治,思想政治教育,行政学及国家行政管理,政党及群众组织,军事,公安,法理、法史,宪法,行政法及地方法制,民商法,刑法,经济法,诉讼法与司法制度,国际法
社会科学Ⅱ	社会科学理论与方法,社会学及统计学,民族学,人口学与计划生育,人才学与劳动科学,教育理论与教育管理,学前教育,初等教育,中等教育,高等教育,职业教育,成人教育与特殊教育,体育
信息科技	无线电电子学,电信技术,计算机硬件技术,计算机软件及计算机应用,互联网技术,自动化技术,新闻与传媒,出版,图书情报与数字图书馆,档案及博物馆
经济与管理科学	宏观经济管理与可持续发展,经济理论及经济思想史,经济体制改革,经济统计,农业经济,工业经济,交通运输经济,企业经济,旅游,文化经济,信息经济与邮政经济,服务业经济,贸易经济,财政与税收,金融,证券,保险,投资,会计,审计,市场研究与信息,管理学,领导学与决策学,科学研究管理

二、检索途径与方法

中国学术期刊网络出版总库提供的常用检索途径包括分类目录、检索、高级检索、专业检索、期刊导航。其他检索途径包括作者发文检索、科研基金检索、句子检索等(图2-1-1)。

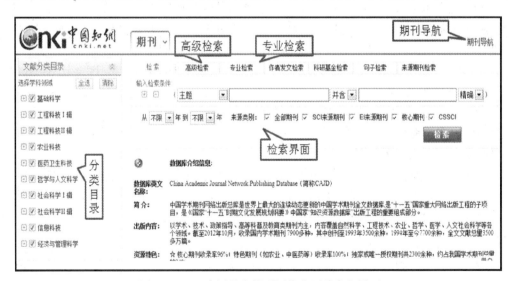

图2-1-1　中国学术期刊网络出版总库主界面

(一) 分类目录

分类目录采用分类的方式来实施数据库系统的导航,按照数据库收录资源内容所在的学科,以及它们之间的关系,有层次地展开的一种形式直观、浏览方便的树状结构导航体系。中国学术期刊网络出版总库将收录文献按学科领域分为十大专辑,并进一步细分为168个专题,各专题又进一步细分为子栏目。检索时只需确定检索课题所属的学科专辑,无需输入检索词,通过点击相关的专辑、相应的专题或者对应的子栏目就可以完成检索,例如,依次点击医药卫生科技→心血管系统疾病→心脏疾病→心瓣膜疾病,可以直接检出有关心脏瓣膜疾病的论文。

分类目录检索适合从学科大类的角度进行文献浏览,可与其他检索途径结合起来在指定学科领域内进行特定信息的检索。另外,对于交叉主题的检索需求,一般难以在一个分类目录中得以全面地浏览。

(二) 检索

登录数据库后默认的是检索界面。该界面有输入检索条件的检索栏,一个检索栏有两个检索框;限定条件包括检索时间范围的限定和期刊来源类别的限定(图2-1-2)。该检索途径的特点是方便快捷,效率高。

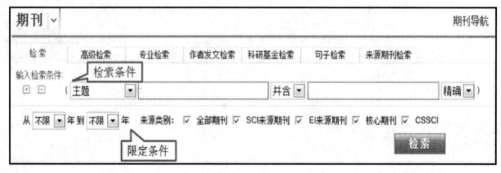

图2-1-2 检索界面

1. **检索项** 包括主题、篇名、关键词、作者、单位、刊名、ISSN、CN、期、基金、摘要、全文、参考文献和中图分类号共14个字段检索选项。检索项选"主题"是对篇名、关键词和摘要3个字段进行检索,只要其中任意一个字段含有输入的检索词即为命中文献。

2. **匹配方式** 有"精确"和"模糊"两种,"精确"匹配的检索结果相关度会比较高,而"模糊"匹配的检索结果查全率比较高。

3. **增加或减少检索栏** 通过点击检索栏前的加号或减号可增加或减少检索栏。检索栏的两个检索框内不能输入检索式,可分别输入单个检索词,词与词之间可作逻辑匹配。多个检索栏之间由上而下按顺序运算。

4. **时间限定** 通过点击下拉菜单"从 不限 ▼ 年到 不限 ▼ 年"可限定起始年份和终止年份。如果是同一年份,则起始年份和终止年份相同。

5. **期刊来源类别限定** 通过勾选期刊来源类别进行全部期刊和核心期刊来源的限定。

(三) 高级检索

高级检索界面(图2-1-3)与检索界面相比,输入检索条件区域检索栏更多,检索项减少至7个,每个检索框后多出"词频"数的选择,通过"词频"下拉菜单可设定检索词在该检索项中至少出现的次数。通常词频越大,表示文献与该检索词的相关度越高;限定条件区域,除具备检索界面的时间限定和期刊来源类别的限定以外,还将其余7个检索项进行深度检索,包括来源期刊、指定期、支持基金、作者等选项,其中来源期刊和支持基金可以通过点击对应检索框后的图标"⋯"进行索引列表的查询和添加,作者检索可结合作者单位检索以及进行第一作者的论文查询。高级检索界面可对论文的更新时间进行限定,包括最近一周、最近一月、最近半年、最近一年等。高级检索界面还有中英文扩展检索及仅限优先出版论文的限定条件。

图 2-1-3 高级检索界面

如果检索界面不能满足检索需求,高级检索途径是个很好的选择。

(四) 专业检索

专业检索是指按照用户检索需求来编辑逻辑表达式进行的检索,适用于熟练掌握检索技术的专业检索人员。检索式的编辑参照数据库的检索表达式语法规则,检索式输入时,除中文检索词,其他符号须在英文半角输入法状态下输入。例如:检索有关甲型肝炎防控方面的文献,可编辑检索式(TI=甲肝 OR TI=甲型肝炎) AND (SU=防控 OR SU=控制 OR SU=预防)。课题的主要概念可选择题名或关键词检索项,提高检索结果的相关度;次要概念可选择较宽泛的摘要或主题检索项,提高检索结果的查全度(图 2-1-4)。

图 2-1-4 专业检索界面

(五) 期刊导航

期刊导航是以数据库收录的期刊为对象,从各种不同角度对期刊进行分类,也可检索特定期刊的信息及特定期刊上发表的论文(图2-1-5)。

图2-1-5 期刊导航界面

1. 专辑导航 按照期刊内容知识进行分类,分为10个专辑,每个专辑又细分为多个专题。
2. 世纪期刊导航 按期刊的知识内容分类,只包括1994年之前出版的期刊。
3. 核心期刊导航 按2008年版"中文核心期刊要目总览"核心期刊表分类,只包括被2008年版"中文核心期刊要目总览"收录的期刊。
4. 数据库刊源导航 按期刊被国内外其他数据库收录情况分类,如被CA化学文摘、SCI科学引文索引、中国科学引文数据库等收录的期刊。
5. 期刊荣誉榜导航 按期刊的获奖情况分类。
6. 中国高校精品科技期刊 2006年获教育部"中国高校精品科技期刊奖"荣誉的期刊。
7. 刊期导航 按期刊的出版周期分类,有年刊、半年刊、季刊、双月刊、月刊等。
8. 出版地导航 按期刊的出版地分类。
9. 主办单位导航 按期刊的主办单位分类。
10. 发行系统导航 按期刊的发行方式分类。
11. 首字母导航 按刊名字母顺序查找期刊。
12. 期刊检索 按刊名、ISSN、CN码检索期刊。

(六) 其他检索途径

其他检索途径包括"作者发文检索"、"科研基金检索"、"句子检索"及"来源期刊检索"。除

"句子检索"途径外,其他3种途径在高级检索界面都有体现。"句子检索"是指在全文中进行的检索,其检索项有"同一句"和"同一段"。"同一句"表示检索词出现在文章的同一个句子中;"同一段"则表示检索词出现在文章的同一段落中。

三、检索结果的处理

(一) 检索结果的分组浏览及排序

检索结果的分组浏览可按学科、发表年度、基金、研究层次、作者、机构、来源类别、期刊、关键词等角度对检索结果进行文献统计和排序,以便进行文献分析;检索结果的排序功能可按主题、发表时间、被引频次、下载次数来排序,其中被引频次和下载频次排序有利于找到高影响力的文献(图2-1-6)。

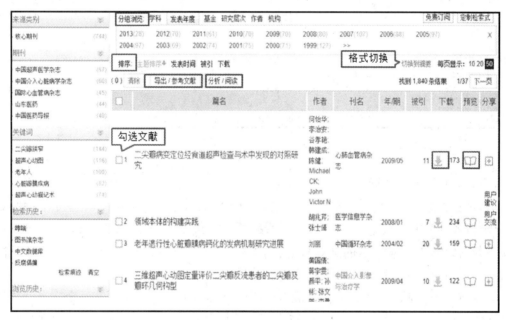

图2-1-6 结果界面

(二) 检索结果的显示及输出

1. 结果显示 检索结果的显示有列表、摘要和节点文献3种格式,前2种格式可以互相切换,节点文献格式需点击文献的篇名即可显示。列表格式显示文献的篇名、作者、刊名、年/期、被引频次、下载频次等(图2-1-6);摘要格式除显示列表格式的内容外,还显示文献的摘要;节点文献格式不仅包含文献的详细信息,如题名、作者、作者单位、文献来源、摘要等,还包含各种扩展信息,如文献的引文网络图、参考文献、相似文献、同行关注文献、相关作者文献、相关机构文献、文献分类导航等,这些扩展信息通过概念相关、事实相关等方法提示知识之间的各种关联,达到知识扩展的目的,有助于新知识的学习和发现,帮助实现知识获取、知识发现(图2-1-7)。

2. 结果输出 在列表和摘要两种显示格式下,都可通过勾选文献,然后点击"导出/参考文献"即可导出(图2-1-6)。导出格式可以选择各种文献管理软件格式,包括:Refworks, EndNote, NoteExpress等,也可自定义输出格式。

图 2-1-7 节点文献界面

（三）全文下载及阅读

1. 全文下载　全文格式包括两种：CAJ 和 PDF。前者需安装 CAJViewer 全文浏览器进行阅读；后者可使用 Adobe Acrobat Reader 阅读。全文下载可点击列表或摘要格式下文献的全文下载图标"　"，这样下载的是 CAJ 格式的全文（图 2-1-6）；也可在节点文献显示格式下，选择下载 CAJ 格式全文或 PDF 格式全文（图 2-1-7）。

2. 全文阅读　除了将文献全文下载进行阅读外，还可对单篇或多篇文献全文进行文献的全文在线预览。单篇文献在线预览时，点击预览图标"　"，还可同时预览该篇文献所在刊期上的其他所有文献全文；多篇文献在线预览时，需勾选所要阅读的文献，点击"　分析　阅读　"图标中的"阅读"，进行组合在线预览（图 2-1-6）。

四、检索举例与分析

【例】检索 2000~2012 年近视眼手术治疗的文献，检索结果中发表文献最多的年度是哪一年？哪篇文献被引用的次数最多？

（一）分类结合语词检索

1. 从分类目录中选择学科领域　依次点击医药卫生科技→眼科与耳鼻咽喉科→眼科学，选择眼科学，如"　☑眼科学"。

2. 输入检索词　检索或高级检索途径都可以根据课题所含概念确定检索词及检索项，依据检索词之间的逻辑关系，按运算顺序依次输入到对应的检索框。确定检索词时，近视眼相关的检索词包括高度近视、近视、超高度近视、近视患者等,故检索词选用"近视",匹配方式选择"模糊",为提高检索结果的相关度,检索项限定为"篇名"字段;跟近视眼手术治疗相关的治疗方法包括植入术、切削术、磨镶术、塑形术、激光治疗、准分子治疗等,故检索词可选择术、激光、准分子,用逻辑"或"连接,匹配方式选择"模糊",为提高检索结果的查全度,检索项限定为"主题"字段;因近视眼手术治疗有其专有名词"Lasik"和"Lasek",分别是"准分子激光原位角膜磨镶术"和"准分子激光上皮下角膜磨镶术",两者用逻辑"或"连接,可限定到"篇名"字段。因此,该课题的检索式可编辑为:篇名=近视 并且 主题=(术 或含 激光 或含 准分子) 或者 篇名=(lasik 或含 lasek),根据检索式的运算顺序,优先运算的先输入,并选择匹配方式,具体操作见图2-1-8。

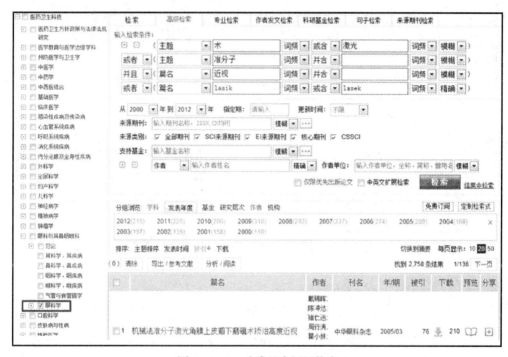

图2-1-8 分类结合语词检索

3. 时间限定　限定时间范围为2000～2012年。

4. 结果分组及排序　点击"检索",显示检索结果。分组浏览中点击"发表年度",排序中点击"被引",即可看出该课题2009年度发表的文献量最多,排在第一位的文献是被引频次最多的论文。

(二) 专业检索

1. 从分类目录中选择学科领域　依次点击医药卫生科技→眼科与耳鼻咽喉科→眼科学,选择眼科学,如"☐ ☑眼科学"。

2. 输入检索式　根据数据库专业检索的检索表达式语法规则进行检索式的编辑。可输入检索式:TI%近视 AND SU%(术+激光+准分子) OR TI=(lasik+lasek)。其中,"TI"代表题名字段,"SU"代表主题字段,"%"代表模糊匹配,"="代表精确匹配。检索时,除中文检索词,其他输入内容须在英文半角输入法状态下输入(图2-1-9)。

3. 时间限定　限定时间范围为2000～2012年。

4. 结果分组及排序　点击"检索",显示检索结果。分组浏览中点击"发表年度",排序中点击"被引",即可看出该课题2009年度发表的文献量最多,排在第一位的文献是被引频次最多的论文。

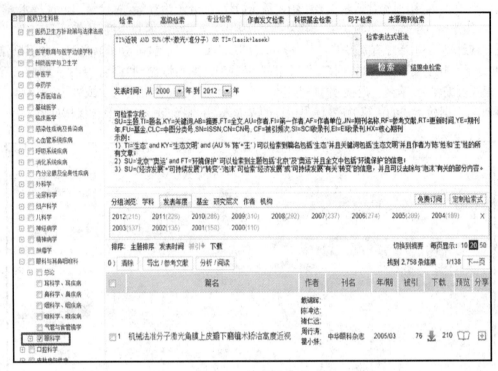

图 2-1-9 专业检索

习题

1. 通过分类结合语词检索,查找心瓣膜疾病介入治疗的文献。写出被引频次最高的论文篇名及该论文的完整出处(包括刊名、发表年份、卷、期、起止页码)。

2. 通过高级检索途径查找近年来糖尿病视网膜病变发病机制的综述文献,写出检索式及检出篇数。

3. 通过期刊导航,查找中国学术期刊网络出版总库收录中华医学会系列杂志的情况。

(许美荣)

第二节 中文科技期刊数据库

一、概况

中文科技期刊数据库由重庆维普资讯有限公司创建,隶属维普期刊资源整合服务平台(http://lib.cqvip.com)。数据库除了进行中文科技期刊全文数据库检索及全文获取,还增加了文献传递、检索历史编辑、参考文献、基金资助、期刊被知名国内外数据库收录情况查询、选择主题学科查询、在线阅读、全文快照、相似文献提示等功能。

中文科技期刊资源收录了1989年至今的中文期刊12 000多种,分为社会科学、自然科学、工程技术、农业科学、医药卫生、经济管理、教育科学、图书情报8个专辑,医药卫生类期刊1 992种。它是Google搜索、百度搜索的重要战略合作伙伴,是Google Scholar最大的中文内容合作网站。

数据库访问方式包括远程包库访问、本地镜像方式和检索卡3种。个人用户可使用检索卡形式访问,机构用户一般使用本地镜像或远程包库方式访问,采用IP控制方式登录,在本单位局域网范围内共享使用。

二、检索途径和方法

登录维普期刊资源整合服务平台,系统默认为期刊文献检索界面。在该界面除提供了基本检索、传统检索、高级检索外,还提供了期刊导航和检索历史功能(图2-2-1)。

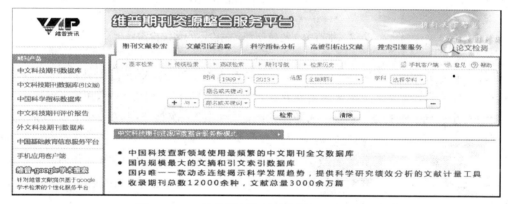

图2-2-1 维普期刊资源整合服务平台主界面

(一) 基本检索

在期刊文献检索界面默认检索方式为基本检索。在该界面可选择时间范围、期刊范围、学科等检索限定条件。

使用下拉菜单可进行检索时间范围的限定,限定的时间范围是1989年至今;限定检索期刊的范围为全部期刊、核心期刊、EI来源期刊、CA来源期刊、CSCD来源期刊、CSSCI来源期刊;限定检索的学科范围包括基础医学、临床医学、药学等45个学科,利用复选框可进行多个学科的限定;可以选择的检索字段包括任意字段、题名或关键词、题名、关键词、文摘、作者、第一作者、机构、刊名、分类号、参考文献、作者简介、基金资助、栏目信息,共14个检索字段。默认检索词输入框为两行,点"+"或"-"可增加或减少检索词输入框的数量,可选择使用逻辑"与"、逻辑"或"、逻辑"非"的逻辑关系组配检索词输入框内输入的检索词。在检索结果界面可以进行重新搜索,也可以在第一次的检索结果基础上进行二次检索,包括"在结果中搜索"、"在结果中添加"、"在结果中去除"3种方式。根据需要缩小或扩大检索范围、精练检索结果。

【例1】在"基本检索"中查找"肾衰竭药物疗法"方面的文献

第一步:在基本检索页面的检索入口第一个检索框选择"关键词",检索词输入框输入"肾衰竭",第二个检索框选择"关键词",检索词输入框输入"药物治疗"。第二步:选择逻辑算符

"与"。第三步:点击"检索"按钮,即可检出切题文献。

(二) 传统检索

在首页检索方式切换区域点击传统检索,即进入传统检索界面(图2-2-2)。

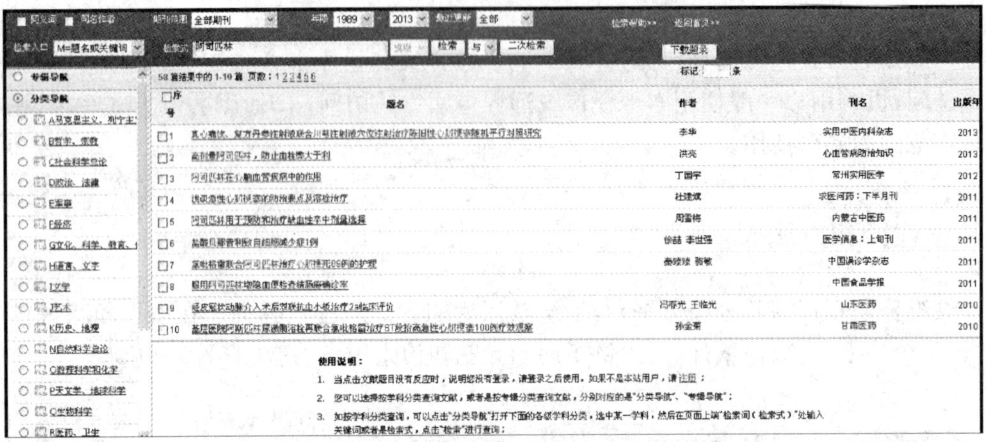

图2-2-2 维普中文科技期刊文献检索的传统检索界面

在传统检索界面的检索词输入框中输入检索词、检索式,选择期刊范围、检索年代、检索入口后,点击"检索"按钮完成检索。如果需要在检索结果的基础上继续检索,可在检索词输入框内继续输入检索词。选择逻辑关系,选择检索限定,点击"二次检索"按钮,在上次检索结果中进行再检索。也可同时在左侧导航树中选择分类类别,或期刊类别限制。

1. **选择检索入口** 提供题名或关键词、题名、关键词、作者、刊名、第一作者、分类号、文摘、机构、任意字段等10个检索入口。字段名前的英文字母为检索途径代码,主要用于复合检索。

2. **限制检索范围** 学科类别限制:分类导航系统是参考《中国图书馆分类法》(第四版)进行分类,每一个学科分类都可按树形结构展开,利用导航缩小检索范围,进而提高查准率和查询速度。数据年限限制:数据收录年限从1989年至今,检索时可进行年限选择限制。期刊范围限制:包括全部期刊、核心期刊和重要期刊3种。用户可根据检索需要来设合适的范围以获得更加精准的数据。

3. **输入检索词** 在输入框中输入检索词或检索式,选择精确或模糊,点击"检索"即可。"模糊"表示"含有",该功能只有在选项"关键词"、"刊名"、"作者"、"第一作者"和"分类号"这5个字段进行检索时才生效。系统默认为"模糊"检索。

4. **二次检索** 在已经进行了检索操作的基础上进行再次检索,以得到理想的检索结果。

5. **复合检索** 在检索框中直接输入复合检索式进行检索。如输入"K=麻黄碱*J=生物学杂志",和前述二次检索结果一样。在该检索途径中,"*"表示逻辑与,"+"表示逻辑或,"-"表示逻辑非。

6. **辅助检索功能**

(1) 同义词库:选勾页面左上角的"同义词",选择关键词字段进行检索,可查看到该关键词的同义词。检索中使用同义词功能可提高查全率。只适用于3个检索字段:关键词、题名或关键词、题名。

(2) 同名作者库:选勾页面左上角的"同名作者",选择检索入口为作者(或第一作者),输入作者名,点击"检索"按钮,即可找到作者名的作者单位列表,用户可以查找需要的信息以做进一步选择。通过对"同名作者"中作者单位信息的筛选过滤掉那些并不需要的同名同姓不同人的文献。只适用于两个检索字段:作者、第一作者。

【例2】在"传统检索"中查找"肾衰竭药物疗法"方面的文献。

第一步:在传统检索页面的检索入口选择"关键词",检索词输入框输入"肾衰竭",勾选左上角"同义词",点击"检索"按钮,选勾相关同义词,点击"确定";第二步:检索入口选择"关键词",检索词输入框输入"药物治疗",选勾左上角"同义词",点击"检索"按钮,选勾相关同义词,选择逻辑"与";第三步:点击"二次检索"按钮,即可检出切题文献。

(三) 高级检索

在首页检索方式切换区域点击高级检索,即进入高级检索界面。提供向导式检索和直接输入检索式两种检索方式。支持多检索条件逻辑组配检索及一次输入复杂检索式查看命中结果。可查询同时满足几个检索条件的文献,使检索更加准确快捷。

1. 向导式检索 向导式检索采用分栏式检索词输入方法,是布尔逻辑式检索的直观表现形式(图2-2-3)。界面上提供多个检索词输入框,可输入检索词并做检索限定和布尔逻辑组配。向导式检索的检索操作严格按照检索词输入框由上到下的顺序进行,用户可根据检索需求选择检索字段,选择逻辑"与"、逻辑"或"、逻辑"非"的逻辑组配关系。还可进行相应限定字段扩展信息,有利于提高查准率。

图2-2-3 维普期刊文献检索高级检索向导式检索界面

(1) 选择检索入口:检索时严格按照由上到下的顺序进行,用户在检索时可根据检索需求进行检索字段的选择。检索字段的代码:U=任意字段,M=题名或关键词,T=题名,K=关键词,R=文摘,A=作者,S=机构,J=刊名,C=分类号等。

(2) 选择逻辑算符:逻辑"与"表示相交关系、逻辑"或"表示并列关系、逻辑"非"表示排斥关系。

(3) 扩展检索功能:右侧所有按钮均可实现相应的功能(图2-2-3)。用户只需要在前面的输入框中输入需要查看的信息,再点击相应的按钮,即可得到系统给出的提示信息。

1) 查看同义词:如用户输入"非典型性肺炎",点击查看同义词,即可检索出非典型性肺炎的同义词:sars非、严重急性呼吸系统综合征。用户可以全选,以扩大检索范围。

2) 查看同名/合著作者:点击查看同名作者,以列表形式显示不同单位同名作者,用户可以选择作者单位来限制同名作者范围。最多选勾不超过5个。

3) 查看变更情况:可输入刊名,点击查看其变更情况,系统会显示出该期刊的创刊名和曾用刊名,使用户可以获得更多的信息。

4) 查看分类表:点击查看分类表,会弹出分类表页,选择类目检索。

5) 查看相关机构:可以输入"中华医学会",点击查看相关机构,即可显示以中华医学会为主办(管)机构的所属期刊社列表。最多选勾不超过5个。

6) 查看期刊导航:可以检索期刊的刊期、是否核心期刊、ISSN、CN及期刊评价。

(4) 更多检索条件:可根据需要以时间条件、专业限制、期刊范围进一步限制检索范围,获得符合检索需求的检索结果。

(5) 二次检索:二次检索可多次应用。在结果中检索:检索结果中必须出现所有检索词。相当于布尔逻辑的"与";在结果中添加:检索结果中至少出现任一检索词。相当于布尔逻辑的"或";在结果中去除:检索结果中不应该出现包含某一检索词的文章。相当于布尔逻辑的"非"。

【例3】在"高级检索的向导式检索"中查找"肾衰竭药物疗法"方面的文献。

第一步:在高级检索的向导式检索页面的第一个字段检索入口选择"关键词",检索词输入框输入"肾衰竭",点击右侧"同义词"检索,选勾相应同义词,点击"确定"。

第二步:第二个字段检索入口选择"关键词",检索词输入框输入"药物治疗",选勾左上角"同义词",点击"检索"按钮,选勾相关同义词,选择逻辑"与"。

第三步:点击"检索"按钮,即可检出切题文献。

2. **直接输入检索式检索** 高级检索界面下方提供了直接输入检索式的检索方式(图2-2-4)。用户在检索词输入框中直接输入由逻辑运算符、字段标识符及检索词等构成的检索式,并可使用更多检索条件进行相关条件限制。

(1) 输入检索式:在检索框中直接输入由逻辑运算符、字段标识符及检索词等构成的检索式。字段代码为:U=任意字段、M=题名或关键词、K=关键词、A=作者、C=分类号、S=机构、J=刊名、F=第一作者、T=题名、R=文摘。

(2) 更多检索条件:可根据需要以时间条件、专业限制、期刊范围进一步限制检索范围,获得符合检索需求的检索结果。

(3) 检索规则:无括号时逻辑与"*"优先运算,有括号时先括号内后括号外。括号()不能作为检索词进行检索;检索词中带有"*"、"+"、"-"、"()"、"《》"等特殊字符必须用半角双引号括起来,不在双引号内的*、+、-按逻辑运算符"与"、"或"、"非"处理。

直接输入检索式的方式比较简便,功能强大,需要用户对检索式的构建有一定的了解,该方式更适用于专业人员,一般用户适合使用向导式检索。

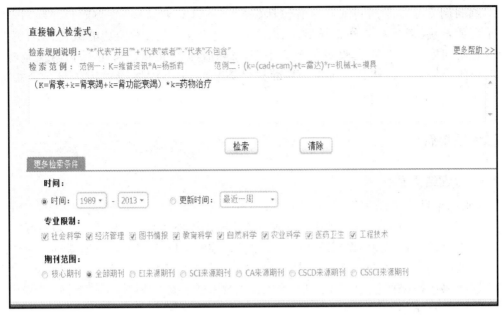

图2-2-4 维普期刊文献检索高级检索直接输入检索式界面

【例4】在"高级检索的直接输入检索式检索"中查找肾衰竭药物疗法方面的文献。
第一步:在检索框中输入检索式:(K=肾衰+K=肾衰竭+K=肾功能衰竭)*K=药物治疗。
第二步:点击"检索"按钮,即可检出切题文献。

(四) 期刊导航

在首页检索方式切换区域点击期刊导航,即进入期刊导航界面(图2-2-5)。

图2-2-5 维普期刊文献检索期刊导航界面

期刊导航设有期刊搜索、按字顺查和按期刊浏览导航3种方式。
1. 期刊搜索 按刊名和ISSN两种方式查询。
2. 按字顺查 期刊导航首页界面通过期刊刊名拼音字顺首字母查找期刊文献的检索。单击刊名字顺首字母,即显示刊名以字母开头的刊名列表,显示出刊名、ISSN号、国内刊号和核心期刊的标志。

3. 期刊浏览导航　期刊浏览导航包括按期刊学科分类导航、核心期刊导航、国内外数据库收录导航、期刊地区分布导航。在期刊导航界面，使用检索功能或使用浏览功能找到所需期刊后。可按期刊收录的刊期查看该刊收录的文献。可进行刊内文献检索。查看期刊评价报告。在期刊评价报告界面提供该刊的被引次数、影响因子等多个指标的详细统计。

三、检索结果管理

（一）检索结果显示

在检索结果界面显示的信息包括检索式、检索结果数量以及检索结果的题录信息（包括题名、作者、出处、基金、摘要），在出处字段增加了期刊被国内外知名数据库收录最新情况的提示标识，与基金字段一起帮助用户判断文章的重要性。检索结果可按时间筛选：全部、一个月内、三个月内、半年内、一年内、当年内发表的文献。在检索结果界面点击"被引期刊论文"、"被引学位论文"、"被引会议论文"、"被引专利"等选择文献显示界面。

（二）检索结果输出

全选或勾选检索结果题录列表前的复选框后，点击"导出"可将选中的文献题录以文本、参考文献、XML、NoteExpress、Refworks、EndNote、自定义格式导出；点击文献题名可进入查看文献的详细信息和知识节点链接；点击"下载全文"、"在线阅读"和"文献传递"分别可将文献下载保存到本地磁盘、进行在线全文阅读和申请文献传递。其中，原文传递功能是对不能直接下载全文的数据快速的原文传递。

（三）检索历史

查看检索历史可以实现检索策略的调整。每次检索操作后，系统自动保存用户检索历史；点击检索历史中保存的检索式可进行该检索式的重新检索；选中检索历史中保存的检索式并选择"与"、"或"、"非"逻辑组配，可进行组配检索。检索历史中最多允许保存20条检索表达式。在基本检索、传统检索和向导式高级检索中，都可利用检索历史的组配功能进行组配检索。

习题

1. 中文科技期刊文献检索功能提供哪些检索方法？
2. "期刊文献检索"功能中"高级检索"提供的"查看同义词功能"，对提高检索效率有什么意义？
3. 用基本检索方式、传统检索方式、高级检索方式，检索近10年有关硬膜外腔注射吗啡用于术后镇痛研究的文献，比较这3种检索方式的异同。
4. 用期刊导航途径检索2012年《中华内科杂志》发表的有关丙型肝炎方面的文献。

（程　鸿）

第三节　万方数据期刊论文数据库

一、概况

万方数据知识服务平台(http://www.wanfangdata.com.cn)是万方数据股份有限公司(由中国科技信息所控股)研制开发,在互联网领域提供集信息资源产品、信息增值服务和信息处理方案为一体的综合信息服务系统。万方数据知识服务平台是以中国科技信息研究所(北京万方数据股份有限公司)全部信息服务资源为依托,以科技信息为主,集经济、金融、社会、人文信息为一体,以互联网为网络平台的大型科技、商务信息服务系统。汇集学术论文、期刊论文、学位论文、会议论文、外文文献、学者、专利、标准、成果、图书、法规、机构、专家等文献信息的跨库检索平台。

万方学术期刊全文数据库是万方数据知识服务平台的重要组成部分,分为哲学政法、社会科学、经济财政、教科文艺、基础科学、医药卫生、农业科学和工业技术8大类94个类目。该数据库收录了1998年以来7 000余种期刊,其中核心期刊2 500余种,中国医药卫生领域的期刊1 100余种,包括中华医学会和中华医师协会独家授权数字化出版期刊200多种。期刊论文总数量达1 700余万篇,每年约增加200万篇,每周两次更新。

万方数据知识服务平台访问方式包括远程包库访问、本地镜像方式和检索卡三种。个人用户可使用检索卡形式访问,机构用户一般使用本地镜像或远程包库方式访问,采用IP控制方式登录,在本单位局域网范围内共享使用。

二、检索途径和方法

万方数据知识服务平台提供跨库检索与单库检索两种方式,这两种检索方式均提供简单检索、高级检索、专业检索等检索方法。万方数据知识服务平台跨库检索界面见图2-3-1。

图2-3-1　万方数据知识服务平台跨库检索界面

(一) 跨库检索

在跨库检索界面上方的检索词输入框中可以直接输入检索词,系统自动在期刊论文、学位论文、会议论文、外文期刊、外文会议论文等数据库中进行检索;也可在跨库检索高级检索界面中的检索词输入框中输入检索词,选择在全部、标题、作者、单位、关键词或摘要、日期等字段中进行检索。通过点击"+"或"-"按钮,可增加或减少一个检索词输入行,增加或减少限定条件,得到满意的检索效果;在检索结果页面可以进一步缩小检索范围。

(二) 单库检索

本节主要以万方数据期刊论文数据库为例介绍单库的检索方法,学位论文、会议论文等数据库的检索见第4章第1节与第2节。在万方数据知识服务平台首页点击"期刊"链接,进入万方数据期刊论文数据库的检索界面(图2-3-2)。

图 2-3-2 万方数据期刊论文数据库的检索界面

1. **简单检索** 简单检索是系统默认的检索方式,界面如图2-3-2,该界面可进行"论文检索"和"刊名检索"的切换。

(1) 论文检索:系统默认"期刊"状态,在检索词输入框中输入检索词,点击"检索论文"按钮,在检索结果界面,系统提供了二次检索功能,可通过选择标题、作者、关键词、摘要或年代字段以及选勾是否有全文,进一步缩小检索范围;检索结果上方的检索词输入框中仍保留着上次检索使用的检索词,可以清空,重新输入新的检索词以及检索字段,进行新的检索。

【例1】 在"简单检索"中查找阿司匹林治疗心肌梗死方面的文献。

第一步:在简单检索界面系统默认"期刊"状态下,检索词输入框中输入"阿司匹林",点击"检索论文"。

第二步:检索结果界面下,在"关键词"字段,检索词输入框中输入检索词"心肌梗死",点击在结果中检索,即可获得切题文献。

(2) 刊名检索:在检索词输入框中输入全部或部分期刊名称,点击"检索刊名"按钮即可。

【例2】 查找"中华微生物和免疫学杂志"的编辑部信息。

第一步:在简单检索界面的检索词输入框中输入"中华微生物和免疫学杂志",点击"检索刊名"。

第二步:在含有该检索词的刊名列表中,点击刊名"中华微生物和免疫学杂志"。刊名检索结果界面显示了该刊的主要信息,包括刊内检索、最新一期目录、收录汇总以及同类期刊信息、期刊简介、主要栏目、期刊信息等,其中期刊信息包括该刊的主管单位、主办单位、主编、ISSN、CN、编辑部地址、邮编、电话和 E-mail 等。

2. 高级检索　高级检索的功能是在指定的范围内,通过增加检索条件满足用户更加复杂的要求,检索到满意的信息。点击"高级检索"按钮,进入高级检索界面(图 2-3-3)。

图 2-3-3　万方数据期刊论文数据库高级检索界面

高级检索提供了分栏式检索词、检索式输入方式,输入框默认为三组,可以通过点击"+"或"一"号来添加或删除,最多可增加到六组。并可选择检索字段(主题字段包含标题,关键词,摘要)、匹配条件(精确匹配表示精确检索,输入的检索词和检出结果一致;模糊匹配表示模糊检索,检出词含有输入的检索词的词素)、逻辑运算(逻辑与、逻辑或、逻辑非),检索年度限定。查看检索历史,检索历史表达式可以拼接,查看检索结果的高频关键词,提供相关检索词。

【例3】在"高级检索"中查找阿司匹林治疗心肌梗死(冠心病)方面的文献。

第一步:在高级检索输入框中输入"阿司匹林",在第二行检索词输入框中输入"(心肌梗死 or 冠心病)"。

第二步:选择逻辑"与"。

第三步:点击检索,即可获得切题文献。

3. 专业检索　专业检索比高级检索功能更强大,但需要检索人员根据系统的检索语法编制检索式进行检索,适用于熟练掌握检索技术的专业检索人员,检索表达式采用CQI(common query language)检索语言编制(图 2-3-4)。

检索规则:含有空格或其他特殊字符的单个检索词:用引号""括起来,多个检索词之间根据逻辑关系使用 and"*"、or"+"、not"—"连接。系统提供检索的字段有主题、题名或关键词、题名、创作者、作者单位、关键词、摘要、日期。在检索表达式框中直接输入检索式,点击"检索"按钮,执行检索。

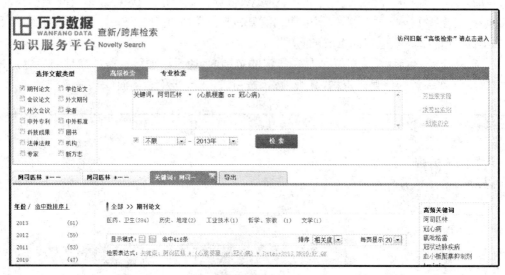

图 2-3-4 万方数据期刊论文数据库专业检索界面

【例4】在"专业检索"中查找阿司匹林治疗心肌梗死(冠心病)方面的文献。

第一步：检索词输入框中输入检索式：阿司匹林 * (心肌梗死 or 冠心病)。

第二步：点击检索，即可获得切题文献。

4. 学术期刊导航　万方数据期刊论文数据库提供了学科分类导航、地区导航和首字母导航3种期刊分类导航方式，以实现期刊快捷地浏览和查找(图2-3-5)。在学术期刊的主页列出了全部分类目录，点击目录名称即可查看该分类下的期刊。

医药卫生			
预防医学与卫生学	医疗保健	中国医学	基础医学
临床医学	内科学	外科学	妇产科学与儿科学
肿瘤学	神经病学与精神病学	皮肤病学与性病学	五官科学
特种医学	药学	大学学报(医药卫生)	医药卫生总论
农业科学			
农业基础科学	农业工程	农学	植物保护
农作物	园艺	林业	畜牧兽医
水产渔业	大学学报(农业科学)	农业科学总论	
工业技术			
大学学报(工业技术)	一般工业技术	矿业工程	石油与天然气工业
冶金工业	金属学与金属工艺	机械与仪表工业	军事科技
动力工程	原子能技术	电工技术	无线电电子学与电信技术
自动化技术与计算机技术	化学工业	轻工业与手工业	建筑科学
水利工程	环境科学与安全科学	航空航天	交通运输
地区分类					
北京	天津	河北	山西	内蒙古	辽宁	吉林	黑龙江
上海	江苏	浙江	安徽	福建	江西	山东	河南
湖北	湖南	广东	广西	海南	重庆	四川	贵州
云南	西藏	陕西	甘肃	青海	宁夏	新疆	
首字母							
A	B	C	D	E	F	G	H	I	J	K	L	M
N	O	P	Q	R	S	T	U	V	W	X	Y	Z

图 2-3-5　万方数据期刊论文数据库期刊导航界面

(1)学科分类导航:在期刊的主页选择需要查看的学科,进入期刊导航结果界面,系统显示期刊按学科分类的导航树状结构表,万方数据系统将收录的全部期刊分为哲学政法、社会科学、经济财政、教科文艺、基础科学、医药卫生、农业科学、工业技术八大类,各大类下又分为若干个次级类目,医药卫生大类下分有16个次级类。通过点击表中的各级类目可列出该类目下的全部期刊,选中并依次点击:刊名→刊期→期刊目录即可查得某种期刊的各年、期的目录和全文。

1)查看导航结果:在导航结果列表的顶部列出各学科分类及其期刊数量,可以点击不同的学科分类,浏览不同学科的期刊。点击"核心刊",可以查看属于该学科的核心期刊。

2)查看期刊详细信息:在导航结果或者是检索结果界面上点击刊名,进入期刊的详细信息界面。在该界面可以查看期刊的主要信息,如期刊简介、最新一期目录、期刊信息、主要栏目、获奖情况、联系方式等。该界面中的"收录汇总"提供了系统所收录期刊所有年代各期论文的链接,"本刊论文"提供了本刊论文检索的功能,还提供了同类期刊的推荐链接。

【例5】在"学术期刊导航"中查找中华微生物和免疫学杂志。

第一步:可以通过期刊浏览的功能,在期刊主页的学科分类中的医药卫生类目下,点击"基础医学",通过浏览可找到该刊。

第二步:点击中华微生物和免疫学杂志,可得到该刊的期刊信息,进而获得 E-mail 或编辑部的地址进行投稿。

(2)地区分类导航:地区分类导航将期刊按照31个省市发行地进行分类。在学术期刊主页选择某一地区如北京后,系统自动列出北京出版发行的期刊数量及刊名。

(3)首字母导航:在期刊主页将刊名按照首字母 A—Z 排列。选择某一字母,系统自动列出以此字母为首的期刊数量及刊名。

三、检索结果管理

1. 检索结果排序显示　在简单检索状态下,检索结果可以按相关度优先、经典论文优先、新论文优先和其他(仅相关度、仅出版时间、仅被引次数)进行排序,并可以在不同的排序方式之间进行切换。经典论文优先是指被引用次数比较多,或者文章发表在水平较高的期刊上的、有价值的文献排在前面。相关度优先是指与检索词最相关的文献优先排在最前面。新论文优先指的是发表时间最近的文献优先排在前面。在高级检索状态下,检索结果可以按相关度和新论文排序,用户可根据检索需求的不同,灵活调整。均可选择每页按10、20、50篇文献显示检索结果。

2. 检索结果聚类导航分类　在简单检索状态下,检出的文献按学科类别、论文类型、发表年份、期刊等条件进行分类,选择相应的分组标准,可达到限定检索,缩小检索范围的目的。

3. 查看期刊论文详细信息　在检索结果界面点击文献标题,进入期刊论文详细信息界面,可获得文献的详细内容和相关文献信息链接。它包含文献的详细信息如题名、作者、刊名、摘要和基金项目等,还有参考文献相似文献、相关博文、引证分析、相关专家、相关机构等连接。

4. 检索结果输出

(1)题录下载:在高级检索或专业检索状态下,检索结果界面全选或部分选勾所需文献题录,点击"导出"按钮,最多可导出50条题录。系统默认"导出文献列表",在该界面可以删除部分或全部题录。系统提供"参考文献格式"、"自定义格式"和"查新格式","NoteExpress"、"Refworks"、"NoleFirst"和"Endnote"格式保存题录,根据需要选择导出方式,点击"导出"按钮,题录按照所选方式保存下来或导出来(图2-3-6)。

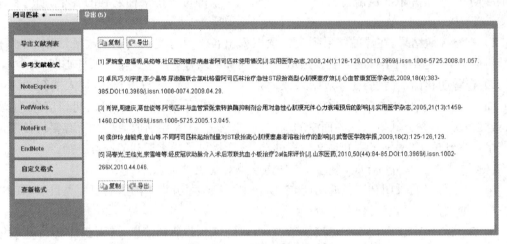

图2-3-6 万方数据期刊论文数据库题录导出界面

(2) 全文下载:万方数据提供了全文查看和下载功能,期刊全文的文件格式为PDF格式,查看和下载全文需安装Acrobat Reader软件。全文不能批量下载,每次只能下载一篇。在检索结果界面点击"下载全文"按钮或 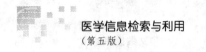 图标,系统弹出对话框,根据需要打开或保存期刊论文全文。对于万方数据库的非正式用户,如需要查看和下载全文,可通过购买万方充值卡或手机付费等方式获取全文。

5. 引用通知 万方数据知识服务平台为用户提供指定论文的引用通知服务。当订阅的论文被其他论文引用时,系统将以E-mail或RSS订阅的方式及时通知用户,有利于用户了解指定论文的权威性和受欢迎程度。目前,该服务仅面向注册用户开放。

习题

1. 万方数据期刊论文数据库的检索途径有哪些?
2. 通过"期刊分类浏览"功能浏览口腔科学方面的期刊。
3. 用简单检索、高级检索方法检索近10年来阿司匹林防止血栓形成的药理作用研究的文献。比较这两种检索方式,其检索结果显示方式的差别。
4. 查找并下载赵伟在2003年发表的题名为"基因芯片检测拉米夫定治疗后乙型肝炎病毒变异"的全文,并查看其参考文献有几篇?被哪几篇文献引用(即引证文献有几篇)?相似文献有几篇?(要求分别用高级检索和专业检索进行检索)
5. 检索《中华传染病杂志》的相关信息,查看万方数据库收录该杂志的年限。(要求分别用刊名检索、期刊分类浏览方式进行查找)

(程 鸿)

第四节　中国生物医学文献数据库

一、数据库概况

中国生物医学文献服务系统(SinoMed)由中国医学科学院医学信息研究所图书馆开发,涵盖资源丰富、专业性强,能全面、快速反映国内外生物医学领域研究的新进展,是集检索、统计分析、免费获取、全文传递服务于一体的生物医学中外文整合文献服务系统。现整合了中国生物医学文献数据库(CBM)、西文生物医学文献数据库(WBM)、中国医学科普文献数据库、北京协和医学院博硕学位论文数据库、日文生物医学文献数据库、俄文生物医学文献数据库、英文文集汇编文摘数据库、英文会议文摘数据库8种资源,学科范围广泛,年代跨度大,更新及时。

中国生物医学文献数据库(China BioMedical Literature Database,CBM)收录1978年至今1 800余种中国生物医学期刊以及汇编、会议论文的文献题录740余万篇,新增1989年以来中文参考文献386余万篇,学科覆盖基础医学、临床医学、预防医学、药学、中医学中药学以及医院管理和医学情报学等生物医学的各个领域。数据库的全部题录均根据美国国立医学图书馆《医学主题词表》(MeSH)、中国中医研究院中医药信息研究所《中国中医药学主题词表》,以及《中国图书馆分类法·医学专业分类表》进行主题标引和分类标引。同时,对作者机构、发表期刊、所涉基金等进行规范化加工处理,支持在线引文检索,辅助用户开展引证分析、机构分析等学术分析。自1995年起的题录,约70%的文献带有文摘,CBM实现与维普全文数据库的链接功能,可直接通过链接维普全文数据库获取1989年以来的全文。

二、检索途径和方法

(一)检索规则

1. **布尔逻辑组配检索**　中国生物医学文献数据库常用的逻辑运算符有3种:分别为"AND"(逻辑与)、"OR"(逻辑或)和"NOT"(逻辑非)。三者间的优先级顺序为:NOT>AND>OR。加括号可以改变优先运算顺序,圆括号中的检索式最先运算。

2. **截词检索**　中国生物医学文献数据库允许使用单字通配符"?"和任意通配符"%"进行截词(通配)检索。每个单字通配符"?"替代任何一个字符,如检索式"血?动力",可检索出含有以下字符串的文献:血液动力、血流动力等。任意通配符(%)替代任意一个字符。如检索式"肝炎%疫苗"。可检索出含有以下字符串的文献。肝炎疫苗、肝炎病毒基因疫苗、肝炎减毒活疫苗、肝炎灭活疫苗。

3. **模糊检索/精确检索**　模糊检索也称包含检索,即在返回的检索结果中命中的字符串包含输入的检索词。模糊检索能够扩大检索范围,提高查全率。如果无特殊说明,中国生物医学文献数据库中默认进行的是模糊检索。精确检索是检索结果中命中的字符串等同于检索词的一种检索,适用于关键词、主题词、特征词、分类号、作者、第一作者、刊名、期字段。

4. **短语检索又称强制检索**　对检索词用半角双引号进行标识,中国生物医学文献数据库将其作为不可分割的词组、短语在数据库的指定字段进行检索。便于检索含"—"、"()"等特殊符号的词语,如"β-内酰胺"。

(二) 检索途径

中国生物医学文献数据库检索途径有快速检索、高级检索、主题检索、分类检索、期刊检索、作者检索等检索途径(图2-4-1)。

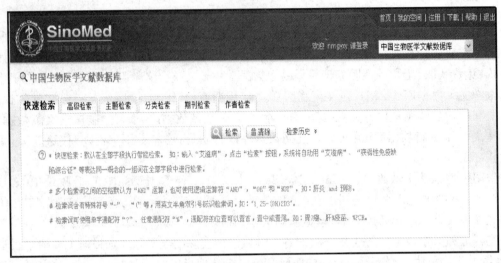

图2-4-1 中国生物医学文献数据库检索界面

1. **快速检索** 本系统默认的检索方式是快速检索,快速检索是在数据库的全部字段内执行检索。

(1) 输入检索词或检索式:检索词输入框键入检索词或检索式,检索词本身可使用通配符,检索词之间还可使用逻辑运算符。检索词可以是单词、词组、主题词、关键词、字母、数字等。

1) 任意字词检索:在检索式输入框可输入任意中英文字、词、数字、带有通配符的字词和检索历史中的序号。例如,肝癌;Liver cancer;IL6;乙肝*疫苗;♯3。

2) 全字段智能检索:默认在全部字段执行智能检索。例如,输入"艾滋病",点击"检索"按钮,系统将自动用"艾滋病"、"获得性免疫缺陷综合征"等表达同一概念的一组词在全部字段中进行检索。

3) 逻辑运算:多个检索词之间的空格默认为"AND"运算,也可使用逻辑运算符"AND"、"OR"和"NOT"。如:肝炎 AND 预防。

(2) 二次检索:二次检索是在已有检索结果基础上再检索,逐步缩小检索范围。两个检索式之间的关系为"AND"运算。操作为再次输入检索式之后选"二次检索"。

(3) 检索历史:查看检索过程,检索词,任意进行逻辑组配。一次成功的检索经常是经历检索策略的调整才能完成。

【例1】在"快速检索"中查找李华有关尼群地平研究的文献。

方法一:第一步,在检索词输入框中输入"李华",点击"检索"按钮;第二步,在检索词输入框中输入"尼群地平",点击"检索"按钮;第三步,点击"检索历史",选勾"李华"、"尼群地平"检索表达式,选择逻辑与"AND",执行检索,可获得切题文献。

方法二:第一步,在检索词输入框中输入"李华",点击"检索"按钮;第二步:在检索词输入框中输入"尼群地平",点击"二次检索"按钮,可获得切题文献。

方法三:在检索词输入框中输入"李华",空格输入"尼群地平",点击"检索"按钮,可获得切题文献。

2. 高级检索　高级检索支持多个检索入口、多个检索词之间的逻辑组配检索,方便用户构建复杂检索表达式。通过文献类型、年龄组、性别及研究对象限定检索提高检索准确率(图2-4-2)。

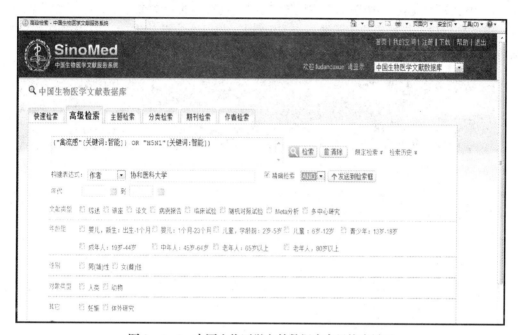

图2-4-2　中国生物医学文献数据库高级检索界面

(1) 检索步骤:选择"高级检索"检索入口,在构建表达式选择字段,输入检索词,点击"发送到检索框";继续在构建表达式选择字段,输入检索词,在逻辑组配选择框中选择逻辑算符后,点击"发送到检索框"后再执行"检索"操作。

1) 常用字段:在中国生物医学文献数据库(CBM)中,常用字段指的是中文标题、摘要、关键词、主题词的组合。

2) 智能检索:自动实现检索词及其同义词(含主题词)的同步扩展检索。

3) 精确检索:是检索结果等同于检索词的一种检索,适用于关键词、主题词、作者、刊名等字段。例如:"马明"[作者]。

4) 限定检索:限定检索把年代、来源语种、文献类型、年龄组、性别、对象类型、其他等常用限定条件整合到一起,用于对检索结果的进一步限定,可减少二次检索操作,提高检索效率。一旦设置了限定条件,除非用户取消限定条件,否则在用户的检索过程中,限定条件一直有效。

5) 构建表达式:构建包含多个检索词的表达式。构建表达式时,输入的字符串自动用英文双引号包围作为一个整体。例如:"肺肿瘤"[常用字段]。

6) 检索历史:最多允许保存200条检索表达式,可从中选择一个或多个检索表达式并用逻辑运算符"AND"、"OR"和"NOT"组成更恰当的检索策略。检索策略可以保存到"我的空间"。

【例2】在"高级检索"中查找协和医科大学发表的"禽流感"或"H5N1"的文献。

第一步:在"构建表达式"中选择"关键词"字段,先后输入"禽流感"和"H5N1",分别点击"发送到检索框",两者之间的逻辑组配选择"OR"。

第二步:在"构建表达式"中选择"作者单位"字段,然后输入"协和医科大学",在逻辑组配选择框中选择"AND"后,点击"发送到检索框"后再执行"检索"操作,即可获得切题文献。

3. 主题检索 主题检索又称主题词表辅助检索,输入检索词后,系统将在《医学主题词表(MeSH)》中文译本及《中国中医药学主题词表》中查找对应的中文主题词。也可通过"主题导航",浏览主题词树查找需要的主题词。与关键词检索相比,主题检索能有效提高查全率和查准率(图2-4-3)。

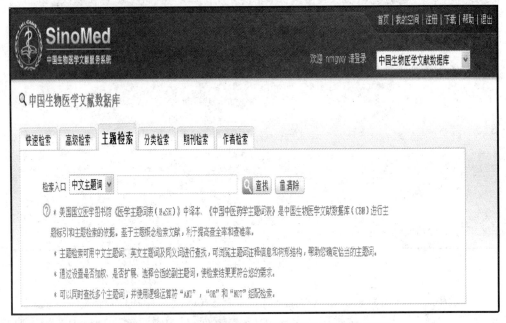

图2-4-3 中国生物医学文献数据库主题检索界面

主题检索可用中文主题词、英文主题词及同义词进行查找,可浏览主题词注释信息和树形结构,确定恰当的主题词。通过设置是否加权、是否扩展、选择合适的副主题词,使检索结果更符合检索者的需求。查找多个主题词,并使用逻辑运算符"AND"、"OR"和"NOT"组配检索。

(1) 检索步骤:选择"中文主题词"或"英文主题词"检索入口,输入检索词,点击"查找"按钮;在主题词列表中浏览选择主题词;在主题词详细信息界面,浏览主题词注释信息和树形结构。选择是否扩展检索、加权检索、组配副主题词以及副主题词扩展检索等选项;点击"主题检索"按钮执行检索。

(2) 主题检索选项的功能:主题检索选项主要有加权检索、扩展检索、副主题词组配检索及主题词释义等功能(图2-4-4)。

1) 主题词选项:①加权检索:表示仅对加*主题词(主要概念主题词)检索,非加权检索表示对*主题词和非*主题词(非主要概念主题词)均进行检索。默认状态为非加权检索,若进行加权检索对"加权检索"选择框进行标记。②扩展检索:对当前主题词及其所有下位主题

图2-4-4 主题词选项、主题词释义树形结构图界面

词检索,不扩展检索则仅限于对当前主题词的检索,默认状态为扩展检索,若不进行扩展检索选择"不扩展"选项。③主题词/副主题词组配检索:副主题词用于对主题词的某一特定方面加以限制,强调主题词概念的某些专指方面。CBM副主题词一共有94个,表明同一主题的不同方面。主题词与副主题词的组配有严格的规定。

2) 主题词注释及树形结构:主题词注释包括主题词的中英文名称、款目词、树状结构号、相关主题词、检索回溯注释、标引注释、历史注释、主题词详解(定义)等内容。这有助于正确使用主题词,并为选择更合适的主题词(包括英文数据库检索)提供线索。树形结构是主题词的上下位类列表,供逐级查看其上位词和下位词,可据需要改换主题词,可以直接点击当前主题词的上位词或下位词进行检索。

(3) 主题检索的注意事项:仔细阅读主题词注释信息的定义和历史注释,看看有否更合适的相关主题词、上位词及下位词可参与检索;通过快速检索查到文献后,在检索结果的主题词字段中若发现更合适的主题词,再用主题词到"主题检索"中重新检索;在找不到最专指词的情况下,可选择其最邻近的上位词进行检索,再从检索结果中筛选所需要的文献。

【例3】在CBM的"主题检索"中查找糖尿病并发症白内障的治疗方面的文献。

第一步:进入CBM的主题检索页面,在检索入口选择"中文主题词",输入"糖尿病"后,点击"查找"按钮。浏览查找结果,在列出的所有款目词和主题词中选择"糖尿病并发症",点击主题词"糖尿病并发症"。

第二步:在主题词注释详细页面,显示了该主题词可组配的副主题词、主题词的详细解释和所在的树形结构。可以根据检索需要,选择是否"加权检索"、"扩展检索"。"糖尿病并发症的治疗"应选择副主题词"治疗",点击"添加"后,点击"发送到检索框"。

第三步:在检索入口选择"中文主题词",输入"白内障"后,点击"查找"按钮,在列出的所有款目词和主题词中选择主题词"白内障"。

第四步:在主题词注释详细页面,选择副主题词"治疗"后点击"添加"。在逻辑组配选择框中选择"AND"后,"发送到检索框"后点击"主题检索"按钮,即可检索出"糖尿病并发症白内障的治疗"方面的文献。

4. **分类检索** 文献所属学科体系进行检索,具有族性检索的功能。检索入口包括类名和类号。系统将在《中国图书馆分类法·医学专业分类表》中查找对应的类号或类名。分类检索从文献所属的学科角度进行查找,能提高族性检索效果(图2-4-5)。

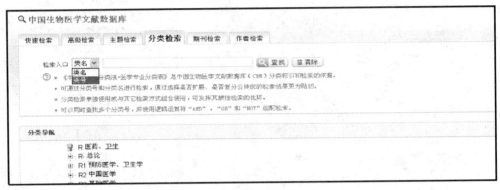

图2-4-5 中国生物医学文献数据库分类检索界面

通过选择是否扩展、是否复分使检索结果更准确。分类检索单独使用或与其他检索方式组合使用,可发挥其族性检索的优势。可以同时查找多个分类号,并使用逻辑运算符"AND"、"OR"和"NOT"组配检索。

(1) 检索步骤:选择检索入口"类名"或"类号"。输入检索词,点击"查找"按钮;在分类列表中选择合适的类名。在分类检索界面选择扩展检索、复分组配检索,点击"分类检索"按钮,系统自动进行检索并显示检索结果。

(2) 检索选项的功能:扩展检索表示对该分类号及其全部下位类号进行检索,不扩展表示仅对该分类号进行检索;复分组配检索表示"选择复分号"是供用户选相应的复分号与主类号组配,作用类似主题检索时选择副主题词。复分组配用于对主类号某一特定方面加以限制。选择某一复分号,表示仅检索当前主类号的某一方面文献。

【例4】在CBM的"分类检索"中查找"胃肿瘤的药物疗法"方面的文献。

第一步:在CBM的分类检索页面的检索入口选择"类名",输入"胃肿瘤"后"查找",在列出的所有分类名中查找"胃肿瘤",点击分类名"胃肿瘤"。

第二步:在分类词注释详细页面,显示了该分类可组配的复分号、详细解释和所在的树形结构。可以根据检索需要,选择是否"扩展检索"。"胃肿瘤的药物疗法"应选择复分号"药物疗法、化学疗法"。"添加"后"发送到检索框",再点击"分类检索"按钮,即可检索出"胃肿瘤的药物疗法"方面的文献。

分类检索还可以通过输入类名关键词迅速确定分类号,以便于撰写论文前置部分。

5. **期刊检索** 期刊检索提供从期刊途径获取文献的方法,并能对期刊的发文情况进行统计与分析。通过CBM的期刊表,浏览数据库中收录期刊的详细信息,可以从刊名、出版地、出版单位、ISSN及期刊主题词途径直接查找期刊(图2-4-6)。

检索的步骤:点击界面上方的"期刊检索"按钮,即进入期刊检索界面;选择检索入口,即刊名、出版单位、出版地、ISSN或期刊主题词,输入检索词,点击"查找"按钮。"刊名"字段检索,输入所查刊名(或刊名中的任何字、词),点击"查找"便可显示带有检索字、词片段的所有期刊刊名、ISSN 和命中文献数。"出版地"字段检索，输入某一地名，点击"查找"显示该地出版的所有期刊刊名；从含有该检索词的期刊列表中选择合适的期刊；选择"含更名期刊"，可以检索出该刊和更名期刊；设置年代及刊期（默认为全部），屏幕下方还提供该刊的基本信息，包括主办编辑单位、编辑部地址、刊号、创刊日、邮发代码、邮编、电话等。点击"浏览本刊"按钮，执行检索。

图 2-4-6　中国生物医学文献数据库期刊检索界面

【例5】在 CBM 的"期刊检索"中查找"北京大学学报·医学版"2012年第3期的文献。

第一步：进入 CBM 的期刊检索页面，在检索入口选择"刊名"，输入"北京大学学报"后，点击"查找"。在列出的所有期刊中查找"北京大学学报·医学版"，点击刊名。

第二步：在期刊详细注释信息页面里，在"全部年"的下拉列表中选择"2012年"，在"全部期"选择"第3期"。点击"浏览本刊"，即检索出"北京大学学报·医学版"2012年第3期的文献。

6. 作者检索　通过作者检索，可以查找该作者署名发表的文献，还能查找该作者作为第一作者发表的文献。并能通过指定作者的单位，准确查找所需文献（图 2-4-7）。

图 2-4-7　中国生物医学文献数据库作者检索界面

检索步骤：点击界面上方的"作者检索"按钮，即进入作者检索界面；输入作者姓名，选勾"第一作者"后即指定为第一作者查找；点击"查找"；显示命中作者的信息列表，选择该作者，点击"下一步";查看选中作者在系统中的单位分布;根据实际需求对作者单位进行选择,可多选。点击"查找";显示检索结果。

【例6】在CBM的"期刊检索"中查找"中国医学科学院基础医学研究所沈岩教授"发表的文献。

第一步:进入作者检索界面,输入"沈岩",选勾"第一作者",点击"查找"按钮。之后,从系统返回的作者列表中选择作者"沈岩",进入"下一步"。

第二步:在第一作者机构分布页面里,勾选"中国医学科学院基础医学研究所"点击查找。即检索出所需文献。

三、个性化服务

中国生物医学文献数据库有两种用户:集团用户和个人用户。集团用户是指以单位名义或IP地址进行系统注册的用户,某一集团用户下可以有多个子用户;个人用户则是指以个人名义进行系统注册的用户,下面不再设子用户。中国生物医学文献数据库的"个人用户"无需二次注册,直接使用系统注册时所用的用户名和密码即可登录"我的空间";但"集团用户"下的子用户则需要单独注册"我的空间"后才可登录使用。登录SinoMed,点击界面右上方的"我的空间"按钮,进入"我的空间"注册界面,设置个人用户名和登录密码并提交即可注册我的空间。用户注册个人账号后便能拥有SinoMed的"我的空间"权限,享有检索策略定制、检索结果保存和订阅、检索内容主动推送及短信、邮件提醒等个性化服务。

(一) 我的检索策略

在已登录了"我的空间"的前提下,从检索历史页面,选勾一个或者多个记录,保存为一个检索策略,并且可以为这个检索策略赋予贴切的名称。保存成功后,可以在"我的空间"里对检索策略进行导出和删除操作。点击策略名称进入策略详细页面,可对策略内的检索表达式进行"重新检索"、"删除"、"推送到邮箱"和"RSS订阅"。通过策略详细页面的"重新检索",可以查看不同检索时间之间新增的数据文献。

(二) 我的数据库

在登录了"我的空间"的前提下,从检索结果页面,可以把感兴趣的检索结果添加到"我的数据库"。在"我的数据库"中,可以按照标题、作者和标签查找文献,并且可以对每条记录添加标签和备注信息。

四、检索结果管理

(一) 检索结果显示

CBM提供题录、文摘和详细3种格式。系统默认显示格式为题录格式,包括标题、著者、著者单位、出处和相关文献;每页的显示条数可为20、30、50、100。可选择入库、年代、作者、期刊、相关度对检索结果进行排序。并且可以进行翻页操作和指定页数跳转操作(图2-4-8)。

点击论文标题右侧的PDF图标,可获得来自维普全文数据库的全文。

图 2-4-8　中国生物医学文献数据库结果显示界面

(二) 检索结果显分类

中国生物医学文献数据库对检索结果从核心期刊、中华医学会期刊、循证文献三方面进行了分类，核心期刊指被《中文核心期刊要目总览》或者《中国科技期刊引证报告》收录的期刊、中华医学会期刊是由中华医学会编辑出版的医学期刊、循证文献指中国生物医学文献数据库系统对检索结果进行循证医学方面的策略限定所得结果。

(三) 检索结果统计分析

检索结果页面右侧，按照主题、学科、期刊、作者、时间和地区 6 个维度对检索结果进行了统计，点击统计结果数量可以在检索结果页面中展示所需内容。最大支持 200 000 条文献的结果统计。

1. 主题统计　按照美国国立医学图书馆《医学主题词表(MeSH)》中译本进行展示的，主题统计最多可以展示到第 6 级内容。

2. 学科统计　按照《中国图书馆分类法·医学专业分类表》进行展示的，学科统计最多展示到第 3 级内容。

3. 期刊、作者和地区的统计　按照由多到少的统计数量进行排序的，默认显示 10 条，点击更多显示统计后的前 50 条。

4. 时间统计　按照年代进行排序的，默认显示最近 10 年，点击更多显示最近 50 年。

(四) 检索历史

检索历史界面是对已经完成的检索进行重新组织，该界面按照时间顺序从上到下依次显示已完成的检索式，最后完成的检索式在最上方。可从检索史中选择一个或多个检索式用逻辑运算符 and、or 或 not 组配。要删除某个检索式，只需选中其前方的复选框，然后点"清除检索史"按钮。超时退出系统，检索历史仍将保留，可继续检索。若选择"退出系统"，检索历史则被清除。一次检索最多能够保存 1 000 条策略，每页最多显示 100 条。

(五) 检索结果输出

在检索结果页面用户可根据需要，点击结果输出，选择输出方式、输出范围、保存格式。中国生物医学文献数据库有"打印"、"保存"和"E-mail"3种检索结果输出方式。在"文本显示"状态下点击"结果输出"。单次"打印"、"保存"的最大记录数为500条。单次"E-mail"发送的最大记录数为50条。既可对全部检索结果记录进行输出，也可只对感兴趣的记录进行输出。

（六）原文索取

原文索取是中国生物医学文献数据库提供的一项特色服务。对感兴趣的检索结果直接进行原文索取，也可以通过填写"全文申请表"、"文件导入"等方式申请所需要的文献。中国生物医学文献数据库将在发出原文请求后2个工作日内，以电子邮件、普通信函、平信挂号、传真或特快专递方式，提供所需原文。

习题

1. CBM 的检索方法有哪些？
2. 利用 CBM 快速检索和高级检索途径检索"小儿侵袭性流感嗜血杆菌感染的临床研究"的文献。对比这两种检索的检索结果。
3. 用主题途径检索急性巨核细胞白血病治疗的文献。
4. 用期刊途径检索发表在《中华儿科杂志》上有关先天性心脏病方面的文献。
5. 用分类途径检索胆囊炎超声诊断的文献。

（程　鸿）

第三章
外文数据库及检索系统

第一节 美国医学文献数据库 MEDLINE

一、PubMed

(一) 概述

PubMed(http://www.ncbi.nlm.nih.gov/pubmed)是由美国国立医学图书馆(NLM)下属美国生物技术信息中心(NCBI)研制的基于 Web 的文摘数据库,是 NCBI 整合检索系统 Entrez 中数据库之一。通过 NCBI 整合检索系统,PubMed 可以链接到生物信息学数据库,获取:核酸序列、蛋白质序列;从核酸序列翻译到蛋白质序列;基因组和染色体图谱;蛋白质三维结构等其他生物信息学数据库信息。

由于 PubMed 的期刊出版商参与了 PubMed 数据的电子递交和开发,PubMed 同时可以与电子期刊出版商网站链接,为获取期刊全文提供了便利。PubMed 具有期刊收录范围广、数据更新快、覆盖内容全、检索途径多、检索体系完备等特点。

(二) 主要数据收录

1. MEDLINE 主要收录生物医学和健康科学以及生命科学相关领域的文献,包括行为科学、健康专业所需要的化学、生物工艺学、基础研究和临床护理、公共卫生、卫生政策发展或者相关教育活动的内容。2000 年起增加收录对生物医学的实习者、研究员和教育家至关重要的专业内容,包括生物、环境科学、海洋生物、植物学和动物学、生物物理学和生物化学等生命科学方面的研究内容。

文献来源:MEDLINE 数据来源于全世界 70 多个国家和地区的约 5 640 种生物医学期刊(2013 年数据),这些期刊大都经美国卫生健康研究院的文献选择技术评估委员会(Literature Selection Technical Review Committee,LSTRC)评估挑选,以及美国国立医学图书馆及其数据协作采集专家(各专业协会)推荐。近年数据涉及 37 种语种,回溯至 1950 年的数据(Old MEDLINE)涉及 60 种语种。数据库 47% 为美国本土出版的文献,90% 为英文文献,79% 的文献有著者撰写的英文文摘(以上数据根据 2007 年 11 月数据库提供)。MEDLINE 数据题录标有[PubMed-indexed for MEDLINE](图 3-1-1)。

2. In process 1996 年 8 月开始,PubMed 每天收录由 MEDLINE 的期刊出版商提供的尚未经规范处理的数据,该库中的记录只有简单的书目信息和文摘。该库中的数据每周一次转入 MEDLINE。当进入 MEDLINE 时就会被标引 MeSH（数据库规范控制词表详见 MeSH Database 内容）词、文献类型及其他数据。记录有［PubMed-in process］的标记（图3-1-1）。

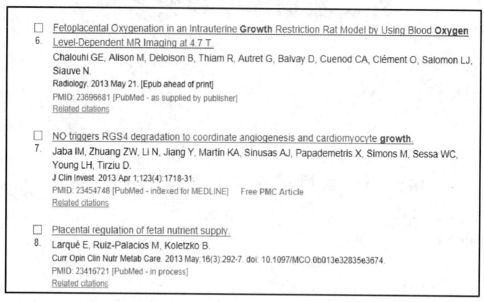

图 3-1-1　PubMed 数据题录

3. PubMed as supplied by publisher　由出版商提供的电子文献，每条记录标有［PubMed—as supplied by publisher］。这些文献包括两种来源：①MEDLINE 收录的期刊文献，每日将被添加到 PreMEDLINE 中去，换以［PubMed-in process］的标记（图 3-1-1），并被赋予一个 MEDLINE 的数据识别号 UI；②由电子期刊出版商提供的不属于 MEDLINE 收录范围的期刊中生物医学电子文献，只有 PubMed 数据识别号 PMID，而没有 MEDLINE UI。

（三）基本检索

1. 主菜单栏　在 PubMed 主页，系统显示了 NCBI 其他数据库的链接图标及检索范围，包括 Nucleotides，Protein，Genoma，OMIM，Structure 等生物信息学数据库，提示在 PubMed 可支持 NCBI 所有数据库的检索和链接（图3-1-2）。

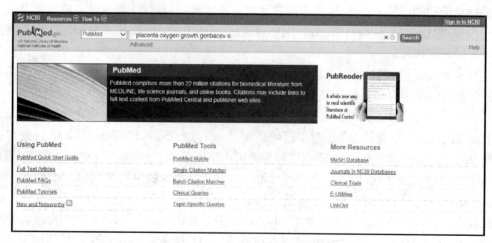

图 3-1-2　PubMed 主页基本检索

2. 基本检索框　在主页系统提供的基本检索框中,输入检索词及语句,执行检索键为"Search"。系统允许输入的检索词及检索语句如下。

(1) 任何具有实质性意义的词语:如自由词、主题词、人名等,系统默认空格为逻辑"与"匹配。如,检索著者为 Genbacev O 撰写的关于"胎盘生长与氧张关系"的研究文献,可输入:placenta oxygen growth Genbacev O。

(2) 著者姓名:须按姓在前、名在后的规则输入,如:Smith AB。如果名缩写,系统自动进行截词检索,即可检出如 Jr. 或 2nd 等不同后缀的姓名。在检索框中如果只输入姓,则系统将在 MeSH 和文本词以及著者索引中进行匹配。

(3) 刊名检索:可输入全称或 MEDLINE 认可的标准缩写形式以及国际标准期刊号 ISSN(International Standard Serial Number)。如输入:JAMA,或 the journal of the american medical association,或纸本出版物国际标准期刊号 ISSN,或电子出版物国际标准期刊号 ISSN Electronic。

(4) 含有逻辑符号及截词符(*)的运算式语句:布尔算符,逻辑符号必须大写,执行顺序为从左到右,可以用括号来改变此顺序。如为复杂运算(即一个检索式中包含多种运算符),则不能用空格省略"AND",如:(hepatitis b OR hepatitis c) AND gene。字段限制检索,在字段标识外加[],如 stem[ti]。

3. 系统检索匹配功能

(1) 自动转换匹配功能(automatic term mapping):对于输入检索框的检索词,PubMed 按4个转换表顺序进行对照、匹配和转换,然后进行检索。这4个转换表为:MeSH 转换表(MeSH Translation Table)、期刊刊名转换表(Journals Translation Table)、作者转换表(the Full Author Translation Table)、调研者转换表(Investigator Translation Table)如果在以上4个表中都找不到相匹配的词,PubMed 将把短语分开,以单词为单位,分别重复以上的过程,检索时各个词之间是 AND 逻辑关系。如果仍找不到相匹配的词,则用单个词在所有字段查找,各个词之间也是 AND 逻辑关系。其中,MeSH 转换表规范词来源包括:MeSH 规范主题词控制词表、副主题词表、一体化医学语言系统(Unified Medical Language System,UMLS)和 Chemical Names of Substances (primarily drugs and chemicals) and their synonyms(化学物质名称及同义词表)。

(2) 自动扩展检索:如果进行 MeSH 转换表检索,系统自动进行规范词的下位词及概念的扩展检索。系统自动对主题词、副主题词进行扩展检索,如:输入 hypertension therapy(高血压的治疗),系统自动将高血压的药物治疗、饮食疗法,进行扩展检索。

(3) 短语检索(phrase searching):如果要将短语作为一个词组进行检索,可用双引号""将其引出。如:"brac 1"作为词组进行检索,执行强调短语检索,系统不进行自动转换匹配,也不进行 MeSH 词的扩检。

(4) 文本词检索(text word search):系统除了进行自动规范词转换匹配外,还对默认输入检索进行文本词匹配检索,即在全记录中搜索相关匹配的短语或单词。

(四) 高级检索(Advanced)

提供多栏、多字段单词复合检索以及检索历史。

1. 系统默认所有字段(All Fields)检索　下拉菜单可选择特定字段。PubMed 字段说明详见 PubMed Help Search Field Descriptions and Tags,表 3-1-1 为中文注解对照。

表 3-1-1 PubMed 字段说明

字段名称[缩写]	中文说明	字段名称[缩写]	中文说明
Affiliation [AD]	第一著者单位地址	NLM Unique ID [JID]	美国立医学图书馆登记号
All Fields [ALL]	全记录	Other Term [OT]	来源于 NASA 等其他数据库的关键词
Author [AU]	著者	Owner	提供数据的单位
Comment Corrections	评论与勘误	Pagination [PG]	起始页
Corporate Author [CN]	合著者	Personal Name as Subject [PS]	作为主题词的人名
EC/RN Number [RN]	酶学会/化学物质学会[美]登记号	Pharmacological Action MeSH Terms [PA]	药物作用主题词
Entrez Date [EDAT]	数据输入日期	Place of Publication [PL]	出版地(须与国家一起检索,且不包含在全记录和文本检索中)
Filter [FILTER]	全文外部资源	Publication Date [DP]	文献出版日期
First Author Name [1AU]	第一著者姓名	Publication Type [PT]	文献类型
Full Author Name [FAU]	著者姓名全称	Publisher Identifier [AID]	文献识别号
Full Investigator Name [FIR]	调研人全称	Secondary Source ID [SI]	二次文献资源
Grant Number [GR]	资助号	Subset [SB]	子文档
Investigator [IR]	调研者	Substance Name [NM]	化学物质名称
Issue [IP]	期刊期号	Text Words [TW]	文本词
Journal Title [TA]	期刊名	Title [TI]	文献题名
Language [LA]	语种	Title/Abstract [TIAB]	题名与文摘
Last Author [LASTAU]	最后著者	Transliterated Title [TT]	英文翻译题名
MeSH Date [MHDA]	主题词建立日期	UID [PMID] PubMed	数据识别号
MeSH Major Topic [MAJR]	主要主题词	Volume [VI]	期刊卷号
MeSH Subheadings [SH]	医学副主题词		
MeSH Terms [MH]	医学主题词		

2. 检索历史(History) 主要用于存储检索策略和检索结果,并可直接用已有检索式来编制检索策略。方法是勾选检索式前的复选框和逻辑符,将新检索自动输入检索框中即可执行检索。检索历史中最多可存储100条检索式。

(五)检索滤过

系统检出结果后,在侧栏提供滤过(additional filters),主要有文献类型、文摘、全文、出版年份、物种、语种、性别、主题词、期刊类别、年龄、检索字段(图 3-1-3)。

PubMed 的文献类型(点击侧栏 Article type 下的 more),可显示包括期刊论文、病例报告、临床试验、Meta 文献、综述、系统评价、临床指南等一百多种文献类型。

【例1】课题:查找近 5 年发表在临床核心期刊上关于人类 pdgf(血小板衍生因子)的研究文献。

步骤 1:在检索框内输入 pdgf human;点击"Search",完成初步检索。

步骤 2:在检索结果返回界面的侧栏 Publicationdates 中点击 5 years(如要输入具体日

第三章 外文数据库及检索系统

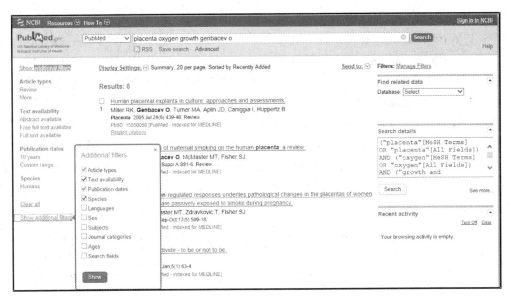

图 3-1-3　PubMed 检索结果及滤过

期,点击 Custome range,按要求输入日期即可)。

步骤 3:点击"Show additional Filters",选勾"Journal categories",点击"show"以后,再点击侧栏中"Journal categories"下面的"Core clinical journals"。

(六) 检索结果处理

1. **显示格式**　选择在"Display settings"旁,有显示格式的下拉菜单,PubMed 文献主要有以下 5 种格式。

(1) Summary(默认网页格式):Author name(著者姓名包括 MEDLINE 显示的所有著者)、Title of the article(文章题名,非英文文献翻译成英文,并用括号)、Source(原文出处,包括期刊刊名缩写、出版年份、卷、期、页)、Additional notations(加注包括原文文种、文献类型、文摘提示)、Tags(文档提示)、Identification number(记录识别号)、Links(相关链接)。

(2) Summary text(文本简要格式):第一著者姓名,题名的前 30 个字符、记录顺序号、相关资源链接。

(3) Abstract(文摘网页格式):分成 2 栏,左栏包括期刊名、年卷期页、文献题名、著者及相关信息(如第一著者在文章发表时的地址、电子邮件地址)文摘、文献类型、勘误、评论;右栏包括全文链接图标(如果有免费全文)、相关资源链接、相关文献前 5 篇列表。PubMed 的相关文献是系统根据题名、文摘、MeSH 词的权重计算得出。

(4) Abstract text(文摘文本格式):以上内容加文摘、MeSH 词表、个人姓名主题词、化学物质名称、资助项目号、PubMed 文献识别号、链接文献原文提供网站、相关资源链接。

(5) MEDLINE 格式:所有字段内容,并有字段标识符。

2. **选择显示记录**　若只需显示某一文献的详细信息,可直接点击论文标题;若要显示若干篇文献,点击每篇论文前的复选框,再选格式即可;若要将全部检索结果(小于 200 篇)显示在同一个网页上,只需在"Display settings"下方的"Items per page"中选择大于检索结果记录数即可。

3. **检索词匹配详细说明(Search Details)**　在检索框中输入检索式,执行检索后,可以点击检出结果右下方中的"Search Details",显示检索词依次在 MeSH 表、刊名表、著者表、文本等匹配和运算的过程。如:输入 stem cell [ti] AND neurosciences,点击"Search Details"显示:stem cell[ti] AND ("neurosciences"[MeSH Terms] OR "neurosciences"[All Fields]),即"stem cell"来源于题名字段,neurosciences 来源于 MeSH 字段和全记录文本字段。

4. 检索结果输出　通过"Send to"进行(图 3-1-4)。其中,Send to file 将所有检索结果以文本形式保存;点击 file,菜单下方展开,显示下载格式和排序选择,(如要使用文献管理软件保存检索结果,选择 MEDLINE 格式保存);剪贴板 Clipboard 用于存储从检索结果中选择的若干条记录,以备集中显示、打印或存盘。最大存储量为 1 000 条记录,在 8 小时后自动消失;Email 可以将检索结果以电子邮件形式进行传输;通过免费注册,还可以进行 My Bibliography 个人文档管理。

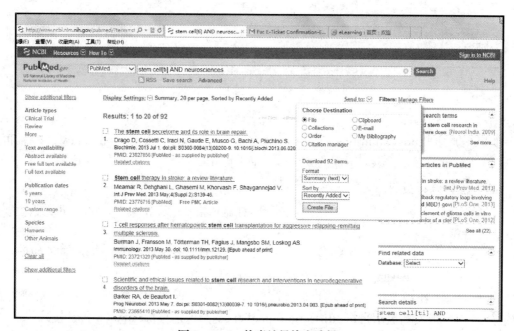

图 3-1-4　检索结果输出选择

5. RSS　检索结果的 RSS 订阅,通过安装网络聚合器可接收最新检索结果,不必再次检索。

6. 检索策略保存

(1) 点击"Search Details"下的"See more",打开详细网页,其中的"URL",可以让检索匹配的详细策略放入检索框,该检索页面可以存储入浏览器收藏夹。以后再进行检索,只需打开收藏夹,进入该网页,直接实施检索即可。

(2) 点击"Send to"旁边的下拉按钮,选中"My Bibliography",用户可以通过免费注册后进入该文档,将检索策略存储在数据库的个人文档中。以后再打开该存储器,便可对其进行检索史回顾、修改,实施参考检索。

(七) 获取原文及相关资源链接

1. 文摘中超链接获取原文　在文摘显示的界面上,可以通过刊名(通常为彩色活动图标)链接电子期刊的网站,部分(如 Science,BMJ,J Neurol 等)能获取该文献的电子全文,这些全文是出版商和 PubMed Central 提供的免费全文。这些全文有的是 HTML 格式,有的是 PDF 格式。

2. PubMed Central(PMC) PMC 是美国国立医学图书馆生命科学期刊文献的免费数字化文档。访问该数据库可不受任何限制获取全文。与 PubMed 相同,PMC 提供了基本检索,用户可以从主题、著者、期刊名检索文献,检索策略同 PubMed;同时,PMC 也提供刊名直接检索、字顺和专业浏览,来获取相关期刊的文献。

3. Linkout 全文外部资源链接详细记录中的"Linkout"链接了 PubMed 的全文电子期刊网站,在有效 IP 地址控制下,如校园网订购了"Linkout"链接的电子期刊,就可以获取这些电子期刊网站的全文(但必须在校园网物理地址范围,或教师及校内有效代理服务器账户的范围内)。

(八) PubMed 其他检索服务

1. MeSH Database(http://www.ncbi.nlm.nih.gov/mesh) MeSH(medical subject headings)是美国国立医学图书馆用于分析主题,从概念出发查找文献,控制检索词统一书写格式的规范化词表。系统将规范主题词按英文字母,分成 16 个大类,再加数字分成细类,如解剖学为 A 类、肌肉骨骼系统为 A2。在 MeSH Database 主页中,提供了 NLM MeSH Homepage 主题词表网站 http://www.nlm.nih.gov/mesh,在该网站中可以浏览主题词表,检索特定主题词的详细信息,如分类号(MeSH categories)、款目词(entry term)、历史注释(history note)等。

如图 3-1-5 中,显示的是 Influenza in Birds 主题词的标引注释,从中可以了解:该主题词有 3 个分类号(tree number):C02.782.620.375(黏病毒类感染),C22.131.450(鸟类疾病类),C22.131.728.450(家禽疾病类),故该主题词隶属 3 个分类,可理解主题词的定义内涵;其标引历史(Previous Indexing)为:1966~1969 年用 Orthomyxovirus Infections, Poultry Diseases 分别查黏病毒类感染和家禽疾病。历史注释表明(year introduced):目前这个规范主题词 Influenza in Birds 于 2006 年建立,括号内的年份(1963)是数据库最早建立禽流感概念的时间。

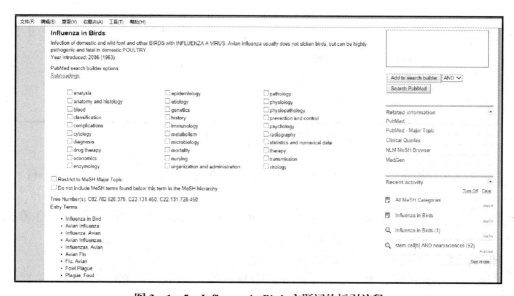

图 3-1-5 Influenza in Birds 主题词的标引注释

MeSH Database 词表每年更新,提供以下功能。

(1) 选择规范化主题词:系统可将输入的关键词自动转换为规范主题词,但转换的前提是,这些关键词必须是系统已存入的医学术语,系统称款目词(entry terms),如"Vitamin C"(维生素 C)是"Ascorbic Acid"(抗坏血酸)的款目词。

(2) 确定主题词词义:系统提供相关主题词的定义及概念注解。

(3) 选择副主题词(subheadings):副主题词是限定主题词研究的专业范围的规范词,2013年一共有 83 个。每个副主题词有特定含义,组配主题词有特定规则,如:Abnormalities 只能与以下各类主题词组配:A1-5,A7-10,A13,A14,A16,A17(躯干、肌肉、骨骼、消化系统、呼吸系统、泌尿系统、心血管、神经、感觉、组织、动物结构、胚胎结构、外皮结构)。abnormalities 副主题词与这些器官主题词组配,表示先天不足导致在器官形态学的变化,也使用在动物的异常变化。详细的副主题词表可见系统 MeSH 中副主题词的链接,中文注解可见中国生物医学文献数据库(CBM)主题词检索(详见第二章第四节)。在 MeSH Database 中执行主题词和副主题词先组检索,可以提高检索的准确率。

(4) 确定主题词分类体系:按照主题概念等级编排成分类等级的 MeSH 词汇树状结构表。例如,Influenza in Birds 请注意它的上位词(概念更宽泛的词),当 PubMed 检索 Poultry Diseases 这个 MeSH 词时,系统将自动进行该词和其下位词 Influenza in Birds 的扩展检索(图3-1-6)。

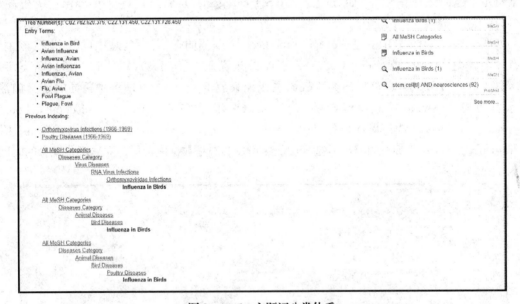

图 3-1-6 主题词分类体系

(5) 修饰主题检索:可对主题词进行加权(主要主题词限定检索 Restrict to MeSH Major Topic);不扩展主题词检索(Do not include MeSH terms found below this term in the MeSHhierarchy),表示仅检索包含 Poultry Diseases 主题词的文献,不扩展其下位词 Influenza in Birds。

【例 2】课题:查找系统性硬皮病的治疗文献。

步骤 1:点击 PubMed 主界面下方其他资源(More Resources)的"MeSH Database"。

步骤 2:在检索框中输入 systemic scleroderma,点击"Search";在接下来的界面中系统显示规范化主题词 Scleroderma, Systemic, 点击该词, 进入详细注释界面。

步骤3: 在详细注释界面中选钩副主题词 diet therapy, drug therapy, prevention and control, rehabilitation, radiotherapy, surgery, therapy。

步骤4: 点击 Add to search builder, 构筑检索式。

步骤5: 修改完善检索式后, 点击"PubMed Search"。

如果有多个主题词,则可重复步骤1至步骤4,并在步骤4后,根据需要可以在检索框中进一步修改、输入检索词。

2. 期刊数据库("Journals in NCBI Databases") 使用期刊数据库,通过在检索框中输入刊名(MEDLINE 缩写或全称)可以获取期刊的相关信息如刊名全称、刊名缩写、ISSN 号等。通过右侧的"PubMed Search Builder"添加刊名可以获得该刊发表的文献。如有 PMC 全文,则可通过 链接获得。通过" Electronic Links",可以与期刊网址链接。

3. 引文匹配器(Citation Matcher) 通过输入文献出处的信息来查找特定的文献。有以下两种方式。①单一引文匹配(Single Citation Matcher):按照检索框的要求输入你所知道的信息,点击"Search"按钮,就可以得到相应的特定文献信息。如投稿遗漏的页码、第二,三著者等。②成组引文匹配(Batch Citation Matcher):可以允许用户一次输入多条检索要求,返回结果为相应文献的 PMID, 但是输入格式有严格要求。例如,在 Single Citation Matcher 中查找以下文献的第二著者:第一著者为 Llovet JM, 出处: Hepatology, 2000, 32(3): 678—80。步骤1: 点击界面左边的"Single Citation Matcher"; 步骤 2: 按界面提示分别填入所知的信息, Journal: hepatology, Author name: Llovet JM, Date: 2000; 步骤 3: 点击 Search 按钮, 可得特定文献, 补充缺失的信息, 如其他著者或单位地址等。

4. 临床咨询(Clinical Queries) 有关循证医学临床方法学的数据库, 系统设置了与临床疾病密切相关的 4 个方面选择: 治疗、诊断、病因和预后。同时, 用户还可选择强调查全率或是查准率(详细介绍见第六章第三节)。

5. 临床试验(Clinical Trials.gov) 世界各国经注册的有人类参与的临床试验研究结果报告数据库, 由美国国立卫生研究院下属的美国国立医学图书馆维护。通过该网站可以查询临床研究报告, 学习研究方法, 递交研究结果, 使用网站的工具和数据。

(九) 检索实例

课题1: 阿司匹林治疗心肌梗死。

课题分析: 此课题有规范主题词, 可直接从"MeSH Database"检索, 但是由于涉及两个概念面, 所以"MeSH Database"要查询 2 次, 即先输入 aspirin, 选择副主题词 therapeutic use, Add to search builder 后, 再在 MeSH 中输入 myocardial infarction 选择副主题词 drug therapy, 第二次 Add to search builder, 确定两个检索式的关系 AND(逻辑"与"), 然后点击 Search PubMed 执行检索(图 3-1-7)。

此例也可以分别检索, 分别得出结果后, 在"History"中编辑前二次检索式形成检索式: aspirin/therapeutic use AND myocardial infarction/drug therapy, 点击高级检索中的"Search", 执行检索(图 3-1-8)。

课题2: 肾盂肿瘤的放射诊断。

课题分析, MeSH 主题词表中只有肾盂、肾肿瘤的规范主题词, 没有肾盂肿瘤的先组词, 而要组配精确限定副主题词放射诊断,必须用先组主题词,该检索策略为:肾盂 AND 肾肿瘤/放射诊断(Kidney Pelvis AND Kidney Neoplasms/radiography),检索步骤同前几例。

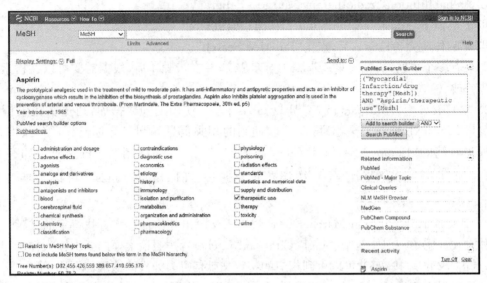

图 3-1-7　Add to Search Builder 和 Search PubMed 执行检索

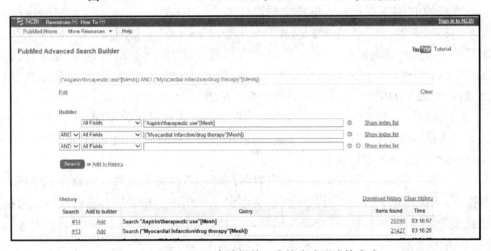

图 3-1-8　History 中编辑前二次检索式形成检索式

习题

1. 请简述 MEDLINE 数据库主要收录的专业范围。

2. 请简述 PubMed 数据库文献种类。

3. 查找关于肝移植伦理"the ethic of liver transplantation"的文献,看检索词匹配的过程,显示所有记录在一个网页,选择记录加入剪贴板,并以 MEDLINE 的格式保存以备在 NoteExpress 中导入。

4. 查找关于 PKU(Phenylalanine Hydroxylase Deficiency)的英语全文文献,检索年限为 2 年,找到全文及其相关文献。

5. 查找胎儿期接触(prenatal exposure)流行性感冒(influenza)导致精神分裂症(schizophrenia)的文献。

6. 检索刊登在 American Journal of Hematology(Am J Hematol)上，2013 年由 Goodman MT 撰写的文献合著者。

(李晓玲)

二、OvidSP 检索系统

(一) OvidSP 系统简介

OVID 技术公司(OVID Technologies, Inc.)创建于 1984 年，是世界知名的数据库服务商。OvidSP 是其建立的检索平台，提供 300 多种人文、社科、科技方面数据库，其中生物医学数据库约 80 种。复旦大学订购了以下数据库。

- OVID 医学电子书库(Books@Ovid)：收录 Lippincott Williams & Wilkins, McGraw Hill, Oxford 等出版社的内科、外科、肿瘤、妇产科等各类英文医学权威图书 1 000 多种，可进行检索、浏览，参考文献可链接到复旦大学图书馆订购的电子期刊全文。

- OVID 电子期刊全文数据库(Journals@Ovid 和 Fudan University-Full Text Journal)：收录了 Lippincott Williams & Wilkins, 美国医学会(American Medical Association)等 50 多家出版商和协会出版的 3 000 余种科技及医学期刊的全文，其中在 Fudan University-Full Text Journal 中全部为复旦大学订购全文的期刊，有 600 多种。

- 荷兰医学文摘数据库(Embase)：世界上最有影响的大型医学文摘数据库之一，因在荷兰出版，又名荷兰医学文摘。由 1946 年在阿姆斯特丹建立的一个国际性非营利机构医学文摘基金会(The Excerpta Medica Foundation)编辑出版，1947 年创刊。现由爱思唯尔科学出版社编辑出版，收录文献来源于 90 多个国家，7 500 多种同行评审的期刊。

- JBI 循证护理数据：循证护理中心(Joanna Briggs Institute, JBI)1997 年在澳大利亚成立，是目前全球最大的循证护理中心，专注于护理证据研究。该数据库收录了有关循证护理的评价、刊物和证据等资料。

- 解剖学与生理学教科书(Anatomy & Physiology Online, APO)：APO 解剖学与生理学教科书，提供直观的三维图像和大量视频。全书由 19 个模块组成，每个模块的内容都包含以下几部分结构：①清晰的 3D 视频画面；②全面的文字解读；③临床案例分析；④学习目标与试题集。

- 三维局部解剖学数据库(Primal Pictures 3D)：Primal Pictures 解剖学数据库提供最全面的解剖学信息。使用简单且生动准确的多媒体学习工具；聚焦人体具体部位，可从任意角度观察解剖模型；是教学、学习和临床实践的有益补充；提供一种替代实体解剖的教学与学习方式，方便使用。

- 全球医学存档数据库(Global Health Archive)：收集了 the Public Health and Tropical Medicine (PHTM)数据库和 CAB ABSTRACTS 文摘库中人类健康与疾病部分的回溯文档，收录年份为 1910～1972 年。

- 循证医学综述数据库(All EBM Reviews-Cochrane DSR, ACP Journal Club, DARE, CCTR, CMR, HTA, and NHSEED)：由医药界人士及医学相关研究人员研发的一套数据

库,收录了临床循证的基础资料。循证医学文献作为临床决策、研究的基础,供临床医生、研究者使用,可节省阅读大量医学文献报告的时间。除总库 All EBM Reviews 外,可分别检索 7 个子数据库和一个全文库(详见第六章第三节循证医学证据检索)。

● 美国《生物学文摘》数据库(BIOSIS Previews,BP):生命科学领域最重要的文摘数据库之一,完整收录生物学和生物化学领域的研究文献,包括植物学、动物学、微生物学等传统生物学范畴,也包括实验、临床和兽医、生物技术、环境研究、农业等研究领域,并涉及生物化学、生物物理学、生物工程等交叉学科。文献来自 6 500 多种期刊的研究论文、会议论文、综述、技术信件和注释、会议报告、软件和图书等。

● 医学文摘数据库(MEDLINE):收录了所有的 MEDLINE 数据,包括正在规范化处理中的最新文献和非 MEDLINE 收录的相关期刊的文献。OVID 将这些文献划分为 4 个子数据库:1946 - present;1996 - present;In-process & Other Non-indexed Citations(处理中的最新文献和其他未标引文献);1946~1965。

(二) OvidSP 系统 MEDLINE 数据库的记录字段说明

具体见表 3 - 1 - 2。

表 3 - 1 - 2　OvidSP 系统 MEDLINE 数据库记录字段名列表

字段名(缩写)	字段说明	字段名(缩写)	字段说明
Abbreviated Source (AS)	简要的出处	Investigator (IR)	NASA 基金负责人姓名
Abstract (AB)	摘要	Investigator Affiliation (IA)	基金负责人单位
All Searchable Fields (AF)	所有可检字段	ISSN Electronic (ES)	电子版 ISSN 号
Authors (AU)	作者	ISSN Print (IS)	印刷版 ISSN 号
Authors Full Name (FA)	作者全名	Issue/Part (IP)	期号/部分号
Author Last Name (AX)	作者姓	Journal Name (JN, JT)	期刊名全称
CAS Registry Number/EC Number/Name of Substance (RN, NM)	CA 化学物质登记号/国际酶学委员会编号	Journal Subset (SB)	期刊子专题集
		Journal Word (JW)	期刊名单词
		Keyword Heading (KW)	关键词
Comments (CM)	评论/被评论	Keyword Heading Word (KF)	关键词单词
Country of Publication (CP)	出版国		
Date of Publication (DP)	出版日期	Language (LG, LA)	语种
Electronic Date of Publication (EP)	电子出版日期	MeSH Subject Heading (SH, DE, CT, SW)	医学主题词
Entry Date (ED)	入库日期	Name of Substance Word (NM)	化学物质名单词
Exploded MeSH Heading (XM)	扩展下位主题词		
		NLM Journal Code (JC)	期刊 NLM 代号
Exploded Subheading (XS)	扩展副主题词	NLM Journal Name (NJ)	期刊名全称
Floating Subheading (FS)	副主题词缩写和全称	NLM Journal Word (NW)	期刊名单词
Gene Symbol (GS)	基因符号	Original Title (OT)	文献原题名
Gene Symbol Word (GW)	基因符号单词	Other Abstract (OA)	其他摘要
General Note (NT)	文献相关注释	Page (PG)	文章总页数
Grant Number (NO)	基金号	Personal Name as Subject (PN)	文章中提及的知名人士姓名
Institution (IN)	第一作者/基金负责人单位	Primary Author (PA)	第一作者

续 表

字段名(缩写)	字段说明	字段名(缩写)	字段说明
Publishing Model (PI)	出版方式	Source (SO)	文献出处
Publication Type (PT)	文献类型	Text Word (TW)	所有文本单词字段
Publisher (PB)	出版者	Title (TI)	文献英文题名
Record Owner (RO)	记录制作机构	Unique Identifier (UI, AN)	记录标识号
Revision Date (RD)	修订日期	Update Date (UP)	更新日期
Secondary Source ID (MS)	来源数据库记录号	Volume (VO)	卷号
Space Flight Mission (SM)	航空飞行任务	Year of Publication (YR)	出版年
Subject Heading Word (HW, ME)	主题词单词		

(三) OvidSP 系统的检索技术

1. 逻辑检索　系统提供 AND、OR、NOT 3 种逻辑运算符。

2. 字段检索　系统允许在指定字段中检索，限定符为". 字段名缩写"。例：adiponectin. ti（检索题名中出现 adiponectin 的文献）；又如：adiponectin. ti, nm（检索题名和物质名称字段出现 adiponectin 的文献）。

3. 短语检索　输入多个单词以空格分隔，系统默认为词组检索。如果输入的短语中含有禁用词（如：and, or, not, . ti 等），必须用半角的双引号括起短语（例如："acute and chronic low back pain"），否则系统将把 and 作为逻辑运算符处理。

4. 特殊字符检索　用半角的双引号(")括起特殊字符串。例如："3". vo（检索卷号为 3 的文献）；又如："50＋/－21"。

5. 邻近检索　系统提供的邻近算符为 ADJn,两个检索词之间允许插入的单词数为 n 个之内，且检索词词序可互换。例：physician adj3 relationship 可以检出 physician patient relationship, patientphysician relationship, relationship of the physician to the patient 等多种表达形式。

6. 截词符/通配符检索　系统提供一种截词符（$）和两种通配符（#，?）。

(1) 无限截词符 $ 用于单词词尾，替代任意多个字符（例：radiolog$）。有限截词符 $n 用于单词词尾，可替代 n 个字符（例如：dog$1）。

(2) 强制通配符 # 可用于单词的词中或词尾，替代一个字符，并且此位置必须出现字符（例：wom#n）。可选通配符"?"可用于单词的词中或词尾，替代一个字符，此位置可以出现或不出现字符（例如：colo? r）。

7. 词频限制　系统允许限定检索词在指定字段中的出现的次数（即频率），限定方法为"检索词. 字段名缩写. /freq=n"。例如：blood. ti. /freq=3 可检出篇名中 blood 至少出现 3 次的文献，检出文献如"Simian blood groups three "new" blood factors of chimpanzee blood"。

(四) OvidSP 系统的进入

该系统用 IP 地址控制访问权限，在校园网范围内可以使用，在宿舍需设置免费代理。

进入数据库后首先显示的是数据库选择界面，可选择单个数据库检索，也可以同时选择多个数据库进行跨库检索。进入系统后，如果长时间不做任何操作，会自动下线，此时需重新登录检索。

(五) OvidSP 系统 MEDLINE 的检索主界面

OvidSP 系统 MEDLINE 的检索主界面可分为 5 个区域(图 3-1-9)。导航条区域主要提供以下功能：

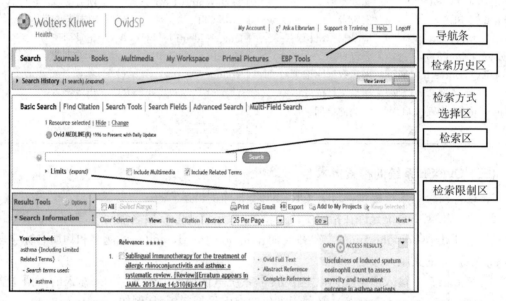

图 3-1-9 OvidSP 系统 MEDLINE 的检索主界面

(1) Support & Training(用户支持与培训)。

(2) Ask a Librarian(馆员咨询)：以电邮的方式与图书馆员联系。

(3) My Account(我的账号)

(4) Help(使用帮助)：可按需查找所需的帮助内容。

(5) Logoff(登出)：登出 OvidSP 系统。

(6) Change Database(更改检索数据库)：从当前数据库转到其他数据库检索，在选择完新的数据库后，OVID 会要求您选择是否要在新的数据库中执行原数据库中运行的相同检索策略，具体有以下三个选项："Open & Re-Excute"进入新数据库并执行原检索策略；"Open & Clear"进入新数据库并清除原检索策略；"Return to Session"回到原数据库。

(7) My Workspace(我的工作空间)：提供保存检索式功能，以便下次登录时再次检索，用户还可在此设置定期提醒，系统会定期将最新检出的文献自动发送至用户输入的电邮中。

(六) OvidSP 系统 MEDLINE 的检索方式

1. Basic Search(初级检索) 初级检索是系统默认的检索方式，提供自然语言输入检索，只允许输入检索词或短语，不能输入逻辑运算符。在此状态下输入的 and、or、not 都将被作为文本检索，而不是逻辑算符。在检索框下方提供"Include Multimedia"(包含多媒体资料)、"Include Related Terms"(自动扩检相关检索词)两个选项。点击"Limits"可以进行检索限制选择。

【例】检索 2008~2013 年有关如何治疗儿童肥胖的全文文献。

OvidSP 系统 MEDLINE1996-present 数据库→在检索框内输入 how to treatment for childhood obesity→点击 Limits 链接→勾选 Full Text→选取起止年份 2008~2013→点击"Search"。

2. Find Citation(特定文献查询) 用于已知文献的某项特征(篇名、著者姓名、刊名、卷期页、出版年等),检索该文献的详细信息。检索时刊名必须输入全称,如拼写不全可输入刊名起首部分,使用"Truncate Name"进行截词检索;著者输入必须姓全称在前,名首字母在后,也可选择"Truncate Name"进行截词检索。

3. Search Tools(检索工具) 用于查找 Map Term(自由词的规范化主题词形式)、Tree(规范化主题词的树形结构图)、Permuted Index(款目词的轮排索引)、Scope Note(规范化主题词的定义、注释、历史变更、适用范围)、Explode(主题词扩展下位词检索)、Subheadings(主题词对应的副主题词)。

4. Search Fields(字段检索) 用于选择指定字段中检索,输入检索词后选择单个或多个字段,点击"Search"直接显示在所选字段中的检索结果,也可以点击"Display Indexes"显示检索词在选中字段索引词表中的位置,然后在词表中选择所需检索词,再执行检索。

5. Advanced Search(高级检索) 提供关键词、著者、篇名、刊名等字段的检索,可以输入检索词或带有运算符的检索式,并可自动匹配规范化主题词检索,功能比较强大。

(1) Keywords(关键词检索):可以输入含逻辑运算符的检索式,系统直接执行检索,如果不作字段限定,系统将在默认字段 mp (title, abstract, original title, name of substance word, subject heading word, keyword heading word, protocol supplementary concept, rare disease supplementary concept, unique identifier)中检索。当输入检索词(单词或词组)时,默认在医学主题词表中匹配规范化的主题词(Map Term to Subject Heading)。如果不勾选 Map Term to Subject Heading,将作为自由词在默认字段检索。当选择 Map Term to Subject Heading 时,系统会提示与输入的检索词对应的(或相关的)主题词(图 3-1-10),用户可以勾选合适的主题词,并选择是否 Explode(扩展下位词),是否进行 Focus(加权检索),点击"Continue"可继续选择副主题词,如果同时勾选多个副主题词可以选择副主题词之间的逻辑关系(OR/AND),最后点击副主题词列表上方的"Continue",即可完成检索。点击匹配到的主题词链接(图 3-1-10 中 renal insufficiency 链接),可以浏览该主题词树形结构表中的上、下位词和同位词(图 3-1-11),凡是有下位词的主题词前面都有[+]标记,点击该标记可以浏览该主题词的下位词,下位词都缩进排列。用户可以根据需要选择检索词和是否扩展、加权检索,然后点击"Continue"后选取副主题词再执行检索。

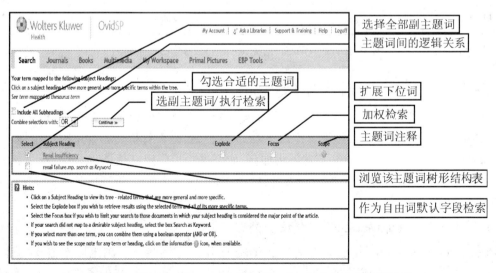

图 3-1-10 Map Term to Subject Heading 后的命中主题词显示

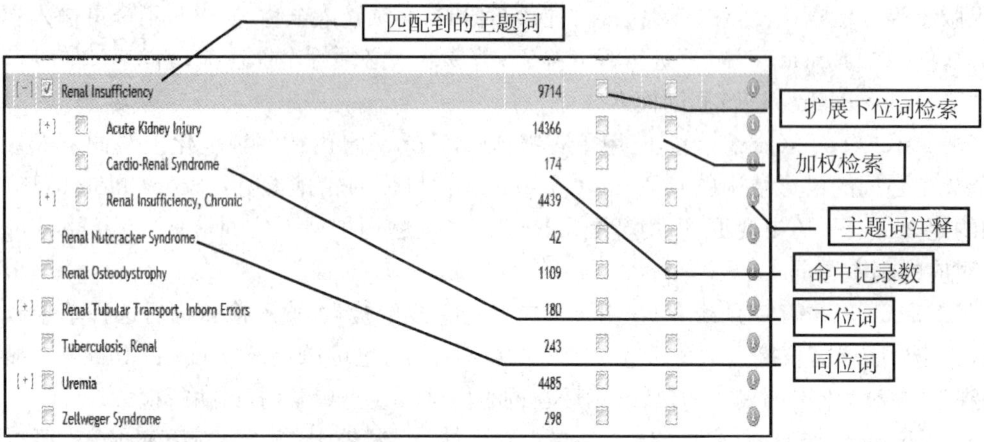

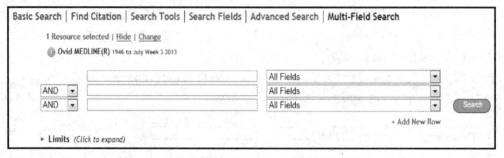

图 3-1-11　OvidSP 系统 MEDLINE 医学主题词树形结构表

(2) Author(著者检索)：检索框可以输入完整的著者姓名，姓全称在前，名首字母在后，例如：miller am；也可以只输入著者的姓，然后点击"Search"，在系统显示的著者姓名索引中勾选需检索的著者，再执行检索。

(3) Title(题名检索)：仅在文献题名中检索，可以输入检索词或检索式。

(4) Journal(期刊检索)：可以输入完整的刊名全称，注意不能输入刊名缩写。也可以输入刊名全称起始部分的单词，然后点击"Search"，在系统显示的刊名索引中勾选所需期刊，再执行检索，即可检出发表在该刊上的文献。

6. Multi-Field search(多字段检索)　允许同时在多个字段中输入检索词查询(图 3-1-12)。

图 3-1-12　OvidSP 系统 MEDLINE 多字段检索界面

(七) OvidSP 系统 MEDLINE 的检索限制

在 OvidSP 系统的 Basic Search 和 Advanced Ovid Search 界面中有 Limits(检索限制)区域，点击 Limits 链接后可以直接设定检索年限、文献类型、是否有全文等常用限制条件。在检索结果显示后，"Additional Limits"选项将加亮，如需进一步限定其他条件，可以点击该按钮，选定所需限定的检索式编号后，在"limits"区域中作相应选择即可。选项内容与 PubMed 基本相同，不再赘述。

(八) OvidSP 系统 MEDLINE 的检索史处理

在 Search History(检索史)区域，点击 Search History 链接可以浏览历次输入的检索式(Searchs)、对应的命中文献数(Results)、检索方式(Search Type)，点击操作区域(Action)的

DISPLAY,可以浏览检索结果,点击该区域的"More"链接,可进行删除(Delete)、保存(Save)、定题跟踪(Auto-Alert)、RSS 聚合(RSS Feed)。系统默认只显示最近 4 次检索式,以前的检索式可以点击右侧的"Expand"浏览。点击"View Saved"按钮可以浏览已保存的检索史。除此以外,系统还提供以下几种对检索史的操作。

1. Remove Selected(删除选中的检索式)　点选要删除的检索式后,点击"Remove Selected"即可。

2. Combine Selections With(组配选中的检索式)　点选需组配的检索式后,点击组配用的逻辑运算符"And"或"Or",即可获得组配的结果。如果要进行 Not 组配,则需在 Advanced Search 界面的检索框内输入检索式编号,如:2 not 3。

3. RSS(聚合检索结果)　OvidSP 提供了对检索史的 RSS 聚合功能,用户需在线免费注册个人账户,登录后可以将需要定期提醒最新文献的检索史设为 RSS,然后在用户的网络资源聚合器中可以添加该检索史,用户就可以在聚合器中接收最新的相关文献。点击"RSS"按钮,在弹出的对话框内输入聚合的检索策略 Name(名称)、Comment(注释),可以使用 Default Options(默认设置),也可以取消该默认设置前的"√",点击 Save 按钮,输入个人账号和密码后,可以进入设置界面。如果尚未注册个人账号,则需点击导航条上的 My Account 链接,再点击 Create a new Personal Account,完成注册后方可使用。在设置界面中选择 Schedule Options(定期提醒的频率)、Deduping Options(终止提醒的时间),然后点击"Save"按钮保存设置。在完成设置后,点击红色文本框中"... the RSS feed URL is here"中的"here"链接,在显示 XML 网页后,在网页浏览器中订阅该源就完成了检索结果的 RSS 订阅。

4. Save Search History(保存检索史)　点击"Save Search History"按钮可以保存检索历史,输入个人账号和密码后,可以命名检索历史、输入注释,并在 Type 下拉菜单中有 4 种保存方式可供选择:Temporary(24 小时临时保存)、Permanent(永久保存)、AutoAlert(定期提醒)、My Projects(我的项目)。如果选择 AutoAlert 系统会自动将最新命中文献发送到用户的 E-mail 信箱中,需进一步选择定期提醒的频率、终止提醒的时间、是否以 E-mail 附件形式发送最新文献、记录包含的字段和排序方式等选项,设置完毕后点击"Save"保存设置,系统就会按照用户设置的时间定期把最新相关文献发送到用户注册的 E-mail 信箱中。下次进入 MEDLINE 数据库后,如需调用已保存的检索式或修改定期提醒设置时,可点击 Search History 区域右侧的 View Saved 按钮,登录后即可运行、修改或删除已保存检索的检索式或定期提醒。

(九) OvidSP 系统 MEDLINE 的检索结果输出

1. 检索结果的显示　执行检索后在检索界面的下方将显示命中文献的简要信息,系统默认按相关度排序(图 3-1-13)。在显示区上方"View"区域可选择 Title、Citation、Abstract 3 种显示格式,以及每页显示记录数。在显示区左侧 Results Tools 区域包含以下功能。

(1) "Search Information"区域:"You searched"部分显示用于检索的检索词,"Search Returned"部分显示检出文献数,"Sort By"部分可选择排序方式。

(2) "Filter By"区域:为检索结果精炼,可以从 Years(出版年)、Subject(主题)、Author(作者)、Journal(刊名)、Publication Type(文献类型)等角度筛选检索结果。

(3) "My Project"区域:用个人账号登录后,可新建课题相关的项目,用以存放该课题的检索式、检出文献、Auto Alert、多媒体信息等所有检索相关的内容。用户可以把结果显示页中的记录添加到"My Project"中。

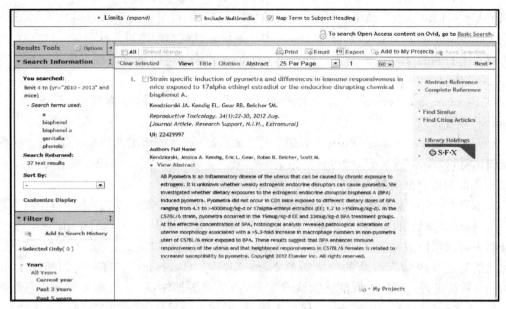

图 3-1-13　OvidSP 系统的检索结果显示

（4）JBI EPP Tools 区域：用个人账号登录后，可方便地将结果中所选内容插入 JBI 循证医学工具中。

在每条记录的右侧列出了其他信息的显示链接，包括 Abstract（摘要）、Complete Reference（完整记录）、Full Text（其他全文数据库中的全文）、OVID Full Tex（OVID 电子期刊的全文）、EBM Article Review（循证医学综述全文）、Library Holding（图书馆馆藏信息）、Find Similar（查找相似文献）、Find Citing Articles（查找施引文献）、SFX（全文搜索）。

2. 文献全文的输出　通过 Full Text、OVID Full Tex、EBM Article Review 可以链出我馆订购的全文，由于涉及版权保护，所以全文的保存/打印/E-mail 只能在全文显示后单篇文献输出，不能批量保存全文。

3. 检索结果输出　在显示区的最上方，可选择输出范围，4 种输出方式：Print、Email、Export、Add to My Projects。如果要输出到文献管理软件，应选择 Export 方式，在"Export to"下拉菜单中选择相应的文献管理软件。如果是导出到 NoteExpress，可以选择 RIS 格式导出，然后在 NoteExpress 中导入时选 RIS 过滤器即可。

（十）OvidSP 系统 MEDLINE 的检索实例

检索 2010～2013 年发表的"双酚 A（bisphenol a）对生殖系统（genitalia）毒性（toxicity）的小鼠实验研究"相关文献。

（1）选择 OvidSP 的 MEDLINE（1996-prensent）数据库→点击 Advanced Ovid Search 检索方式输入→genitalia→勾选 Map Term to Subject Heading→勾选 Explode→勾选 Include All Subheadings→点击"Continue"，检索出有关生殖系统研究的文献。

（2）输入 bisphenol a→勾选 Map Term to Subject Heading→未匹配到对应的主题词，但可以选择双酚 A 的上位词 phenols→勾选 Explode→点击"Continue"→选择副主题词 toxicity→点击"Continue"，检索出有关酚类毒性研究的文献。

（3）输入 bisphenol a. rn→点击"Search"，检索出化学物质名称字段中含有 bisphenol a，

即研究双酚 A 的文献。

（4）选中检索式 1-3，点击逻辑关系"And"。

（5）点击 Limits 区域的"Additional Limits"→选择起止年 2010～2013→选择动物类型 mice(小鼠)→点击"Limit A Search"完成检索，得到最终检索结果（图 3-1-14）。

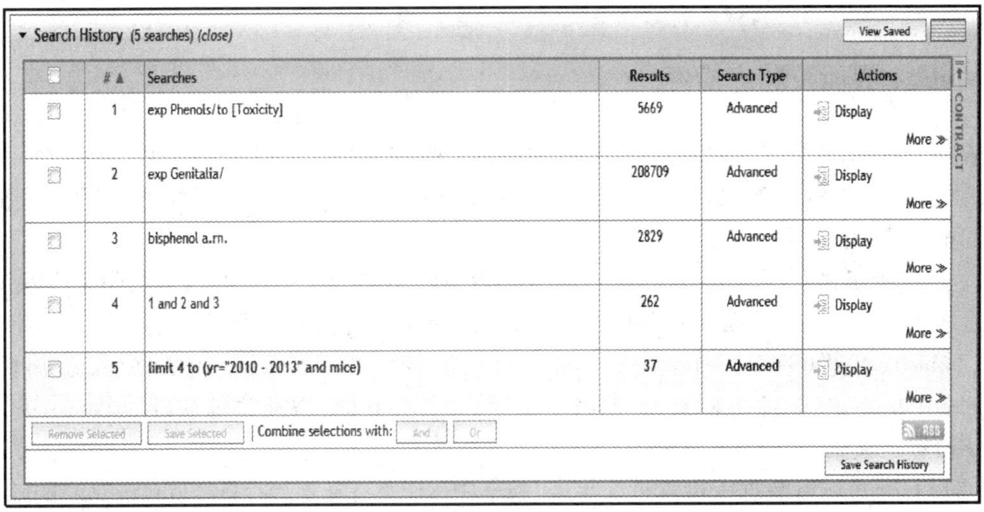

图 3-1-14 "双酚 A 对生殖系统毒性的小鼠实验研究"的检索历史

习题

1. 请利用 OvidSP 系统 MEDLINE 的 Search Tools 查找 renal failure 的规范化主题词形式，写出它的下位词，如果要检索 2008 年的文献，主题词是什么？

2. 请利用 OvidSP 系统 MEDLINE 数据库检索 2004～2013 年来舌根肿瘤治疗进展的文献，并请设置每月定期提醒最新检出文献。（提示：舌根的英文表达形式有 tongue base，base of the tongue 等；肿瘤有 cancer，tumor，lymphoma，carcinoma 等；请使用上位主题词结合自由词检索。）

3. 请利用 OvidSP 系统 MEDLINE 数据库检索 2008～2013 年发表的脑卒中（stroke）患者手术（surgery）治疗预后（prognosis）研究的文献。

（王宇芳）

第二节 美国学术知识检索系统 Web of Knowledge

美国学术知识检索系统 Web of Knowledge 简称 WoK，是由 Thomson Reuters 提供的学术知识检索系统，是供研究人员进行文献检索、数据分析、信息管理不可缺少的核心数据库检索平台。WoK 系统中整合的书目数据库有 Web of Science、BIOSIS Previews、Current Contents Connect、Derwent Innovations Index、MEDLINE、INSPEC、CAB Abstracts、

Chinese Science Citation Database、Food Science Technology Abstracts、Zoological Record 等,数值型数据库有 Journal Citation Reports(期刊引用报告)和 Essential Science Indicators (基本科学指标),另外提供一部分 ISI 外部资源链接。WoK 的功能齐全,具有跨库检索、单库检索、引文检索、定题跟踪、引文跟踪、创建引文报告、分析检索结果、精炼检索结果、期刊定制、个人文献信息库管理、期刊影响因子查询等功能。

一、WoK 主界面及跨库检索

WoK 主界面有"所有数据库"(All Databases,即跨库检索)、"选择一个数据库"(Select a Database)和"其他资源"(Additional Resources)3 个入口,页面下方有"简体中文"和"English"等界面解释语种的切换。

1. 所有数据库　所有数据库检索是 WoK 默认检索界面(图 3-2-1),供同时检索 WoK 中多个子数据库。在所有数据库检索页面上,检索提问框右侧的字段下拉菜单提供的字段有主题(Topic)、标题(Title)、作者(Author)、出版物名称(Publication Name)、出版年(Year Published)等选项。选主题检索,是同时对文献标题、关键词、增补关键词(KeyWords Plus)、文摘字段进行检索。

【例1】通过所有数据库检索近5年来"脑卒中(stroke)康复治疗(rehabilitation)的随机对照试验(randomized controlled trial,RCT)"方面的文献。检索步骤如下:进入 WoK 主页→在所有数据库页面的检索提问框内分别输入 stroke、rehabilitation、"randomized controlled trial" OR RCT,stroke 和 rehabilitation 后的字段选标题,"randomized controlled trial" OR RCT 后的字段选主题,布尔算符选 AND,时间跨度下拉菜单中选最近五年(Latest 5 years)(图 3-2-1),点击"检索"(Search)→检索得到 100 多篇文献→点击文献标题,得到文摘(图 3-2-2)。

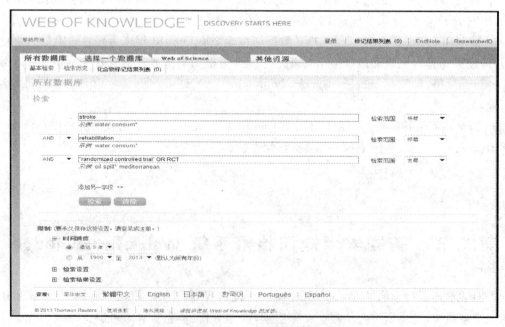

图 3-2-1　WoK 的所有数据库检索页面

图 3-2-2　WoK 的文摘页面

图 3-2-2 中,通过"施引文献列表"(Times Cited)后的数字可链接到引用文献一览。通过"引用的参考文献"(Cited References)旁的数字链接可得到该文献的参考文献一览。凡是被 JCR 收录的期刊,可以通过点击"查看期刊的 impact factor"直接得到该期刊近年来的影响因子。

2. 选择一个数据库　通过"选择一个数据库"链接进入,得到用户所在机构订购的数据库链接一览,继续点击进入 WoK 的子数据库。因受订购经费限制和学科需要,不同机构用户访问子数据库的权限会有所不同。例如,2013 年复旦大学师生可用数据库有 Web of Science、Current Contents Connect、Derwent Innovations Index、BIOSIS Previews、MEDLINE、Journal Citation Reports、Essential Science Indicators。

3. 其他资源　其他资源分为"分析工具"和"网站"两个部分。分析工具中,Journal Citation Reports(JCR)是查期刊影响因子等数据的数值数据库(详见本节第七部分),Essential Science Indicators(ESI)是衡量科研绩效的分析评价工具,主要从引文分析角度对国家、机构、期刊、科学家、论文进行统计和排序(详见本节第八部分)。"网站"中的 Biology Browser 是生物学浏览器,Index to Organism Names 是有机体名称索引,Science Watch 中可见运用科学计量和分析手段每周筛选得到的科学研究前沿热点文章和创新文献。

二、Web of Science

Web of Science 收录学术期刊和会议文献,提供文摘、引文、化学结构、化学反应的检索。

1. 历史及其发展　20 世纪 50 年代,美国情报学家加菲尔德(E. Garfield)提出编制引文索引的设想。经过几年的努力,由他主办的科学情报研究所(Institute for Scientific Information,ISI)于 1961 年创办了印刷版 Science Citation Index(科学引文索引,SCI),以后又相继出版了 Social Sciences Citation Index(社会科学引文索引,SSCI)和 Arts & Humanities Citation Index(艺术与人文科学引文索引,A&HCI)。引文索引的问世为文献检索提供了一条新颖独特的检索途径,也为文献学术评价和期刊质量评价提供了定量指标。

1988年ISI推出SCI光盘版,收录期刊3 800余种。1997年又推出SCI网络版,收录期刊增加2 000种,达5 800余种,取名SCI Expanded(SCIE),并与SSCI和A&HCI集成于Web of Science中。2001年ISI推出新一代学术信息资源整合平台Web of Knowledge,将Web of Science、ISI Proceedings、BIOSIS Previews、Current Contents Connect、Derwent Innovations Index、MEDLINE、INSPEC、Journal Citation Reports等整合于同一平台,力求让用户获得更全面的文献信息。

因具有引文检索功能和注重收录期刊的质量,Web of Science的权威性渐渐受到学术界的认可。目前,国内外一致把被Web of Science收录的期刊看作核心期刊,认定被其收录的论文具有一定学术水平。

2. Web of Science的构成　Web of Science由以下7个子数据库构成。

(1) Science Citation Index Expanded (SCI-Expanded):"科学引文索引扩展版"收录科技期刊8 000余种,其中包括我国科技期刊150余种,来源文献最早可回溯到1899年。涵盖的学科有农业、天文学、地球科学、生物化学、生物学、生物技术、化学、计算机科学、材料学、数学、医学、精神病学、肿瘤学、药理学、物理学、植物学、精神病学、外科学、兽医学和动物学等。

(2) Social Sciences Citation Index (SSCI):"社会科学引文索引"收录2 600余种社会科学期刊(其中包括我国社科期刊9种),选择性收录科技期刊3 300余种,收录来源文献1898年至今。涵盖的学科有人类学、历史、工业关系、情报学和图书馆学、法学、语言学、哲学、心理学、精神病学、政治学、公共卫生、社会问题、社会工作、社会学、药物滥用、城市研究和妇女研究等。

(3) Arts & Humanities Citation Index (A&HCI):"艺术与人文科学引文索引"收录1 400余种艺术与人文科学期刊,选择性收录科技和社会科学期刊6 800余种,收录来源文献1975年至今。涵盖的学科有考古学、建筑学、艺术、亚洲研究、古典作品、舞蹈、民间传说、历史、语言、语言学、文学评论、文学、音乐、哲学、诗歌、广播影视、宗教和戏剧等。

(4) Conference Proceedings Citation Index-Science(CPCI-S):"科学会议录引文索引"收录1990年以来的自然科学方面的会议文献。

(5) Conference Proceedings Citation Index-Social Sciences & Humanities (CPCI-SSH):"社会科学与人文科学会议录引文索引"收录1990年以来的社会科学与人文科学方面的会议文献。

(6) Current Chemical Reactions (CCR):CCR提供了从1985年至今的90万个化学反应,月更新3 000多条记录。CCR中的数据来源于39个权威出版机构的一流期刊和专利文献中的单步和多步的新合成方法。每一种方法都提供了完整的化学反应过程,同时伴有详细精确的图形来表示每个化学反应的步骤。该数据库同时收录14万条来自享有极高声望的国家研究所de la Propriete Industrielle的化学反应记录,最早的数据可回溯至18世纪。

(7) Index Chemicus (IC):IC收录1993年以来国际一流期刊上报道的新的有机化合物的化学结构与评论数据,其中许多记录展示了从最初的原料到最终产品的整个化学反应过程。IC是揭示生物活性化合物和天然产品最新信息的重要信息源。IC含记录260余万条,每周更新化合物3 500余种。

Current Chemical Reactions和Index Chemicus这两个化学数据库均属事实性数据库,检

索途径有化学结构、化合物名称、化学反应名称、关键词、著者等。

3. Web of Science 的检索 Web of Science 的检索有基本检索(Search)、作者检索(Author Search)、被引参考文献检索(Cited Reference Search)、化学结构检索(Structure Search)和高级检索(Advanced Search)。检索操作前,可先选文献的时间范围和 Web of Science 子数据库。

(1) 基本检索:基本检索是 Web of Science 的默认检索页面,提供的检索字段有主题、标题、作者、团体作者(Group Author)、出版物名称、出版年、地址(Address)、语种(Language)、文献类型(Document Type)等。

【例2】查 2003 年以来"禽流感研究"的英文综述文献。在图 3-2-3 的第一个检索提问框内输入"avian influenza" or "bird * flu",检索范围选标题;第二个提问框后检索范围选语种,提问框内选 English;第三个提问框后检索范围选文献类型,提问框内选 review。运算符都选 AND,时间跨度从 2003 至 2013,点击"检索",检索得到 120 多篇文献。

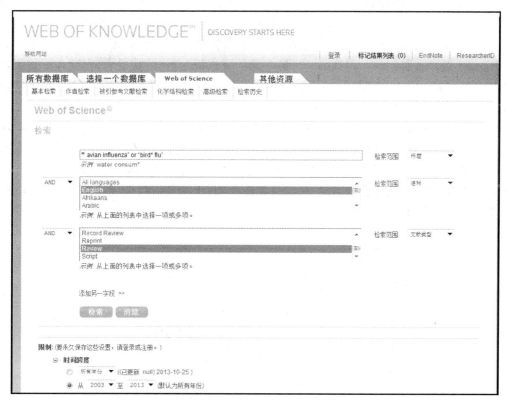

图 3-2-3 Web of Science 的基本检索页面

主题和标题是最常用的检索字段。由于 Web of Science 不设主题词,用主题和标题检索时要考虑同义词情况。本例中的 avian influenza 和 bird flu 是同义词,都表示禽流感,所以用运算符"or"连接;bird 后用截词符,表示出现"birds flu"的文献也要。为了查全,还可以用 H5N1、H7N9 等特定禽流感病毒作为检索词参与检索,用逻辑或"or"链接。

(2) 作者检索:这里的作者检索是一种作者甄别检索,它通过对学科和机构的进一步选择,来区别同名同姓不同人发表的文献。

【例3】查复旦大学医学院闻玉梅院士的文献。检索步骤是:进入作者检索→在姓(必填)框内输入 wen,在首字母框内输入名首字母 ym,点击选择研究领域→研究领域选 LIFESCIENCES BIOMEDICINE,点击选择组织→选 FUDAN UNIVERSITY 和 SHANGHAI 1ST MED COLL,点击完成检索→检索得到闻玉梅署名的 90 多篇文献。

(3) 被引参考文献检索:通过被引用文献检索到引用文献。Web of Science 被引参考文献检索的默认页面是:第一行检索提问框默认是被引文献作者,第二行是被引文献著作(即被引文献所在的书刊名),第三行是被引年份。以上三者可单独一项检索,也可以同时进行两项、三项"逻辑与"检索。检索范围下拉菜单中还有 4 个选项:被引卷、被引期、被引页、被引标题,可分别从这些点入手进行引文检索。

【例4】 检索丁升 2005 年在国际顶尖生物学期刊 Cell 上发表的文献"Efficient transposition of the piggy Bac resource (PB) transposon in mammalian cells and mice"2010 至 2013 年被人引用情况。在被引参考文献检索页面(图 3-2-4)的 3 个检索框内分别输入 ding s、cell、2005,在限制检索区,选择引用年份 2010,2013,最后点击检索后,得到被引参考文献索引(图 3-2-5)。在图 3-2-5 中,被引文献索引条目从左至右分别表示:被引作者、被引著作、出版年、卷、期、页、标识符、施引文献数(即所有年份的引用文献,2013 年 11 月 9 日检索,显示 281 篇)、查看记录。勾选第一行最左侧的复选框,点击完成检索,得到 150 篇引用文献(图 3-2-6)。在被引文献索引界面(图 3-2-5),点击查看记录则显示被引文献的详细文摘记录。

(4) 化学结构检索:通过化学结构图或文本词检索,包括 Index Chemicus (IC) 回溯至 1996 年,Current Chemical Reactions (CCREXPANDED)回溯至 1840 年的化合物信息和化学反应数据库信息。化学结构检索页面分 3 个检索区域,分别是化学结构图(通过画化学结构图检索)、化合物数据(通过化合物名称、分子量等检索)和化学反应数据(通过化学反应关键词、化学反应条件等检索)。

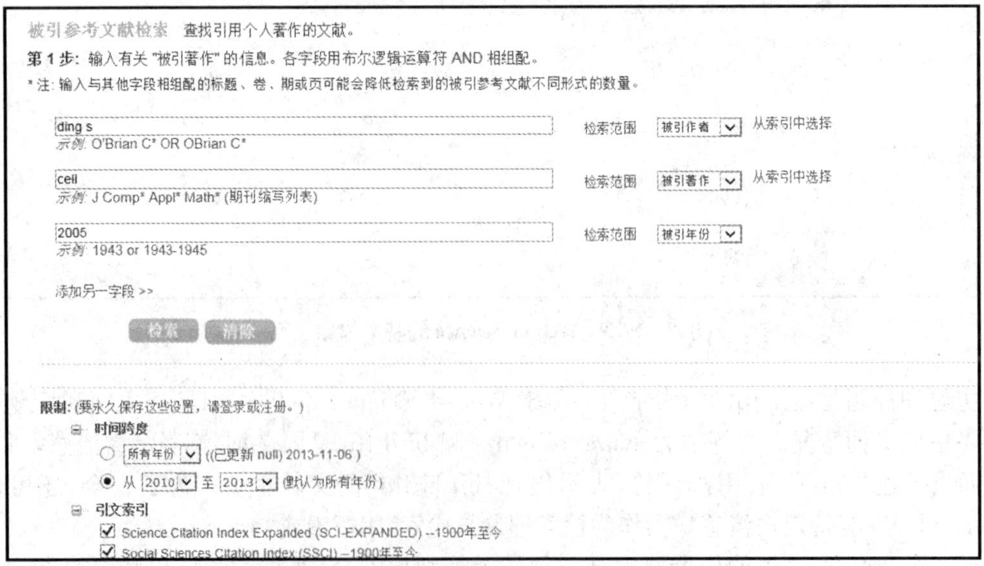

图 3-2-4 Web of Science 的被引参考文献检索页面

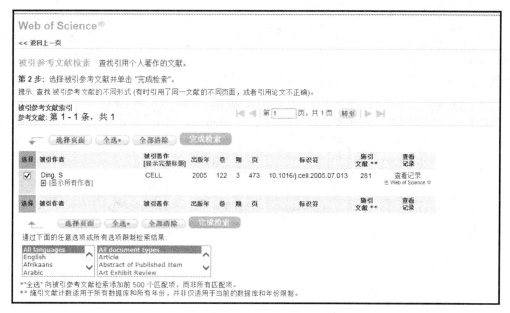

图 3-2-5　Web of Science 的被引参考文献索引

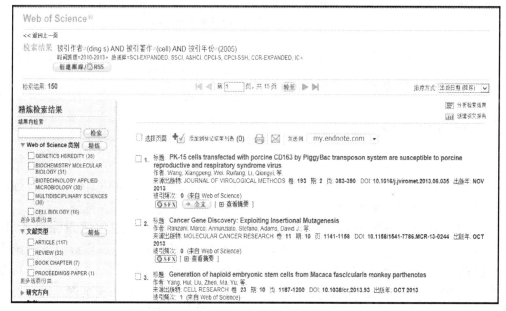

图 3-2-6　Web of Science 的引文检索结果

（5）高级检索：Web of Science 中的高级检索只限于来源文献检索，不能进行引文检索。使用高级检索有以下 3 个优点。

1）可在检索提问框内直接输入带有字段标识符（Field Tags）的检索词或检索式，如 TS=（nanotub* near/1 carbon）NOT AU=Smalley RE。其中 TS 表示主题字段，NOT AU=Smalley RE 表示不要作者 Smalley RE 发表的文献，near/1 表示左右检索词之间最多插有 1 个单词（near/2 表示左右检索词中间最多插有 2 个单词，以此类推）。

2）可以进行保存检索历史操作，以便日后检索同一课题时，通过打开保存的检索历史调用。

3) 可以利用检索历史中先前用过的检索式进行组配检索。这一功能在分离文献被他引和被自引时更显优势。

【例5】试以丁升2005年发表在期刊 Cell 上的那篇文献为例。第一步：通过被引参考文献检索到引用了丁升2005年在期刊 Cell 上发表的该篇文献的文献，在检索历史中得到检索式♯1(参见例4)；第二步：在高级检索中输入 AU＝ding s，得到检索式♯2；第三步：在高级检索提问框内输入♯1 not ♯2，得到检索式♯3(图3‐2‐7)。

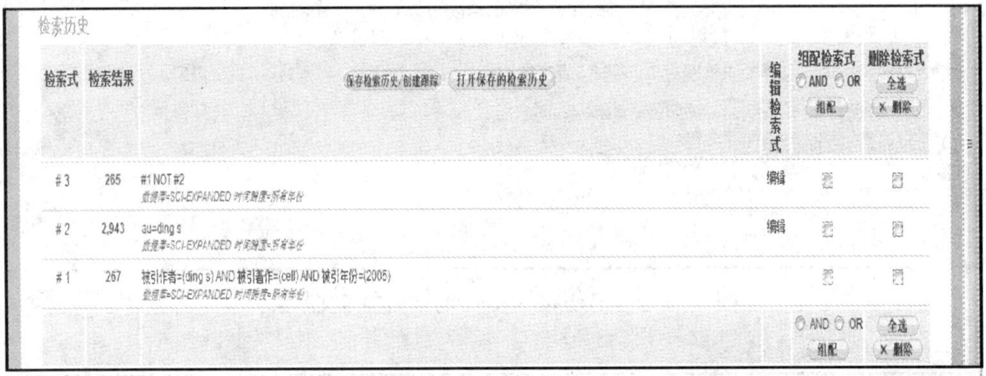

图3‐2‐7　Web of Science 高级检索中的检索历史

比较♯1检出的记录数(267篇)与♯3检出的记录数(265篇)可以看出，267篇引用文献中有2篇是丁升自引的文献，严格讲是 ding s 引用的文献。

三、Web of Knowledge 的管理和分析功能

1. **输出记录**　WoK 的记录输出形式有打印、E-mail、发送到(Send to)三种。欲将记录导入到文献管理软件中，选发送下面相对应的文件格式。如要输出到 Note Express 中，选其他文件格式(Other File Formats)。

2. **保存检索史并创建定题跟踪服务**　通过保存检索史并创建定题跟踪服务(Save History/Create Alert)，可以定期自动获得某一课题的新文献。创建定题跟踪服务的操作步骤是：在检索返回页面上(图3‐2‐6)点击"检索历史"(Search History)→在检索历史页面上点击保存检索历史/创建跟踪→用户名和密码登录系统→在保存检索历史页面上进行检索历史名称(Search History Name)、电子邮件跟踪(E-mail Alerts)等操作(图3‐2‐8)，勾选电子邮件跟踪选项，选择文献定期发送到电子邮箱中的频率(每周或每月)等，最后点击保存(Save)完成定题跟踪服务的创建。

检索史可以选择保存在 ISI 的远程服务器上，也可以选择保存在本地的计算机上。定题跟踪服务创建成功后，所设定的电子邮箱每周或每月会收到与保存的检索式相匹配的新文献。需要注意的是，定题跟踪服务只限于与检索历史中最新一个检索式匹配的文献(检索式序号最大的)，而不是与检索历史中所有检索式匹配的文献。如果只需要保存检索历史以供日后检索调用，而不需要创建定题跟踪服务，在图3‐2‐8中不勾选电子邮件跟踪选项。

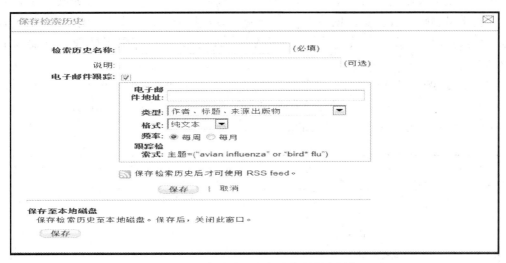

图 3-2-8 保存检索式和创建定题跟踪服务页面

3. 创建引文跟踪服务 若对某篇特定文献日后被人引用感兴趣,可创建引文跟踪(create citation alert)服务。创建引文跟踪服务后,将来只要有人引用了所设定的文献,用户的电子邮箱就会接收到引用文献的信息。创建引文跟踪服务的步骤是:在欲被跟踪文献的文摘显示页面,点击右侧的创建引文跟踪(图3-2-2)→用户名和密码登录系统→填写电子邮件地址和格式→返回的页面上出现"您的引文跟踪已创建"(This article has been successfully added to your list)。

若需要修改或删除已创建的引文跟踪服务,按以下步骤操作:进入 WoK→点击主页面上部的"保存的检索式和预警"(Save Searches and Alerts)下方的引文跟踪(Citation Alerts)→用户名密码登录→点击编辑(Edit)→在跟踪选项栏目中修改接收的 E-mail 地址和格式,点击"保存"完成修改。若在引文跟踪栏目中勾选再点击"删除"(Delete),则是删除某引文的跟踪服务。

4. 分析检索结果 分析检索结果(Analyze Results)有助于从宏观上把握检出文献的各种分布情况,以帮助回答以下问题:某专题的核心研究人员和权威机构有哪些?某专题文献的高产国家有哪些?某专题的研究起始于什么年份或历史上研究的高峰期处于什么年代?某一专题文献主要集中在哪些刊物上?等等。

Web of Science 分析功能中的分析对象有:对常规检出文献的分析、对引用文献的分析、对相关记录(Related Record)的分析(相关记录是指共同引用一篇或一篇以上参考文献的文献)。对引用文献进行分析可以了解:延续某一研究领域工作的主要学者和机构有哪些?哪些学科之间相互借鉴渗透较为密切?

【例6】试分析"丁升2005年发表于期刊 Cell 上的那篇文献"被哪些人引用,操作步骤是:在 Web of Science 中通过被引参考文献检索查出丁升该篇文献的引用文献一览(见图3-2-6)→点击分析检索结果→在"根据此字段排列记录"下拉列表框中选"作者",点击分析按钮→得到对248篇引用文献的作者分析结果,其中可见有5位作者发表的引用文献都在10篇及以上。

5. 创建引文报告 创建引文报告(Create Citation Report)仅限于 Web of Science 数据

库。在对检索结果创建的引文报告中,用直方图反映近20年来某一作者或某一主题的文献每年发文量和每年被引量。创建引文报告的主要作用有:反映研究历史,帮助预测研究趋势,快速分离出高被引文献,统计出H指数。创建引文报告只限于处理一万篇以下的记录。

【例7】在Web of Science的高级检索中输入ts=colorectal cancer AND ts="circulating tumor cell*"(循环肿瘤细胞诊断结直肠癌转移),在检索历史中,点击相应的检索结果(数字),在检索结果页面上点击创建引文报告,得到图3-2-9。

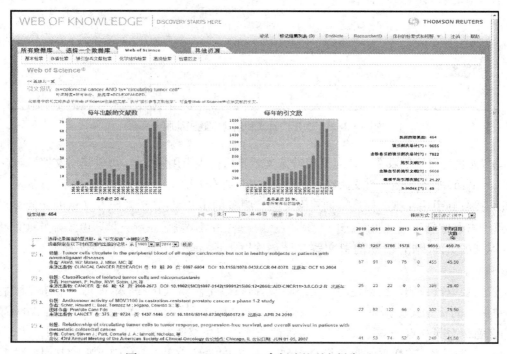

图3-2-9 Web of Science中创建的引文报告页面

H指数指某专题或某作者有N篇论文分别被引用了至少N次,是考察某专题或某作者文献产出量和被引量的测评指标。

【例8】查复旦大学医学院闻玉梅院士的H指数,检索步骤如下:通过Web of Science中的作者检索查wen ym的文献,进行作者学科和机构筛选(参见本节例3),检索得到93篇文献,点击检索返回页面上的创建引文报告,系统生成引文报告,右上角的H指数为18,表明闻玉梅有18篇文献分别被引用18次及以上。

6. 精炼检索结果　通过检索返回页面左侧的精炼检索结果(Refine Results),可将检出结果分解缩小为用户所需要的某一方面,例如某一主题、某一文献类型、某一作者、某一期刊、某一年份、某一会议、某一机构的文献等。

【例9】通过WoK的所有数据库检索近5年来"空气污染中化学物质监测"方面文献,可作以下检索精炼:在WoK默认的所有数据库页面上输入"air pollution" and (detect* or monitor*),字段选标题,时间选最近5年,点击检索→得到138篇相关文献,勾选页面左边研究领域(Research Areas)中的CHEMISTRY,点击精炼,得到10篇相关文献。

"精炼检索结果"属于限定检索,多数情况下只用鼠标操作。也可在检索结果页面的"结果内检索"查询框中输词检索,其功能类似其他数据库的"二次检索"。

四、Current Contents Connect

Current Contents Connect 简称 CCC,中文名称"现刊目次快讯",是一个以快见长的多学科文摘型数据库。CCC 收录期刊 8 800 余种、图书 2 000 余种,数据每日更新,收录文献 1998 年至今。

1. CCC 的子数据库　CCC 按学科分有 9 个子集,其中称为 Current Contents Editions 的 7 个子集是:Agriculture, Biology & Environmental Sciences (ABES), Social & Behavioral Sciences (SBS), Clinical Medicine (CM)——收录 1 120 种期刊及图书信息,Life Sciences (LS)——收录 1 370 种期刊及图书信息,Physical, Chemical & Earth Sciences (PCES), Engineering, Computing & Technology (ECT), Arts & Humanities (AH)。2 个称为 Current Contents Collections 的子集是:Business Collection (BC), Electronics & Telecommunications Collection (EC)。

2. CCC 的检索　CCC 的检索有基本检索(图 3-2-10)、高级检索、浏览期刊(Browse Journals) 3 种。

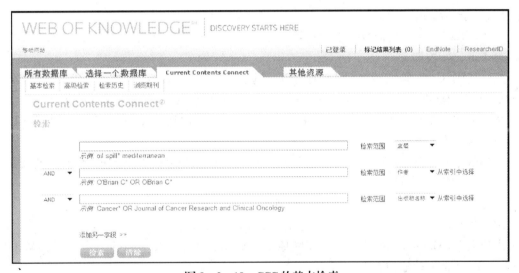

图 3-2-10　CCC 的基本检索

(1) 基本检索和高级检索:CCC 中的基本检索和高级检索与 WoK 中其他子数据库的检索基本一致。

【例 10】通过高级检索查"食品安全管理"方面文献:进入高级检索,在检索提问框内输入 ti=food safety management,点击检索得到 83 篇相关文献。

(2) 浏览期刊:供浏览指定期刊上的文献或网站信息,检索途径有"按期刊名称浏览"和"按 CC 专辑浏览"。CC 专辑浏览检索的操作步骤是:进入浏览期刊→选 CC 专辑名→点击学科名下的"期刊目录"→刊名→卷期→文献标题→文摘(部分记录有全文)。

【例 11】查某一本胸外科杂志上的最新文献,可作如下操作:从 CCC 主页进入浏览期刊页面→点击 Clinical Medicine→点击 CARDIOVASCULAR & RESPIRATORY SYSTEMS 下的期刊目录→选期刊 ANNALS OF THORACIC SURGERY→点击该刊最新一期的链接→点击期刊目录中的某篇文献标题→得到文献摘要。若要进一步了解该文章的引用文献或参考文献,分别点击记录右侧的施引文献列表和引用的参考文献旁的数字。浏览最新文献时,"施引文献列表"的数据往往为零,是因为最新的文献尚未被引用。

3. CCC 的特色　CCC 的最大特色是报道文献及时,一些尚在印刷中的期刊可见于 CCC 最新卷期中(用 eFirst 标记),且数据每日更新。其他特色还有:可看到期刊的目次;文摘格式记录上有期刊影响因子的链接;按分辑编辑出版,可使检索更具针对性;文献记录中有参考文献链接和引用文献链接的比例多。

五、BIOSIS Previews

BIOSIS Previews 简称 BP,是世界著名的生命科学文摘型数据库。BP 收录期刊近 6 000 种,内容涵盖植物学、动物学、微生物学、生物医学、农学、药理学、生态学、临床医学、生物化学、生物物理学、生物工程、生物技术等领域,文献类型有期刊论文、综述、会议文献、报告、图书、美国专利等。BP 内容来自于 Biological Abstracts(BA)和 Biological Abstracts/RRM (Reports,Review,Meetings)两种检索工具,收录了 1926 年以来近 2 000 万条记录,年增记录 50 余万条,数据每周更新。

1. BP 的字段　与其他数据库相比,BP 记录中的字段稍显复杂,多个字段具有生物学特征。列举部分字段如下。

概念代码(Concept Code)——对应于某一概念的 5 位数编码,例如,17502 表示 Muscle-Anatomy(肌肉解剖)、22022 表示 Pharmacology-Muscle system(药理学肌肉系统)。

化学数据(Chemical Data)——化合物名称、化学物质登记号、药物的类别(Drug Modifier)等。

疾病数据(Diseases Data)——动植物和人类的疾病名、疾病的 MeSH 词、疾病所属的类别(Disease Affiliation)等。

基因名称数据(Gene Name Data)——基因名称、基因的同义词等信息。

地理数据(Geographic Data)——文献涉及的地理名称。

主要概念(Major Concepts)——反映原文所属学科领域,如 Genetics(遗传学)、Wildlife Management(野生动植物管理)。

方法和设备(Methods & Equipment)——用以表述原文涉及的方法、仪器和技术手段。

综合叙词(Miscellaneous Descriptors)——BP 标引人员标引的其他信息。

器官/系统/细胞器数据(Parts & Structures Data)——用以表述大分子层级以上的生物体的组成部分,如细胞、组织、器官和人体系统。

序列(Squence Data)——分子序列号、分子序列的名称、化学物质登记号,分子序列的种类等。

分类数据(Taxonomic Data)——列出文献涉及的生物分类等信息,分有以下 5 个子栏目:①Super Taxa:列出文章涉及生物体的上位生物分类名,按生物分类等级从低到高排。例如,研究对象为人,列出 Primates(灵长目)、Mammalia(哺乳纲)、Vertebrata(脊椎动物亚门)、

Chordata(脊索动物门)、Animalia(动物界)。②Taxa Notes：列出生物体所属的界、门、纲、目、科的普通英文名。③Organism Classifier：列出生物体系代码(Biosystematic Code)和名称。生物体系代码是5位数字的编码，代表某一等级的生物分类。例如，Reptilia(爬行纲)的代码是85400，Muridae(鼠科)的代码是86375。④Organism Name：列出生物体的常用名称。⑤Details：其他说明，如年龄、性别，等等。

2. BP的检索　BP有基本检索和高级检索两种检索途径。

(1) 基本检索：基本检索提供的字段选择如下。

主题——在文献的标题、文摘、主要概念词、疾病、化合物等10多个反映文献主题的字段中检索。

出版物名称——输入刊名书名的全称，或输入刊名书名的前半部分，后跟截词符＊。

分类数据——输入生物分类体系名称或代码，也可通过从列表中选择查询到生物体的分类等级名称后，添加检索词到检索框进行检索。

主要概念——输入168个主要概念词之一，或通过从列表中选择中查询到主要概念词后添加到检索提问框再进行检索。

概念代码——可直接输入概念代码或概念标题检索，也可通过从列表中选择中查询到概念标题后添加到检索框内检索。

化学和生物化学名称——输入化合物名称、基因名、序列数据、化学物质登记号，实际上是在化学、基因、序列这3个字段中进行检索。

会议信息(Meeting Information)——会议名称、会议地点、会议主办者、会议时间检索。

识别码(Identifying Codes)——检索词包括记录顺序号(accession number)、ISSN、ISBN、专利号、美国专利分类号、专利授予日期。

(2) 高级检索：除标题等常见字段，BP高级检索中的可检字段还有：DS=疾病数据，TA=分类数据，MC=主要概念，CC=概念代码，CH=化学，GN=基因名称数据，SQ=序列，CB=化学和生物化学名称，CR(CAS Registry No.)=化学物质登记号，PSD=器官/系统/细胞器数据，MQ=方法和设备，GE=地理数据，GT=地质年代，DE=综合叙词，AN=专利权人，MI=会议信息，IC=识别码。

3. BP的检索举例

【例12】通过基本检索中的概念代码字段检索"水溶性维生素营养"方面文献：进入BP的基本检索页面，输入vitamin，检索范围选概念代码，点击检索→未得到检索结果，表明vitamin不是概念标题。删除检索提问框内的vitamin，点击字段右侧的从列表中选择，进入概念代码索引，在检索提问框内输入vitamin，点击"查找"→在返回的概念代码索引检索结果中见到"13210 Nutrition-Water-soluble vitamins"(图3-2-11)，点击该条索引词左侧的添加→屏幕下方出现Nutrition-Water-soluble vitamins，点击"确定"→该检索词被粘贴到基本检索页面的提问框内，点击"检索"执行检索。

【例13】通过高级检索途径查找近3~4年来"血红蛋白及葡萄糖与糖尿病关系的鼠类动物实验"方面的英文文献。在高级检索页面上的检索框内输入CH=(Hemoglobin AND glucose) AND DS=diabetes AND TA=muridae AND PY=2010-2013，在检索提问框下面的语言限定栏中选English，点击"检索"，检索返回约173篇相关文献。

图 3-2-11　BP 的概念代码浏览检索

4. BP 的特色和检索要领

(1) 提供生物分类信息和生物分类限定检索：BP 记录的分类数据字段提供生物体的分类名称和有关信息。检索时可利用分类数据字段将检索限定于某一生物分类范围内，再与其他检索词进行组配检索，以提高文献的查准。例如，研究对象为人，可选分类数据字段，检索词用 human 或 hominidae(人科)，再与其他检索词进行逻辑与检索。

(2) 辅助索引多：在基本检索和高级检索页面，通过字段右边的从列表中选择(Select from List)或从索引中选择(Select from Index)可进入到多个辅助索引。有辅助索引的字段有：作者、团体作者、出版物名称、分类数据、主要概念、概念代码。在 BP 检索过程中，多利用辅助索引可帮助选词和扩展生物分类知识。

(3) 字段多：BP 共有 30 多个字段。字段多的优点之一是可见文献涉及的更多信息，二是有更多的检索切入点供选择。对于不熟悉 BP 某些主题字段的检索新手，亦可多利用主题检索，因为 BP 的主题检索包括对文献标题、文摘、生物分类体系、主要概念、化合物、疾病等 15 个涉及主题的字段进行检索。

(4) 便于检索新的物种：对于新的生物物种，在分类数据字段的生物体分类栏目里会出现 New 或 *，例如 Osteichthyes [85206New]。因此，若要检索新的生物物种，作如下操作：在基本检索中选字段分类数据，用类似 Osteichthyes SAME new 的检索式；在高级检索中，用类似 ta=(Osteichthyes SAME new)的检索式。

六、Derwent Innovations Index

Derwent 是全球最权威的专利情报和科技情报机构之一，1948 年由化学家 Monty Hyams 在英国建立。Derwent Innovations Index 简称 DII，是 Derwent 编辑出版的报道专利和专利引文的数据库。

1. DII 的数据来源和组成部分　DII 收录世界上 40 多个专利机构的 1 480 万项专利发明和 3 000 多万条专利信息,数据来源于 Denwent World Patents Index（DWPI）、Patents Citation Index（PCI）和 Derwent Chemistry Resource（DCR）。DII 由 Chemical Section、Electrical and Electronic Section、Engineering Section 3 个部分组成,收录专利文献从 1963 年至今,数据每周更新。

2. DII 的检索　DII 的检索有基本检索,被引专利检索(Cited Patent Search),化合物检索(Compound Search)和高级检索。

(1) 基本检索:基本检索中的各字段检索含义如下:

主题(Topic)——在专利文献的标题、文摘字段中检索。

专利权人(Assignee)——用专利权属机构名或其代码检索。

发明人(Inventor)——通过专利发明人检索,按姓在前,名首字母在后检索。

专利号(Patent Number)——例如,WO2007047207A2(世界知识产权组织专利号),或 US2007123522A1(美国专利号)。可以用不完整的专利号后加截词符（* $?）来检索。

国际专利分类(International Patent Classification)——由世界知识产权组织(WIPO)编制。既可以用一个国际专利分类号检索,也可以用多个国际专利分类号加布尔算符连接检索,还可以在国际专利分类号后加截词符检索。

德温特分类代码(Derwent Class Code)——德温特分类代码有 20 个大类,分 3 个区,它们是:Chemical Sections（A - M）, Engineering Sections（P - Q）, Electrical and Electronic Sections（S - X）。

德温特手工代码(Derment Manual Code)——德温特手工代码比德温特分类代码更详细。

Derwent 主入藏号(Derwent Primary Accession Numbers,PAN)——Derwent 专利记录顺序号。例如,1999 - 468964(前 4 位数为出版年份,后 6 位为顺序号)。

环系索引号(Ring Index Number)——只适用于检索以下范围的化合物:Section B (Pharmaceuticals), Section C (Agrochemicals)和 Section E (General Chemicals)。

Derwent 化合物号(Derwent Compound Number)——用 Merged Markush Service (MMS)数据库中的化合物编号进行检索。

Derwent 注册号(Derwent Registry Number)——用于对 Derwent WPI 中最常用的 2 100 种化合物进行检索。

DCR 号(Derwent Chemistry Resource Number)——Derwent 化学资源号检索。化学资源号的前 8 位数代表特定化合物,第一个后缀(1~99)表示化合物的立体结构,第二个后缀表示盐,第三个后缀表示物理状态、同位数、异构体等。

以上字段中有一部分可以先通过"从索引中选择"或"从列表中选择"链接进入索引或列表,再选词检索。有索引和列表的有发明人(Inventor)、国际专利分类(International Patent Classification)、德温特分类代码(Derwent Class Code)、德温特手工代码(Derwent Manual Code)、专利权人(Assignee)。

(2) 被引专利检索:被引专利检索供检索了解专利被引情况,其检索范围主要有以下几种:被引专利号——即检索指定专利被人引用情况;被引专利权人——检索某机构的专利被人引用情况;被引发明人——检索某一专利发明人发明的专利被人引用情况;被引的 Derwent

主入藏号——从 Derwent 主入藏号检索引用专利。

【例14】检索专利号为 US5723945A 专利被引用情况。在 DII 数据库中进入被引专利检索→检索范围选被引专利号,检索框内输入 US5723945 - A(图 3 - 2 - 12),点击"检索"→检索返回 24 篇引用了该美国专利的专利文献。在引用专利记录显示页面上,点击"原文"(Original),得到引用专利文献的说明书。

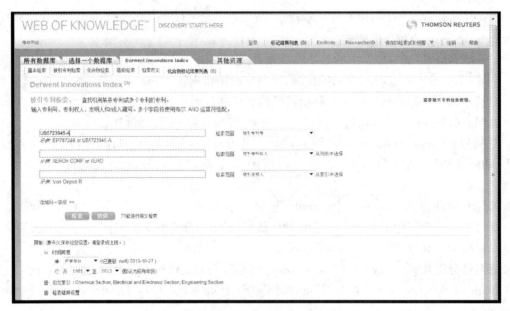

图 3 - 2 - 12　DII 中的被引专利检索

（3）化合物检索:供检索数据库 Derwent Chemistry Resource (DCR)的内容。DCR 既是一个供检索特定化合物的化学结构及其他化学信息的事实性数据库,也是检索 Derwent 书目数据库中化学专利的索引系统。

化合物检索的检索途径有化学结构图检索和文本词检索。进行化学结构图检索必须使用 Accelrys JDraw 小程序。如果访问"化合物检索"页面时看不到该小程序,则必须下载并启用 JAVA。文本词检索的途径有化合物名称,可用常用名,也可用系统命名;物质说明,如 alkaloids;结构说明,如 isotope labelled;标准分子式,如 C_2H_8*;分子式;分子量,如 60、<237、>123;Derwent 化学资源号。

（4）高级检索:Derwent II 的高级检索与 WoK 其他子数据库的不同之处是可进行引文检索。

【例15】输入:CP＝(EP797246 OR US5723945 - A),表示检索欧洲专利 EP797246 和美国专利 US5723945 - A 被引用情况(CP 是被引专利号的标识符)。

【例16】查找近 6 年来"治疗哮喘的吲哚衍生物"方面的专利文献,检索步骤如下:进入 Derwent II 的基本检索→子集选 Chemical Section,时间段选 2007～2013,在检索框内输入 indole same derivative* AND asthma,检索范围选标题,点击"检索"→检索返回 26 条记录→点击专利题录下的"原文"链接,可读到 PDF 格式的专利说明书全文。如果字段改选主题,检索得到 99 条相关记录。

七、Journal Citation Reports

1. JCR概述　Journal Citation Reports（期刊引用报告，简称JCR）由ISI编辑出版，是国内外学术界公认的多学科期刊评价工具。JCR通过对收录期刊的影响因子、即年指数、引文量和发文量等数据的统计，供研究人员和科研管理人员分析比较期刊的质量，了解期刊在本学科中的排名等信息。

JCR每年出一版，约在6月底更新发布上一年的引文数据。2012年JCR"自然科学版"（Science Edition）收录期刊8 411种，"社会科学版"（Social Sciences Edition）收录期刊3 016种。被JCR收录的期刊必须被Web of Science和Current Contents Connect收录期满3年。

2. 影响因子　影响因子（impact factor，IF）是指某期刊前两年发表的文献在第三年被平均引用的次数。具体计算方法为：取某刊前两年发表的文献在当年被引用的次数作为分子，该刊前两年发表的文献数作为分母得出的数值。影响因子是评价学术期刊质量最重要的指标之一。一般认为，期刊影响因子越高，表示该期刊上文献的平均利用率越高。利用影响因子，可帮助期刊的选订、选读和投稿，还能在确定核心期刊和评价研究人员学术水平时作参考。

3. JCR中其他引文数据　JCR提供的其他引文数据和信息主要有以下6种。

（1）Total Cites（被引总次数）：某刊在JCR统计年被引文献总次数。

（2）5 - Year Impact Factor（5年影响因子）：期刊前5年发表的文献在评价当年被平均引用的次数。如果"5年IF"小于IF（2年），表明期刊受关注度增加；反之表明被引用在减弱。

（3）Immediacy Index（即年指数、即时指数）：期刊当年发表的文献在当年平均被引用的次数，是文献发表后在学术界所引起的反应速度。

（4）Articles（发表文献数）：不包括Editorials、Letters、Meeting Abstracts等。

（5）Cited Half Year（期刊被引半衰期）：将某刊在JCR统计年内被引用的全部论文依出版年份降序排列，前50%论文的出版时间段即为该期刊的被引半衰期。期刊被引半衰期是测定期刊文献老化速度的重要指标。

（6）Eigenfactor Score（特征因子分值，EFS）：特征因子分值始见于2007版JCR中，是测定期刊影响力的新指标。EFS与影响因子（IF）不同的计算方面有：①EFS统计文献被引时间跨度为5年，IF为2年；②EFS的统计源包括自然科学和社会科学期刊，而IF则分开统计；③EFS剔除期刊自引数据；④EFS的计算基于随机的引文链接，它考虑到引用期刊的影响力，即认为被高影响力期刊的一次引用可能要比被低影响力期刊多次引用更重要；⑤载文量大的期刊的EFS分值会高。

特征因子分值的出现是为了修正影响因子的某些不足，它考察文献被引的时段更长，审视学科范围更广，排斥了不够合理的期刊自引，区别了不同质量引用期刊的权重。作为新生事物，EFS有合理进步的一面，但其算法复杂，选样随机，计算结果的正确性难以检验，因此尚未进入评价实用阶段。

4. JCR的检索　对JCR进行检索，首先选JCR Science Edition或JCR Social Sciences Edition，并在右侧的下拉列表框中选择年份，再选右面的3个检索入口（Select an option）之一，最后点击SUBMIT按钮（图3-2-13）。

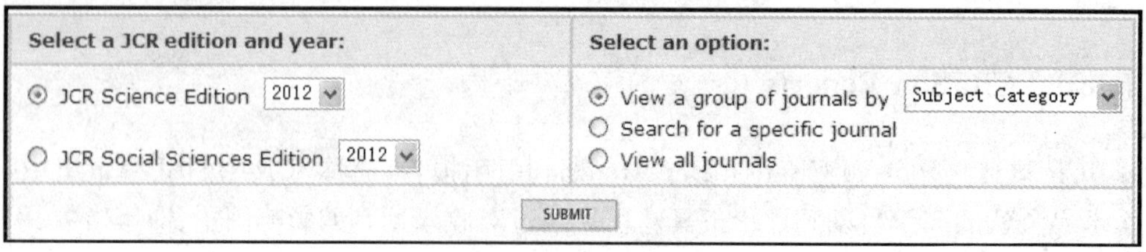

图 3-2-13　JCR 检索主页面

（1）View a group of journals by：该检索入口后的下拉列表框中有 Subject Category（主题分类，又称学科）、Publisher（出版商）、Country/Territory（国家/地区）3 个选项，其中 Subject Category 检索最常用。

【例17】检索血液学领域影响因子最高的期刊：在图 3-2-13 中选 JCR Science Edition，年份选2012，检索途径选 View a group of journals by 中的 Subject Category，点击SUBMIT→在 Select one or more categories from the list 列表框中选学科"HEMATOLOGY"，点击 SUBMIT→得到 67 种血液学方面的期刊概要一览（Journal Summary List），在 Sorted by 下拉列表框中选 Impact Factor，点击SORT AGAIN按钮（重新排序）→得到按期刊影响因子从高到低排序的血液学期刊概要一览（3-2-14）。可见，2012 年血液学领域影响因子最高的期刊是 CIRCULATION RESEARCH，影响因子是 11.861。

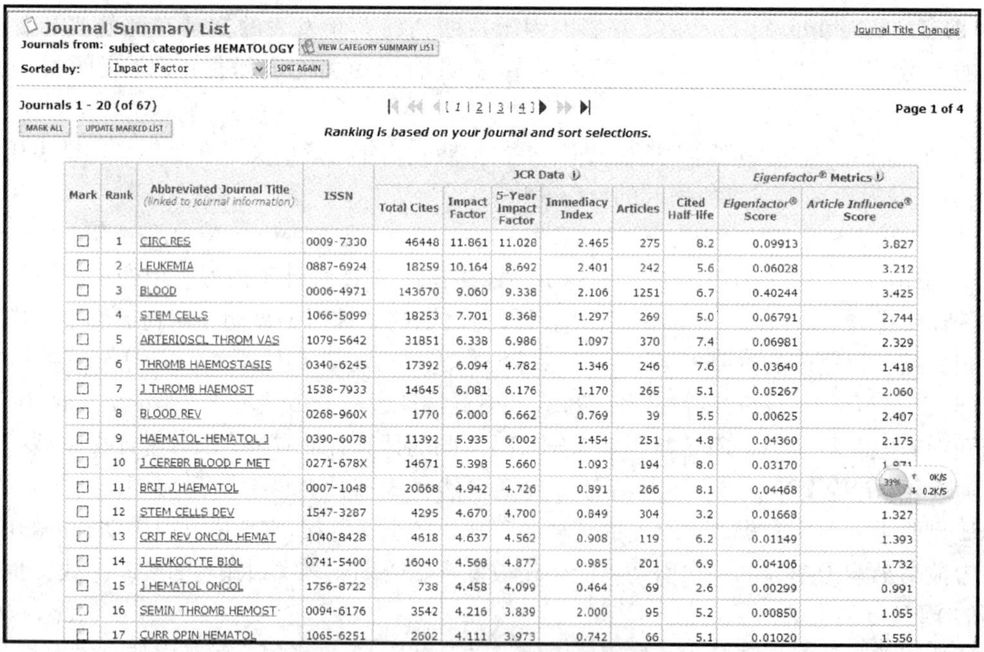

图 3-2-14　JCR 中的期刊概要列表

点击图 3-2-14 中的期刊名，可见到该刊更详细的信息和数据，包括：本刊影响因子的计算公式，本刊统计年发表文献数和被引文献数，本刊篇均参考文献数，本刊被引期刊数据（Cited Journal Data，哪些期刊引用了本刊的文章），本刊引用期刊数据（Citing Journal Data，本刊正在引用哪些期刊上的文章），本刊影响因子趋势图（Impact Factor Trend，展示本刊过去 5 年的影响因子）等。

(2) Search for a specific journal:"检索特定期刊"的检索词可以是刊名全称、刊名缩写、刊名中的单词、期刊的 ISSN。

(3) View all journals:在 JCR"科学版"或"社会科学版"所列全部期刊列表中浏览查询。

5. JCR 学科数据检索　通过 JCR 中的 View Category Data(图 3-2-15),可以了解一个学科文献被利用程度和学科的知识老化速度,还可以比较多个学科之间文献被利用程度等。

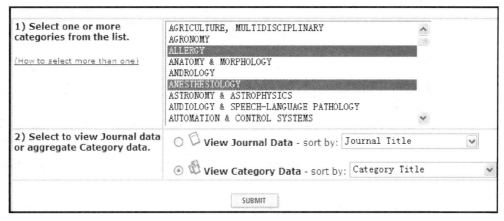

图 3-2-15　JCR 的学科数据检索

JCR 的学科数据(Category Data)有以下 7 个。

(1) Total Cites(总被引次数):某学科中期刊被引文献总次数。

(2) Median Impact Factor(中值影响因子):取自于一个学科中影响因子排序居中的那个期刊的影响因子。若某一学科的期刊数为双数时,取影响因子居中的两种期刊影响因子的平均数为该学科的中值影响因子。

(3) Aggregate Impact Factor(学科集合影响因子):前两年本学科所有收录的文献在 JCR 统计当年被平均引用的次数,即分子是该学科所有收录前两年发表的文献在统计当年被引用的次数,分母是该学科前两年发表文献的总数量。

(4) Aggregate Immediacy Index:学科集合即年指数。

(5) Aggregate Cited Half-Life:学科集合被引半衰期。

(6) Journals:该学科被 JCR 收录的期刊种数。

(7) Articles:该学科被 JCR 收录期刊上发表的文献篇数。

点击学科名,可以看到该学科各种数据的统计方法和数据图表。

【例 18】检索 Allergy 和 Anesthesiology 的学科数据:在 JCR 主页上选 JCR Science Edition 和 2012,检索途径选默认的 View a group of journals by 中的 Subject Category (图 3-2-13),点击"SUBMIT"→在 Select one or more categories from the list 中选 Allergy 和 Anesthesiology,勾选 View Category Data(图 3-2-15),点击"SUBMIT"→得到 Subject Category Summary List(图 3-2-16),从中可见这两个主题的中值影响因子和学科综合影响因子等数据。继续点击学科名链接,可以看到这两个主题的各种引文数据的统计方法和数据图表。

查询学科数据也可以先检索到某学科的所有期刊,在期刊概要一览页面上(图 3-2-14)点击"View Category Summary List"。反之,在学科概要一览页面上(如图 3-2-16),点击"View Journal Summary List",可以切换到该学科的期刊概要一览。

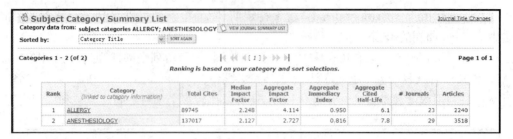

图 3-2-16 JCR 的学科数据检索结果——学科概要列表

八、Essential Science Indicators

1. 概述 基本科学指标(Essential Science Indicators，ESI)是 ISI 于 2001 年推出的衡量科研绩效的分析评价工具。ESI 主要从引文分析角度对国家、机构、期刊、论文、科学家进行统计和排序，统计指标包括文献发表量、文献被引次数、篇均被引次数。ESI 默认的排序指标是文献被引次数。

ESI 中的统计数据来源于 SCIE 和 SSCI 收录的 10 000 多种学术期刊，每两个月数据更新一次。通过 ESI 可以查询国家、机构、期刊、论文、科学家在某研究领域或所有领域的排名，可看各学科高被引论文(highly cited paper)和热门论文(hot paper)，还可了解特定论文在本学科中的被引百分位档次。

近年来，ESI 的科研评价作用已引起国内学界和科研管理部门的重视，不乏有人利用其丰富的数据立题研究，进行各机构科研实力对比和文献计量分析。

2. ESI 的学科分类 ESI 分 22 个学科，它们是农业科学、生物与生化、化学、临床医学、计算机科学、经济学与商务、工程、环境与生态学、地球科学、免疫学、材料科学、数学、微生物学、分子生物学与遗传学、综合交叉学科、神经科学与行为学、药理学与毒理学、物理学、植物与动物科学、精神病学与心理学、社会科学、太空科学。

3. ESI 的检索途径 在 ESI 检索主界面上提供 3 种检索途径(图 3-2-17)。

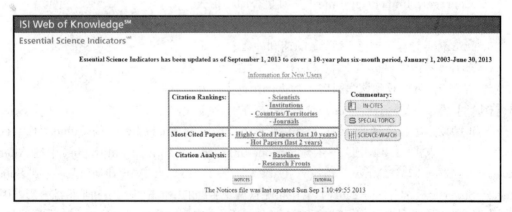

图 3-2-17 ESI 主界面

(1) Citation Rankings(引文排名)：供查 22 个学科领域中以下 4 种引文排名，Scientists(取排名前 1%)、Institutions(取排名前 1%)、Countries/Territories(取排名前 50%)、Journals

(取排名前50%)。

(2) Most Cited Papers：分为 Highly Cited Papers(高被引论文)和 Hot Papers(热门论文)，前者供查近十年发表的各领域被引排名前1%的文章，后者供查近两年发表的各领域在最近两个月内被引排名前0.1%的文章。

(3) Citation Analysis：包括 Baselines 和 Research Fronts。Baselines 下分3块：①View the average citation rates table——10年间各学科中每年发表论文的篇均被引次数；②View the percentiles table——给出某一学科近11年中某一年的文献进入前0.01%、0.1%、1%、10%、20%、50%所必须达到的引文量。③View field rankings table——给出22个学科被引量排名。Research Fronts 按照共引关系聚类高被引论文，以揭示各学科的研究前沿，帮助发现隐含的突破性研究。

在 ESI 主界面(图3-2-17)右侧的 Commentary 下有3个选项：①IN CITES——可见对各学科高被引科学家和机构等的采访、介绍和评论文章；②SPECIAL TOPICS——介绍一部分选定研究领域的引文分析和统计的方法；③SCIENCE-WATCH——通过采访、评论、方法介绍等反映 ESI 统计报告背后的知识和信息。

4. ESI 检索举例 以下各例检索的时间为2013年11月3日。

【例19】查"免疫学"研究领域世界顶尖学者。查询步骤：进入 ESI 数据库→在 Citation Rankings 栏目中点击Scientists链接→在 BY FIELD 下拉列表框中选学科 IMMUNOLOGY，点击GO按钮→可见该学科文献被引世界排名第一的学者是 AKIRAS，发文331篇，文献被引39 966次，篇均被引120.74次。点击作者名左侧的View Papers，可见该学者发表的部分高被引文献，如第一篇已被引2 892次，第二篇被引2 700次。

【例20】查复旦大学"临床医学"研究世界排名。查询步骤：进入 ESI 数据库→点击 Institutions 链接→在 BY NAME 检索框中输入 fudan univ，点击SEARCH→点击 CLINICAL MEDICINE→见复旦大学临床医学研究世界排名为第348位。

【例21】查我国"神经科学与行为学"研究世界排名。查询步骤：进入 ESI 数据库→点击 Citation Rankings 栏目中的 Countries/Territories 链接→在 BY FIELD 下拉列表框中选 Neuroscience & Behavior，点击GO按钮→在国家排序表中见到 Peoples R China 在该学科中排名世界第13。

【例22】查复旦大学学者的高被引文献。查询步骤：进入 ESI 数据库→点击 Most Cited Papers 栏目中的 Highly Cited Papers (last 10 years) 链接→在 Institutions 检索框内输入 fudan univ，点击SEARCH→得到复旦大学学者发表的363篇高被引文献。

【例23】查微生物学方面的热门文献。查询步骤：进入 ESI 数据库→点击 Most Cited Papers 栏目中的 Hot Papers (last 2 years) 链接→在 BY FIELD 下拉列表框中选 Microbiology，点击GO→得到微生物学方面热门文献36篇，可见第一篇于2011年6月发表，已被引168次。通过该条记录右上角的WEB OF SCIENCE链接，可见这篇文献的摘要和最新的被引次数。通过 HOT PAPER 链接，可见该文近两年中每两个月时段被引次数的直方图。

【例24】某人2010年发表的一篇临床医学文献已被引用60次，查该文在 ESI 中的被引排位档次。查询步骤是：进入 ESI 数据库→点击 Citation Analysis 栏目中的 Baselines→点击 View the percentiles table→在 Clinical Medicine 2010年一栏中见到，该文达到了进入被引前1%的最低被引篇次57次，但未达到进入前0.1%需要的被引170次(图3-2-18)。

Chemistry		2003	2004	2005	2006	2007	2008	2009	2010	2011	2012	2013	All Years
	0.01 %	1485	1286	1310	964	900	1115	886	501	263	110	10	971
	0.10 %	557	524	447	383	359	323	257	184	94	37	5	340
	1.00 %	172	168	151	130	118	99	82	61	36	14	3	108
	10.00 %	47	45	43	38	34	29	24	18	11	4	1	28
	20.00 %	28	27	26	24	21	18	15	11	7	3	0	16
	50.00 %	10	10	9	8	8	7	6	4	3	1	0	5
Clinical Medicine		2003	2004	2005	2006	2007	2008	2009	2010	2011	2012	2013	All Years
	0.01 %	1709	1833	1712	1179	1095	860	771	485	303	92	11	1108
	0.10 %	678	639	563	490	430	324	258	170	93	32	5	392
	1.00 %	213	196	179	152	133	104	80	57	31	11	3	120
	10.00 %	57	54	49	43	37	29	23	17	10	4	1	30
	20.00 %	34	33	30	26	23	18	14	11	6	2	0	17
	50.00 %	12	12	11	10	9	7	5	4	2	1	0	5
Computer Science		2003	2004	2005	2006	2007	2008	2009	2010	2011	2012	2013	All Years
	0.01 %	2641	821	1063	1184	491	668	1183	286	108	24	5	751
	0.10 %	366	280	261	194	185	158	105	95	37	12	3	174
	1.00 %	76	61	59	48	55	46	33	26	13	5	2	46
	10.00 %	15	14	13	11	16	13	10	8	4	2	1	10
	20.00 %	8	6	6	5	9	8	6	5	3	1	0	6
	50.00 %	2	1	2	1	3	3	2	2	1	0	0	2
Economics & Business		2003	2004	2005	2006	2007	2008	2009	2010	2011	2012	2013	

图 3-2-18　ESI 中论文被引频次百分位对照表

九、Web of Knowledge 的个性化定制和管理

在 WoK 检索页面上方有个性化定制栏目，其功能和作用简介如下。

1. 登录（Signed In）　通过登录进 WoK，可享用该检索平台的多种个性化服务，如定题跟踪、引文跟踪等。未注册用户要先注册。

2. EndNote　EndNote 是个人电子文献管理软件，供存放用户检索输入或手工输入的文献资料。登录进 EndNote，可对个人检索积累的文献资料进行整理和再检索，并可在写作时创建符合特定期刊格式要求的参考文献清单（详见第八章第二节）。

3. ResearcherID　ResearcherID 是一个供研究人员交流与合作的网站（www. ResearcherID. com）。在这个网站上，受到邀请的科研人员可上传和更新自己的个人简介，创建自己的论著清单，让同行共享（或不共享）自己的个人信息，旨在扩大同行之间科研合作的机会。

4. 保存的检索式和预警（Saved Searches and Alerts）　提供引文跟踪、期刊跟踪和保存的检索历史 3 种服务。对自己创建的引文跟踪服务、自己定制的感兴趣期刊、保存的检索历史和定题跟踪服务进行修改管理。

习题

1. Web of Knowledge 和 Web of Science 分别由哪些子库组成？
2. Web of Science 文摘显示页面上的"施引文献列表"和"引用的参考文献"旁的数字表示什么？哪一项数据是动态的？
3. 什么是期刊影响因子？通过 WoK 哪个子库查询？
4. 通过 WoK 的所有数据库检索近 5 年来"肺癌与吸烟关系"的文献，并分析核心著者有哪些？（提示：lung cancer，lung carcinoma，smoking）
5. 通过 Web of Science 的被引参考文献检索查找闻玉梅 1995 年发表在 *Lancet* 上的一篇文献被人引用情况，看看引用文献中有哪些文献类型？精炼出其中的综述文献。
6. 通过 JCR 查 2012 年皮肤病学（Dermatology）领域影响因子最高的期刊。

7. 通过 ESI 查我国 Molecular Biology & Genetics 研究世界排名。

(夏知平)

第三节 美国化学文摘数据库 SciFinder

一、概述

网络版美国化学文摘数据库 SciFinder 是美国《化学文摘》(Chemical Abstracts, CA)的网络版产品,是世界最大的化学文摘库,也是目前世界上应用最广泛、最为重要的化学、化工及相关学科的检索工具。

收录全世界 9 500 多种主要期刊和 50 多家合法专利发行机构的专利文献中公布的研究成果,包括自 20 世纪以来所有与化学相关的资料,以及大量生命科学及其他科学学科方面的信息。学科领域覆盖普通化学、农业科学、医学科学、物理学、地质科学、生物学和生命科学、工程科学、材料科学、聚合物科学和食品科学等,SciFinder 可检索数据库包括:

CAPlus(1907～至今):覆盖化学相关众多学科领域的参考文献。大于 2 600 万条文章记录,包含 CA 纸本的所有内容,同时还收录 1907 年以前的上万条记录。其中的 Index term 是一种标准化的索引词,配合智能化的检索模式,保证检索的全面性。

CAS REGISTRYSM(1957～至今):世界上最大的物质数据库,收录 3 000 多万个有机无机物质、5 800 多万生物序列、所有具有 CAS No 物质、日更新 12 000 多个物质。

CAS REACT®:源自期刊,专利中有机、有机金属、无机、生化反应。1 840～1 100 多万条单步多步反应,是世界上最大的反应数据库。

CHEMCATS®:5 300 万化学物质提供商的联系信息,包含价格情况、运送方式、质量等级等信息。

CHMLIST®:可查询备案/管控化学信息的工具,24 万条管制品信息。

MEDLINE:National Library of Medicine 数据库,＞1 600 万参考书目记录。

二、检索途径与功能

SciFinder 是一站式的信息检索平台,可以检索全球最大的,有关生物化学、化学、化学工程、医药等化学相关学科的信息,包括:有关化学及相关学科的期刊会议录、技术报告、图书、学位论文及专利等文献;特定化学物质的事实数据,包括理化常数,确定化学物质科学概念和特性;并可根据化学结构式检索化学反应,确定生产和合成化学物质的加工程序。

(一)学术文献检索途径

学术文献检索途径(Explore References)提供了各种信息的检索,包括主题概念、著者、机构、文献识别号、期刊名、专利号等文献特征途径。

(二)化学物质检索

化学物质检索(Explore Substances)提供了化学物质名称检索、Markush 结构式检索、分子式检索、理化特性、化学物质登记号途径检索。

Markush 结构又称马库西结构,是由一个新颖的母体基团和可变取代基组成,替代申请专利原始结构中的重要创新结构,以保护专利。该结构由匈牙利裔美国化学家尤金·A·马库什(1888 年至 1968 年)创立,1924 年正式向美国专利局提出。用 Markush 结构检索,可最大程度找到结构相关专利文献。

理化特性检索可以选择实验特性,如沸点、密度、电导系数、电导率、阻抗、玻璃转变温度、磁矩、半数致死量、熔点、旋光率、折光指数、拉力等途径检索;或选择实际特性,如生物浓度因素、沸点、密度、焓变量、闪点、自由旋转结合点、电子供体或受体、药物吸收常数、正辛醇和水中总浓度的比值、分子溶解度、容量、重量、酸度系数、磁极表面区、汽化压力。

(三) 化学反应检索

化学反应检索(Explore Reactions)提供了反应式检索、类反应式检索。通过输入书目信息,如期刊名称、文献题名关键词、专利号、CA 文摘号等查找特定的文献。

通过系统个性化服务平台注册后,用户可以将自己感兴趣的期刊进行选择、上传到服务器中用户的个人存储箱;以后可定期浏览,或通知系统发送最新内容至用户的邮箱,进行定题跟踪。

三、检索规则

1. **主题检索** 一般最佳在 2~3 个 Concepts(关键词),最多不超过 5 个,支持自然短语检索,最好使用介词而不用 Boolean 运算符(如"AND、OR、NOT");识别常用缩写、单复数、过去式等;支持同义词,近义词检索;不能用"!"或"*"删减字符或通配符;可用括号,括号内为前词的同义词;修饰语不能自行分配,需各自写明。

2. **化学物质检索** 化学物质名称最多输入 25 条;Read File 必须是. txt 文件;每个条目输入<200 字符;可以有空格,不区分大小写;如果检索结果不理想,也可在主题检索中再检;支持俗名、商品名检索。

3. **分子式检索** 分子式输入按 Hill 规则:对于不含 C 的物质,按照字母顺序书写。对于含 C 物质,先 C 后 H 写在前面,其他按照字母顺序,相同元素相加。对于多组分物质,用"."将不同的组分分开聚合物括号表示,括号外用 x 表示起始物,用 n 表示终产物区分大小写。

输入时不同元素之间可用空格隔开,系统也会自动分割;输入盐类,可分为酸碱组分以"."相连;如:$H_3O_4P.\ 3\ Na$;$H_3O_4P.\ 2\ Na$;$H_3O_4P.\ Na$ 分别代表不同的物质。聚合物则输入单体组成以括号加 X,如$(C_4H_6)X$;对于复杂的有机物质,可以通过分子式查询,并通过亚结构限定获得。

四、检索结果显示与处理

1. **题录** 主要内容包括文献的著者、文献题名、来源出处(刊名、卷期页、年份,或专利号等)点击标题,可看详细内容,点击全文链接可以获取全文。题录可按访问号、引用频次排序。注册登录后,可以对结果进行保存和跟踪提醒服务。检索结果可以 RIS 格式导出至 NoteExpress 等文献管理软件。

2. 文摘 内容包括除题录外的文摘、索引词(系统提供帮助用户查找到文献的关键词)。

五、信息分析与优化检索

在检索结果界面中,系统提供了进一步优化检索、分析检索结果、获取相关文献的功能按钮。不同的检索途径检出的结果中有不同的分析和优化功能。

(一) 主题检索结果分析

从 Research Topic 途径检索,得出检索结果后,其分析共有以下 12 种手段。

(1) Author Name(著者分析):检索结果中发表文献最多的著者排名,帮助确定相关领域核心著者群。

(2) CAS Registry Number:检索结果中出现最多的物质排名。

(3) CA Section Title(CA 学科分类):检索结果所涉及的文献最多的分类排名。

(4) Company/Organization(机构排名)。

(5) Database(数据库来源显示)。

(6) Document Type(文献类型如综述、论文、专利的文献量排名):帮助分析研究信息的新颖性、成熟性、系统性、实用性等不同文献类型,以反映科学的研究进程。

(7) Index Term(索引词分析):分析检索结果中检索词出现频率排名,帮助确定文献主要概念,提供同义词、近义词参考。

(8) CA Concept Heading(CA 概念词表)。

(9) Journal Name(文献量来源期刊排名):帮助确定相关学术期刊群。

(10) Language(文献语种分布分析):帮助了解信息的地域流向。

(11) Publication Year(文献发表年分析):帮助了解该领域研究的历史发展,热点时代。

(12) Supplementary Term(辅助索引词分析):帮助分析文献的其他内容。

(二) 主题检索结果优化

从 Research Topic 检索途径得出结果后,共有以下 7 种优化检索手段。

(1) Research Topic(主题限定优化):可将文献限定于某一主题。

(2) Company Name(机构名称限定)。

(3) Author Name(著者限定)。

(4) Publication Year(文献发表年份限定)。

(5) Document Tpye(文献类型限定检索)。

(6) Language(语种限定检索)。

(7) Database(数据库限定检索)。

(三) 化学物质检索结果分析

从 Explore Substances 检索得出的结果,其分析功能有以下 6 种手段。

(1) Bioactivity indicators(生物活性指标)。

(2) Commercial availability(工业效用)。

(3) Elements(元素)。

(4) Reaction availability(反应效用)。

(5) Substance Role(化学物质作用)。

(6) Target indicators(目标指标)。

(四) 化学物质检索结果优化

从 Explore Substances 得出结果后,共有以下 7 种优化检索手段。

(1) Chemical Structure(结构再次限定):帮助对结构再次限定。

(2) Isotope Containing Substances(同位素限定):帮助获得结构中含有同位素的物质。

(3) Metal Containing Substances(金属包含限定):帮助获得结构中含有金属的物质。

(4) Commercial Avalability(商业化限定):帮助获得可购买的物质。

(5) Property Data(性质数据限定):可提供的物质特性数据分析。

(6) Property Avalability:通过物质的理化性质对物质进行限定。

(7) Reference Avalability(提供参考分析):帮助获得至少 1 篇参考信息。

(五) 化学反应检索结果分析

从 Explore Reaction 途径检索得出结果后,共有 13 种分析手段。

(1) Catalyst(催化剂)。

(2) Complete Iterations(完整循环)。

(3) Experimental Procedure(实验程序)。

(4) Number of Steps(反应步数)。

(5) Product Yield(产率)。

(6) Reagent(试剂)。

(7) Solvent(溶剂)。

其余 6 种分析手段同 Research Topic 途径。

(六) 化学反应检索结果优化

从 Explore Reaction 得出结果后,共有以下 6 种优化检索手段。

(1) Reaction Structure(结构限定):可以进一步限定反应物;产物,催化剂等。

(2) Product Yield(产率限定):可以对反应的产率进行限定。

(3) Number of Steps(反应步数限定):可以对反应的步数进行限定。

(4) Reaction Classification(反应类型限定):可以限定反应的类型。

(5) Excluding Reaction Classification(排除反应类型)。

(6) Non-participating functional groups(不参与的功能群)。

六、检索实例

【例1】 获取有关阿司匹林纳米载体相关文献。

问题:主要有涉及哪些学科的研究?国际上哪些机构的研究处于领先水平?获取和颗粒大小和形状有关的参考文献。

在 Explore Research Topic 中输入检索语句:Nanoparticle for aspirin(SciFinder 检索系统须输入自然语言)。

系统返回选择检索语句界面(图 3-3-1),请选择:"Nanoparticle" and "aspirin" were present anywhere in the reference. 表示"Nanoparticle"和"aspirin"在同一篇文献中出现。点击 Get References,获得检出结果(图 3-3-2)。

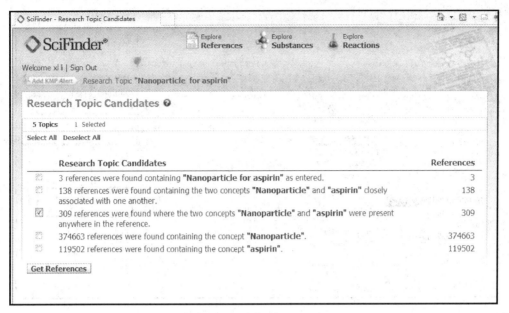

图 3-3-1　选择检索语句界面

图 3-3-2　主题检索检出结果

分类分析（CA Section Title）提示：主要用于制药和药理方面的研究，其他有高分子化学合成、生物化学等。

国家及机构（Company or Organization）分析提示：国际上主要的研究单位有美国、中国等。

在 Categorize 下，逐级点击感兴趣的分类，直至出现索引词条，选择研究分类：获得与颗粒大小、形状有关的文献（图 3-3-3）。

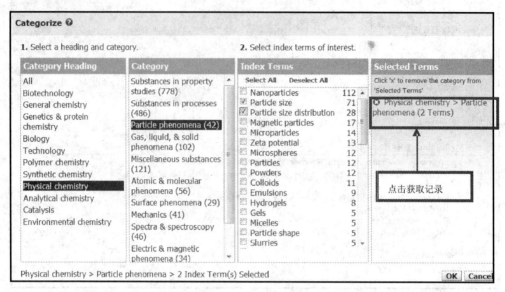

图 3-3-3 Categorize 研究方面

【例2】查找左氧氟沙星的物质特性

选择化学物质检索，Substances Explore 中的 Substance Identifier，在检索框中输入检索词 levofloxacin，点击 Search，系统即返回结果，左氧氟沙星详细说明 Substance Detail(图3-3-4)：结构式、分子式、系统化学名，其他名称，并提供反应路线、供货商、物质管制和注册信息 (Regulatory Information)包括缩写及代码、保密状态、欧盟法规、统一关税代码和专利状态 (图3-3-5)。

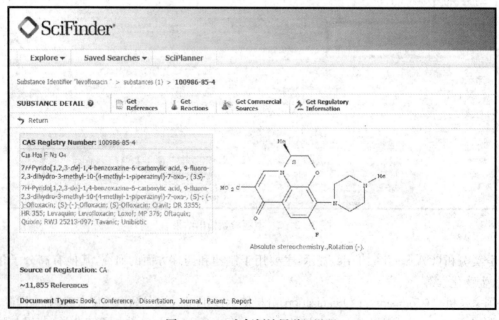

图 3-3-4 左氧氟沙星详细说明

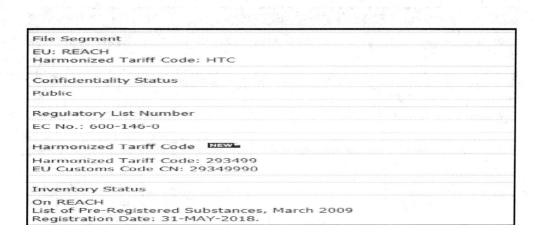

图 3-3-5 左氧氟沙星物质管制和注册信息

七、化学结构绘制软件

进行化学物质检索,系统可以启动结构绘制软件,以进行结构式检索。结构式绘制,包括多种功能,整个界面(图 3-3-6)分为直接绘制、模块选择绘制、元素选择输入、常用基团选择输入等(图 3-3-7),检索可选择精确匹配、子结构匹配、相似物匹配(图 3-3-8)。

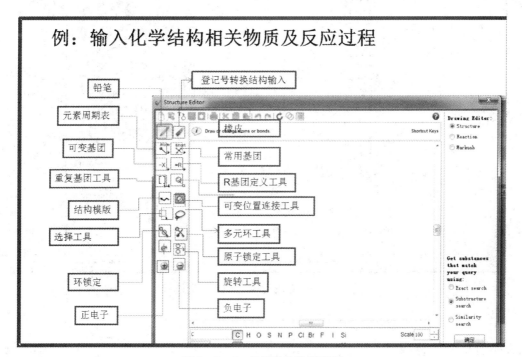

图 3-3-6 化学结构绘图界面

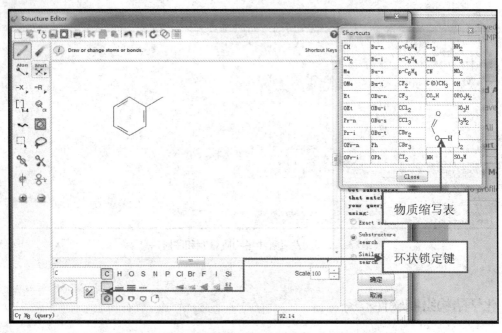

图3-3-7 模块选择绘制、元素选择输入、常用基团选择输入

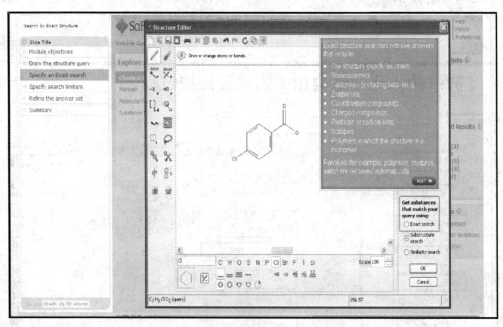

图3-3-8 完成绘制,子结构匹配检索

八、注册及个性化服务

通过 Scifinder 注册,必须用校园网邮箱。对新 ID 经 Email 确认以后,用户可以建立检索结果集、邮件提醒结果集(图3-3-9)。

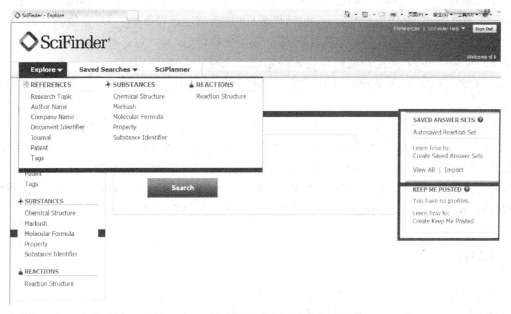

图 3-3-9　检索结果集和邮件提醒结果集

（李晓玲）

第四节　化学事实数据库

一、概述

化学事实数据库主要包括 CrossFireBeilstein/Gmelin 数据库（通常也简称为 CrossFire）。

（一）CrossFireGmelin

该数据库为世界上收录数据最全面的金属有机和无机化学数据库。包括 Gmelin Handbook of Inorganic and Organometallic Chemistry（《盖墨林无机与有机金属化学手册》），收录 1772～1975 年的数据和来源于 1975 年以后的主要为材料科学期刊中的数据，是化学、化工领域重要的参考工具。CrossFireGmelin 可检索数据包括：①240 多万种化合物，包括配位化合物、合金、固溶体、玻璃与陶瓷、高分子、矿物等，包含 800 多种不同的化学和物理性质条目；②130 多万种结构式，包括有机金属化合物的可检索结构式；③184 多万种反应式；④124 多万篇引文、篇目及文摘。CrossFireGmelin 最早回溯到 1772 年。

（二）CrossFireBeilstein

该数据库为世界上最大的有机化学数值和事实数据库。数据来源于 1779～1959 年的 *Beilstein Handbook of Organic Chemistry*（《贝尔斯坦有机化学手册》）、《Beilstein 有机化学大全》从正编到第四补编的全部内容和 1960 年以来各种国际性的期刊、专利文献、某些重要的学位论文和会议报告等述及的所有有机化合物的性质及其制备方法。CrossFireBeilstein 可检索数据包括以下 3 个方面内容。

1. 化合物　22 169 672 种化合物的结构式信息，及其所有相关科学事实和数据，包括所有相关化学属性数据、物理属性数据、生物活性数据(包括描述药效数据、环境毒物学数据)。

2. 反应式　35 873 573 条反应式，详细记载了化合物的制备(包括反应物及中间产物的合成路线)、反应条件，方便用户通过反应式检索选择、研究特定的反应路径。

3. 文献　包括 45 807 384 篇引文、篇目及文摘，自由地与化合物、反应式结果互相超链连接。

以上数据取自 2014 年 1 月 13 日 www.reaxy.com/documentation/about-query.shtml。Reaxys 为 CrossFire 数据库的整合库。它整合有机化学，金属有机化学和无机化学的大量经实验验证的信息。它能帮助用户识别有前景的新项目，终止无效的先导化合物，设计经济、高产率的合成路线，最大限度节省时间和成本，将化学反应和化合物数据检索与合成线路设计功能对接，使检索更加高效、精准，尤其在药物合成化学方面具有重要功能。

二、主界面

主菜单：检索、结果、合成、报告、个性化平台、帮助。

标准检索(默认)主要检索途径：结构和反应检索(Structure and Reaction)、名称和分子式检索(Name and Formular)、文献检索(Literature)。

选择限制：反应数据、物理常数、特殊常数、生物学活性、自然物质(图 3-4-1)。

图 3-4-1　主界面

三、检索方法

(一) 书目文献检索

可从文献编号、著者姓名、文献题名关键词、专利号、出版年、DOI(网络公开存取号)等途径检索。检索匹配可选择 is(精确词),starts with(开始词),ends with(结束词),contains(包含词)进行检索。

(二) 结构和反应检索

可从化学物质结构、化学反应类型等途径检索,启动结构绘制软件(须 Java 支持)。

(三) 名称和分子式检索

各种特征如分子式排列、分子式、重量等途径检索。点击这些字段名称,在内容显示区显示字段的代码和详细说明,并且可以选择字段进行限定检索。

四、检索举例

【例1】查询抗病毒剂的合成路线及相关文献。

第一步,选择 literature 文献检索。

第二步,选择检索字段 TI,AB。

第三步,分别输入检索词 antiviral,synthesis 确定逻辑符 and。

第四步,点击"Search"按钮(图 3-4-2)。

图 3-4-2　Reaxy 书目文献检索界面

书目文献记录内容(图 3-4-3):

侧栏:可以进一步对文献类型、著者、专利权人、期刊、出版年、化学特性、分子重量、片段数、物理常数、光谱数据进行滤过。

主要题录内容:著者、来源出处(刊名、年、卷、期、页)详细内容包括题录、文摘。

化学反应记录:显示反应编号、反应剂和产品的 Beilstein 登记号、反应分类、反应剂、反应条件、相似反应等合成详细信息(图 3-4-4)。

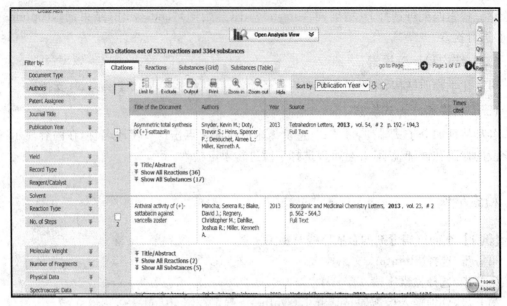

图 3-4-3 Reaxy 书目文献检索检索结果

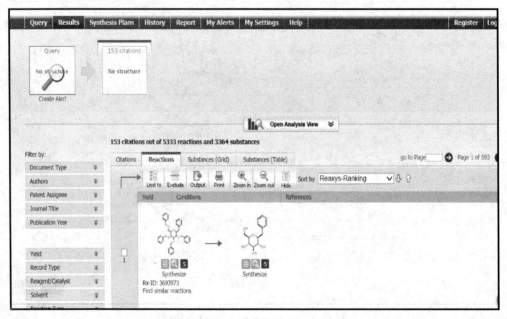

图 3-4-4 化学反应记录

习题(第三、四节)

1. 查找头孢呋辛酯(cefuroximeaxeti)的基本信息,包括化学结构式、CA 登记号,以及从事其化学制备研究的主要机构。

2. 查找易瑞沙(gefitinib,iressa)治疗肺癌的文献,相关化学物质、化学反应。

(李晓玲)

第五节 其他全文数据库及检索系统

目前,网上有许多外文全文数据库和检索系统,本节主要介绍 EBSCOhost 检索系统和 Elsevier ScienceDirect Journals,其他数据库和检索系统作简单介绍。

一、EBSCOhost 检索系统

(一) 概况

EBSCOhost 是 EBSCO Publishing 公司 1994 年推出的一个多学科数据库检索系统,我国高校自 1999 年起通过中国高等教育文献保障系统(CALIS)引进该系统。目前 EBSCOhost 中的全文数据库有:Academic Search Premier(ASP)、Business Source Premier,BSP)、Communication & Mass Media Complete、Educational Resource Information Center(ERIC)、EconLit(美国经济协会电子数据库)以及 Professional Development Collection(PDC)等 10 余个。ASP 数据库收录近 4 700 种学术期刊全文,包括 3 600 多种同行评审期刊,其中生物医学期刊近 600 种。

(二) 登录和选择数据库

EBSCOhost 各子数据库可从图书馆提供的电子资源链接登录和选择(图 3-5-1)。

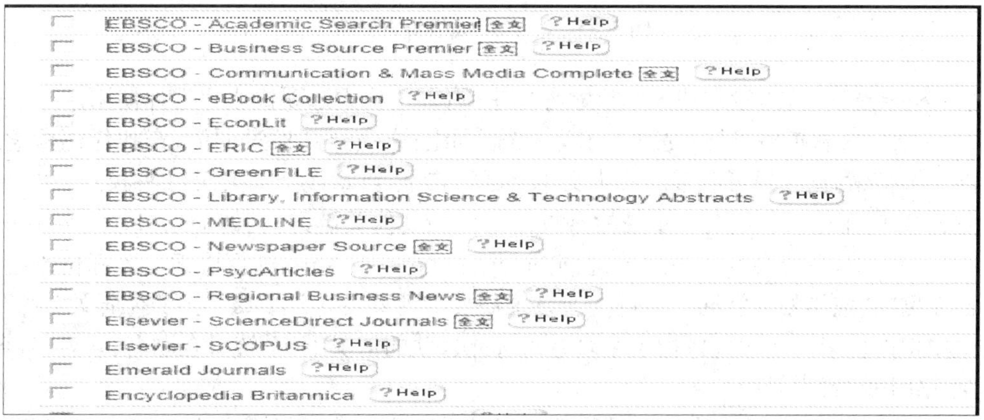

图 3-5-1 EBSCO 数据库选择列表

(三) 检索途径和检索方法

EBSCOhost 除基本检索和高级检索外,还有出版物、主题词语和参考文献(References)等检索途径。各子数据库的检索方法基本相同,以下检索内容以 ASP 数据库为例。

1. 高级检索

(1) 字段检索:在高级检索界面(图 3-5-2),检索提问框右边的字段下拉菜单提供了全文(TX)、题名(TI)、著者(AU)、摘要(AB)、北美工业分类系统(IC)、邓氏编码系统(Duns)等 17 个字段选项。若不作字段选择,系统默认的检索字段为题名、著者、摘要、刊名等。在基本

检索界面进行指定字段检索的方法是在检索词前加字段标识符,如输入 TI pulmonary embolism and AB diagnosis 表示在文章题名中检索"肺梗死",在文摘中检索"诊断"。

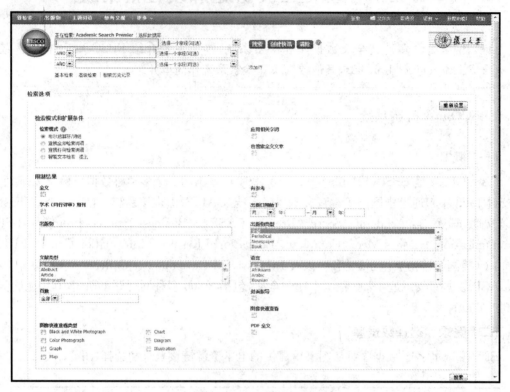

图 3-5-2　ASP 高级检索界面

(2) 检索选项:基本检索和高级检索界面中,有多个检索选项供用户选择使用。

1) 检索模式和扩展条件:提供布尔运算符/词组;查找全部检索词语;查找任何检索词语和智能文本检索(输入尽可能多的检索文本-词组、句子、篇章或全部页面)4 种模式。2 个扩展条件是:①"应用相关字词":表示在检索提问中添加其他关键词,例如输入"Hypertension"并选此项扩展检索,系统会自动添加关键词 blood、high、pressure 进行检索。鼠标位于检索结果页面左侧的"应用相关字词"上,可查看系统添加的那些关键词。②"也搜索全文文章"表示在全文中搜词检索。在未选择指定字段并未选此选项的情况下,系统只在题名、著者、刊名、摘要等默认字段中检索。

2) 限制结果:用于缩小检索结果范围。"全文"表示只检索提供全文的记录,"有参考"表示检索附有参考文献的记录,学术(同行评审)期刊为检索专家评审期刊中的文章,还有出版物类型,文献类型,出版日期等多种限定。

3) 搜索历史记录:在高级检索界面上有"搜索历史记录"按钮。进入此页面(图 3-5-3)可对检索式进行组配检索、保存、修改和删除等操作,还可创建检索快讯,定题跟踪检索专题文献。

在搜索历史记录中已执行过的检索式以 S1、S2、S3……次序显示,可勾选其中的检索式并直接进行布尔逻辑运算,也可输入检索序号重新检索,如搜索历史记录中有 S1 = lung cancer,在检索框中直接输入 S1 即表示检索 lung cancer。在搜索历史记录页面点击"保存检索/快讯"进入到"我的 EBSCOhost"页面,可以把使用过的检索式保存到自己注册过的个人文

图 3-5-3 搜索历史记录

件夹中。保存有"永久保存"[Saved Search (Permanent)]、"临时保存"[Saved Search (Temporary)]和"快讯"(Alert)3 种形式。临时保存的有效时间为 24 小时。此外,还可从"结果"(Results)和"搜索历史记录"(Retrieve Searches)中创建检索快讯,点击橘黄色的 图标可即时创建 RSS 源快讯。

4) 检索步骤:关键词检索的步骤是:输入检索词或检索式,选择字段或用字段标识符,选择"限定检索"或"扩展检索",点击"检索"按钮,浏览选择检索结果。

2. 主题词语检索 EBSCOhost 主题词表是系统提供的规范词表。主题词语检索有两种方法:①直接在"查找"检索提问框内输入拟定主题词进行检索;②先在"浏览"提问框内输词,再到主题词索引中浏览选词检索(图 3-5-4)。后者的检索步骤是:①在"浏览"输入框内输入拟定检索词;②选择"按词语开始字母"(Term Begins With)、"词语包含"(Term

图 3-5-4 主题词语检索界面

Contains)、"相关性排序"(**Relevancy Ranked**)之一,点击"浏览";③浏览主题词表,勾选所需主题词左边复选框,点击"添加"。此时,若点击带有下划线的主题词,屏幕上可能出现该主题词的上位词(Broader Terms)、下位词(Narrower Terms)和相关词(Related Terms)等信息;④重复以上①~③步,选择所需的布尔算符(表示与检索提问框内已有检索词的逻辑关系),点击"添加"(add),系统将选中的主题词自动加入到"查找"检索框内(此项操作可反复多次);⑤点击"搜索"按钮。

【例】查"急性肾功能衰竭"方面的文献,检索步骤如下:①进入"主题词语"页面,在"浏览"检索框内输入 acute kidney failure,点击"浏览";②主题词索引中出现"ACUTE kidney failure Use ACUTE renal failure",表示 ACUTE renal failure 是"急性肾功能衰竭"的主题词,点击 ACUTE renal failure;③勾选 ACUTE renal failure,点击"添加"按钮,在提问框内出现了 DE"ACUTE renal failure";④点击"搜索"按钮执行检索。

3. **出版物检索** 出版物途径供检索 EBSCOhost 收录的出版物信息和出版物上发表的文献。检索方式有直接输词查找和浏览两种。直接输词检索中,有以下 3 种选择:按字母顺序、按主题和说明、匹配任意关键字。按字母顺序检索,即显示的出版物名称列表是以键入的检索词为开头并按字母顺序依次排列的;按主题和说明,即显示出版物主题和说明中包含键入检索词的出版物列表;匹配任意关键词,即显示所有刊名中包含该检索词的出版物名称列表。

【例】查找期刊 *Journal of the American Medical Association*(JAMA)上刊载的题名中有 HIV 感染的文献,检索步骤是:①点击"出版物"进入出版物检索界面;②在"浏览"输入框中输入 JAMA,点击"浏览"按钮;③勾选期刊 JAMA,点击"添加";④此时输入框内出现(JN "JAMA: Journal of the American Medical Association"),点击"搜索";⑤在返回的高级检索页面的第二个检索提问框内输入 TI hiv infections,布尔算符选 and,点击"搜索"按钮,检索得到 270 多条文献(图 3-5-5)。

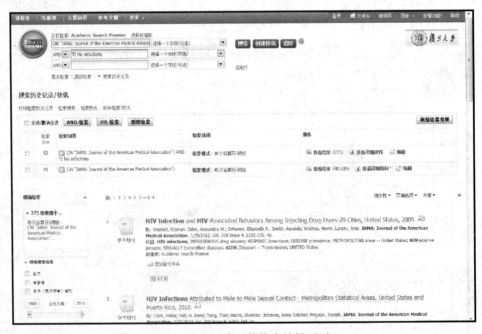

图 3-5-5 出版物检索结果页面

另外,在出版物列表中点击刊名左边的 ,可创建期刊快讯(Journal Alert)服务。注册用户登录系统并设定期刊快讯服务,系统每天会自动将选定期刊中新增的文献以 E-mail 方式发送给用户。点击 E-mail 中的链接,还可连接到 EBSCOhost 中的文章。

4. 参考文献检索　参考文献途径可查询某个著者的某篇文献在数据库中被引用的情况及引用文献的信息,其检索步骤为:①在基本检索或高级检索界面中点击"参考文献"(Cited References)按钮进入参考文献检索界面;②在 Cited Author(被引著者)、Cited Title(被引文章题目)、Cited Source(被引来源刊)、Cited Year(被引年代)或 All Citation Fields(全部检索字段)内输入已知信息;③点击"搜索"按钮,进行引文检索。首次检出结果为被引著者文献,进一步选择文献,点击查找引文,可得到引用文献。

5. 索引检索　索引检索是先输词进入索引浏览,再选词进行检索,具体检索步骤为:①在基本检索或高级检索窗口下点击"更多"下的"索引"按钮进入索引检索界面;②在"浏览索引"(Browse an Index)字段下拉菜单中选检索字段,在"浏览"输入框输入拟定检索词,点击"浏览"按钮;③屏幕显示符合检索条件的索引列表,勾选所需索引词前的复选框并选择逻辑符,点击"添加"按钮;④系统将选中的索引词自动放入"查找"检索框内,一次可添加多个词语;⑤点击"搜索"按钮执行检索。注意:只有对单个数据库检索时方可进行索引检索。

6. 图像检索　图像检索途径提供检索系统中约 115 000 张图片资料,这些图片分为人物图片(Photos of people)、自然科学图片(Natural science photos)、风景图片(Photos of places)、历史图片(Historical photos)、地图(Maps)和旗帜(Flags)6 类。以检索中国地图为例,其检索步骤是:①在基本检索或高级检索界面点击"更多"下的"图像"进入图像检索界面;②在检索框中输入检索词 china;③图像类型选"地图"(Maps)(此项可单选或多选);④点击"搜索"按钮;⑤点击显示结果中的小图片,可查看图片的放大版及图片的简要信息。

EBSCOhost 还提供图像快速查看(Image Quick View Collection),可检索论文中的图像,并以缩略图的形式显示在检索结果论文列表中。

(四) 检索结果处理

1. 检索结果显示　在检索结果页面(图 3-5-6)左侧列有精确检索列表,包括文献类型、年份、主题、出版物、北美工业分类及行业选择等选项。检索结果的默认显示格式为题录,点击题名,得到文摘等详细信息。对文献显示的详简程度可通过"页面选项"进行设置。点击全文链接得到全文,全文有 HTML 和 PDF 两种不同格式。

2. 检索结果输出　系统提供相关性排序、页面选项和共享 3 种显示和输出方式。另外在"文件夹视图"中有"打印"、"电子邮件"、"导出"(Export)、"另存为文件"4 种方式。操作步骤为:①在检索结果列表中点击记录下方的添加至文件夹,添加操作可反复进行,此时记录被存入临时文件夹中;②点击"文件夹视图",再次勾选文件夹中所需的文献记录,点击"打印"或"电子邮件"或"导出"等输出方式(图 3-5-7)。

习题

1. 利用高级检索途径搜索关于"Rock2(rho kinase 2)对肝癌(hepatocellular carcinoma)细胞修复作用"经同行评议的期刊文献,分析检索策略、写出检索步骤。(提示:注意 Rock2 和肝癌有多种表达方式。)

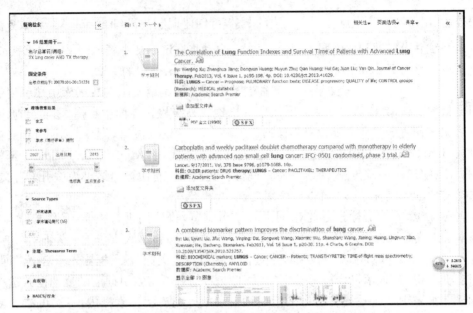

图 3-5-6　EBSCO 检索结果页面

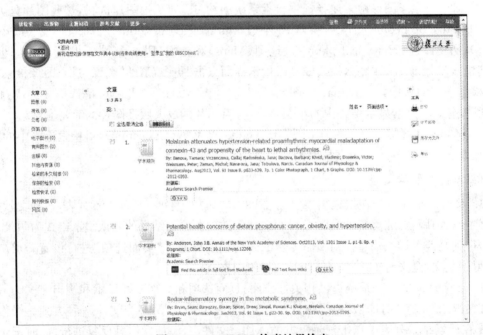

图 3-5-7　EBSCO 检索结果输出

2. 利用高级检索途径搜索关于"阿司匹林（aspirin）诱导哮喘（asthma）"带有插图的期刊全文，分析检索策略、写出检索步骤。

3. 通过基本检索和主题途径检索儿童维生素 C 缺乏治疗方面的文献。

4. 检索医学期刊 *Journal of Child Psychology & Psychiatry* 收录文献的标题中出现自闭症（autism）内容的文献，抄写本期刊的出版者信息，并创建本期刊快讯。

（林　红　钟丽萍　蒋佳文　潘素珠　李晓玲）

二、Elsevier ScienceDirect Journals

(一) 概况

Elsevier 是国际科学、技术、医学信息产品和服务经营及出版集团,总部设立在荷兰的阿姆斯特丹,在全球设有 74 个分支机构。通过与全球的科技与医学机构的合作,每年出版 2 000 多种期刊和 1 900 本新书,以及一系列电子产品,目前已经是全球最大的科技与医学文献出版商之一。

Elsevier 公司出版的电子期刊数据库 ScienceDirect(SD) Journals 是该公司核心电子产品之一。该数据库收录了自 1995 年以来的 2 500 多种电子期刊上的全文,共 800 多万篇,至今下载量达 38 亿,覆盖 4 大类 24 个学科。

自然科学:化学,化学工程,计算机科学,地球与行星学,能源和动力,工程和技术,材料科学,数学,物理学和天文学。

社会科学:艺术和人文学、商业、管理和财会、决策科学、经济学、计量经济学和金融、心理学、社会学。

生命科学:农业和生物科学,生物化学,遗传学和分子生物学,环境科学,免疫学和微生物学,神经系统科学。

医学:医学与口腔学,护理与卫生保健学,药理学,毒理学和制药学,兽医学。

(二) 检索途径

ScienceDirect Journals 提供了 4 种检索途径:浏览、快速检索、高级检索和专家检索。

1. 浏览(Browse)　系统提供 3 种方式进行浏览:学科浏览、收藏夹浏览、字顺浏览(图 3-5-8)。

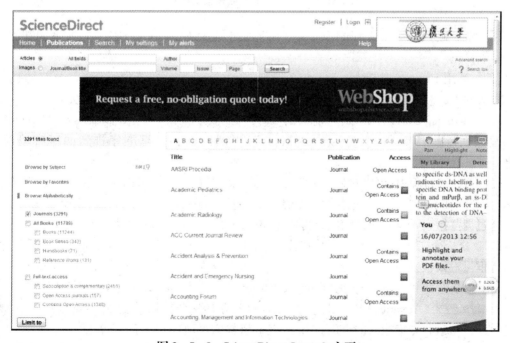

图 3-5-8　ScienceDirect Journals 主页

（1）按学科浏览（Browse by Subject）：可直接看到学科的各个子学科，按照需求选择学科内容。如果选择多个子学科，可以实现跨学科浏览。最后得到的期刊是按照题名字母顺序排列。

（2）收藏夹浏览（Browse by Favorites）：免费注册后，对感兴趣的期刊，可以通过点击"Add to Favorites"添加到收藏夹（图3-5-9）。收藏夹浏览就是阅读这些期刊上发表的论文。

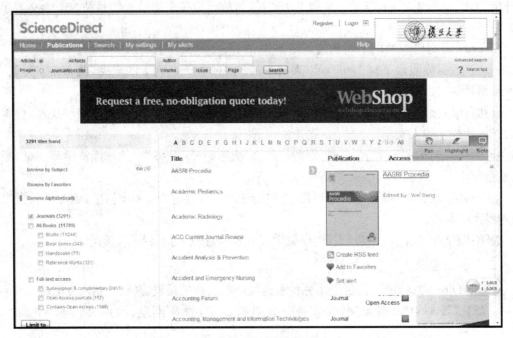

图3-5-9　添加期刊到收藏夹 Favorites

（3）按字顺（Browse Alphabetically）浏览：可按照期刊刊名的字母顺序列出所有期刊。

【例】利用 Browse 浏览法医学的相关期刊。

方法如下：点击"Browse by Subject"右面的"Edit"→在新窗口中依次点击"Health Science"、"Medicine and Dentistry"前面的"＋"→在子学科中，点击"Forensic Medicine"前面的复选框（图3-5-10）。→点击"Apply"，得到按期刊字母顺序排列的所有法医学期刊。

在浏览检索过程中，可以对检索结果是否为全文进行选择，也可以对文献资料类型（期刊/图书/参考工具书）进行限定，这些限定都在页面的左下方。

通过浏览检索，得到所需期刊后，再通过期刊的卷期目次，就可获得全文。

2. 快速检索（Quick Search）　快速检索框出现在 ScienceDirect 每一页上方，只要在对应的输入框里输入检索词，即可检索文献。这些输入框分别对应：①所有字段（All fields）；②作者（Author）；③期刊名、卷、期、页（Journal/book title、Volume、Issue、Page）。

3. 高级检索（Advanced Search）　在页面的上方有一个功能导航条，点击其中的 Search 能进入高级检索和专家检索的页面，默认的是高级检索页面（图3-5-11）。

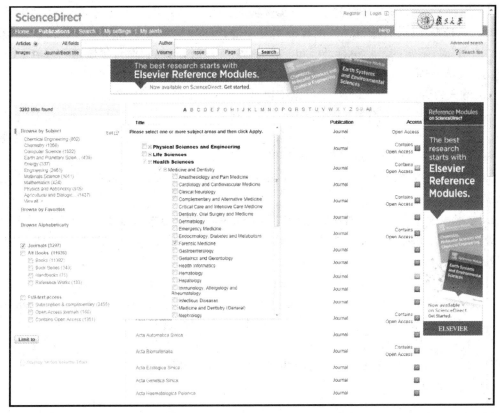

图 3-5-10 利用 Browse 浏览法医学期刊

图 3-5-11 ScienceDirect 高级检索界面

检索步骤如下：

(1) 选择检索资源：可以选择"所有资源(All sources)"、"期刊(Journals)"或"图书(Books)"。选择不同的检索资源，高级检索界面的检索限定区域会发生变化。检索"所有资源"和"图书"时，限定的是学科领域(Subject)，检索期刊时，不仅有学科领域，还有期刊文献类别，卷期页码等限定。

(2) 输入检索词：可以输入单个检索词也可以输入带运算符的检索式。

(3) 选择检索字段：字段类型有"文摘，题名，关键词(Abstract，Title，Keyword)"、"著者(Authors)"、"期刊名(Journal name)"、"题名(Title)"、"文摘(Abstract)"、"关键词(Keyword)"、"全文(Full text)"等可供选择。

(4) 其他限定：选择包括文献类型(Document type)选择、学科领域(Subject)选择、时间段(Date)选择等。

4. 专家检索　在高级检索界面，点击"Expert Search"就可进入专家检索界面。专家检索和高级检索类似，区别在于检索框内可以输入含有布尔算符的检索表达式，若需词组检索应在词组外面加双引号。

【例】检索 2000 年以来的"肝细胞瘤病人的肝脏移植"方面的文章，检索步骤如下。

检索框内输入 hepatoma AND "liver transplantation"，在 Subject 框内选择 Medicine and Dentistry，检索年限选 2000 to present，最后点击"search"按钮。

5. 精炼检索结果(Refine results)　在快速检索、高级检索和专家检索的检索结果基础上，用户还可以对结果进行精炼检索，以获得更加精确的检索结果。

(三) 检索规则

(1) 同一检索式中，可以用布尔算符 AND(与)、OR(或)、AND NOT(非)来表达检索词之间的关系。系统默认各检索词之间的逻辑关系为"AND"。用单括号可以定义运算优先顺序。

(2) 利用位置算符可以限定检索词之间的距离。

W/n：表示前后两个词之间可间隔 n 个词，但不限定两个词出现的先后顺序。例如：coral W/5 reef 返回那些含有 coral 和 reef 且两者间隔在 5 个词以内的结果。一般而言，要检索的词在同一词组中可使用 W/3，W/4，或者 W/5，在同一句中可使用 W/15，在同一段中可使用 W/50。

PRE/n：使用 PRE 算符进行位置检索，表示前后两个词之间可间隔 n 个词，但限定两个词出现的先后顺序，第一个词在前。

(3) 精确检索：检索词加上引号""表示短语精确检索，系统查找与引号内完全匹配的记录。例如："coral reef degradation"仅返回那些含有引号内指定短语的文章。但是，一些虚词将被忽略，如 of，and 等。

(4) 作者检索：先输入名的全称或缩写，然后输入姓的全拼。例如：J S Smith

(5) 截词符 *：表示无限截词，即在检索词的末尾加上 *，表示可以代替 n 个字母，例如：cardio * 可以检索到 cardiology，cardiologist 等。截词符？则可替代词中间字母。

(6) 禁用词(stop word)：系统遇到禁用词，会自动省略，以空格取代。主要的禁用词有 of，the，in，she，he，to be、because、if、when 等。如果一定要检索这类词语的话，就必须用""将他们标出。

(7) 系统具有识别单复数的功能，输入单词的单数形式，可以检索到该单词的单数、复数及所有格形式，例如：输入 gene，可以同时检索到含有 genes 的文献。不规则复数变化除外。

(8) 检索希腊字母时,用其英文拼写代替,例如:检索 β,就需输入 beta 来替代。
(9) 上下标字符按普通字符输入,例如检索 CO_2,输入 CO2 即可。

(四) 检索结果显示与全文下载

1. 通过浏览检索,得到期刊列表　找到所需期刊,点击期刊名,就可进入期刊的卷期/目次页面浏览。该页面内容如下:
(1) 期刊信息:刊名版权信息、刊名变更信息、相应链接。
(2) 各卷期列表。
(3) 当前一期详细信息:文章列表。
点入某篇文章,就可看到该文章的详细信息,通过全文链接 PDF 图标看到全文。

2. 通过快速检索、高级检索、专家检索可以得到文章记录列表　记录可以按出版时间(默认)或者文献相关性排序。

记录上方的功能按钮包括:E-mail Articles,Export Citations,Download Multiple PDFs,Open all previews。其中,Download Multiple PDFs 提供最多 20 篇全文的同时下载,Open all previews 可以打开所有的详细记录。

点击 Show preview,可获得全文摘(Abstracts),可以看到文章的详细概要,包括文章题名、作者(有作者信息链接、E-mail 发送链接等)、文摘、文章大纲(列出章节目次并提供链接,点击后可阅读相应章节的全文)、文章内图片、表格列表(点击可以看到大图)、参考文献列表等。

点击篇名,在校园网有效 IP 下可以看到全文,全文的打印和保存可以用 IE 浏览器的编辑和打印功能或 Adobe Acrobat Reader 软件中的相应功能实现。如果想先存盘后离线阅读,可用鼠标右键点击"Download PDF"链接。从弹出的菜单中选"目标另存为",然后选定文件存盘的路径即可保存到本地硬盘上。

3. 题录、文摘输出　系统通过检索结果中的 Export citations 按钮,提供题录和文摘的各种输出,包括:①内容格式(Content format),有题录(Citations Only)和题录和文摘(Citations and Abstracts)2 个选项。②输出格式(Export format),文献管理软件格式有 RIS format (for Reference Manager,ProCite,EndNote),RefWorks Direct Export 等。

(五) 个性化服务

ScienceDirect 除了在检索功能、检索界面上进行了优化,还为使用者提供了多角度、多层次的个性化服务,如保存检索式、察看检索历史、各类快速链接、定制文献快讯服务等。使用这些服务,用户必须先注册,然后登录才能使用。

1. 注册　在主页的右上方有注册和登录的链接。如果没有注册过,先选择注册,进入注册页面,完成填入内容,*项为必填项目,提交后,系统会自动生成用户名,并用 E-mail 通知,即可成为 SD 的正式用户,享有 ScienceDirect Journal 的个性化服务(图 3-5-12)。

2. 个性化服务内容
(1) 查看近期检索操作,可以保存检索式、检索结果等。
(2) 定制个人喜爱的期刊及目次(Favorites)。注册用户可以对自己喜欢的期刊进行定制,通过 Browse 检索,得到期刊,点击"Add to Favorites",就可把该期刊定为自己喜爱的期刊(Favorites)。用户每次登录个性化主页,点击"Browse by Favorites",找到该期刊的链接进入该期刊目录和论文列表。

图 3-5-12 ScienceDirect 个性化服务界面

(3) 定制文献快讯服务(My Alerts)。用户可订制的文献快讯服务包括：检索快讯(Search Alerts)、专题快讯(Topic Alerts)、期刊和图书快讯(Journal and book-series alerts)。设置了这些快讯服务后，在"同一检索式"、"关注专题"、"期刊和图书"发生新的变化时候，ScienceDirect 都会自动发 E-mail 告知用户。

定制检索快讯的步骤如下，在检索结果页面点击"Save as Search alert"，出现定制检索快讯服务的页面，填入相关信息(Name of Alert，E-mail Address)、选择信息快讯周期(Frequency)，保存即可(图 3-5-13)。

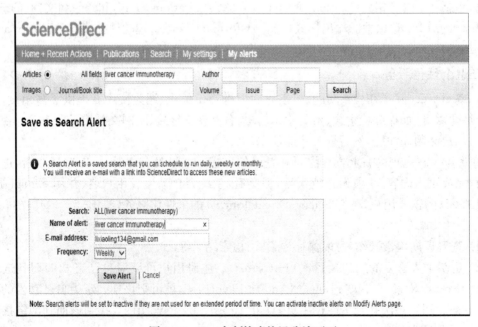

图 3-5-13 定制检索快讯确认页面

(4) 建立快速链接（My Quick Links）。用户可以把 ScienceDirect 中的网页（期刊卷期页、文章页等）和经常查看的网页保存到快速链接栏目中。在期刊卷期的页面中，点击"Add to my Quick Link"就可把该页面放入快速链接栏目。在个性化主页中，点击"Add a Quick Link"，出现快速链接添加页面，就可以把经常要使用的网页保存到该栏目中去。

(5) 上面提到的快讯服务，用户还可以利用 RSS 功能来获取。

习题

1. 通过浏览途径获取以下文献的全文：The American Journal of Cardiology，2013；111(12)：1681～1687。

2. 通过高级检索途径获取 2010 年至今有关"婴儿(infant)患哮喘(asthma)"的文献。

（俞　健　李晓玲）

三、ProQuest 检索系统

ProQuest 是一个由 Bell & Howell Information and Learning（原为 UMI）公司出版，含有 20 多个数据库的检索系统，其中与生物医学关系密切的数据库有 ProQuest Health and Medical Complete、ProQuest Pharmaceutical News Index 和 ProQuest Biology Journals。

1. ProQuest Health and Medical Complete　医学期刊全文数据库 ProQuest Medical Library 的升级版，在 ProQuest Medical Library 收录的 900 多种期刊基础上新增了 300 多种期刊，总共收录了 1 390 种医学期刊，其中 1 140 种提供全文，940 多种为 Medline 收录刊，收录文献自 1987 年至今。

2. ProQuest Pharmaceutical News Index　提供医学技术、研究、立法方面的最新信息的题录，信息源于 21 个美国和国际制药业、保健、生物技术、医疗器械、化妆品行业机构的报道。

3. ProQuest Biology Journals　收录 300 多种生物学方面期刊，其中 265 种期刊提供全文，内容覆盖环境科学、神经学、生物化学、生物技术、微生物学、植物学、农业、生态学、药物学和大众健康，收录文献自 1988 年至今。

2007 年，ProQuest Information and Learning 公司被 Cambridge Information Group 旗下的 CAS（剑桥科学文摘服务社）并购，ProQuest 作为知名数据库品牌未变。

四、Ovid 检索系统

Ovid 是由美国 Ovid 技术公司（Ovid Technologies Inc.）创建，能检索近 200 种人文、社科、科技文献数据库的检索系统，1998 年 11 月 Ovid 公司被 Wolters Kluwer 并购，现隶属于 Wolters Kluwer Health。国内订购的该平台生物医学数据库概况详见第三章第一节的第二部分 OVID 介绍。

五、OCLC FirstSearch

OCLC（Online Computer Library Center，Inc.）是世界上最大的提供文献服务机构之一，

创建于1967年，总部设在美国俄亥俄州都柏林。OCLC是一个服务于图书馆的非赢利组织，实现资源共享并减少费用支出是该机构的目标。

OCLC FirstSearch 是 OCLC 于 1991 年推出的数据库集，目前含有 13 个子数据库，大多数为综合性数据库，包括：①ArticleFirst——收录 12 500 多种期刊的文章索引；②Ebooks——世界各地图书馆的联机电子书的 OCLC 目录；③ECO——OCLC 联机电子学术期刊库；④UnionLists——OCLC 成员馆所收藏期刊的联合列表库；⑤PapersFirst——国际学术会议论文索引；⑥Proceedings——国际学术会议录索引；⑦MEDLINE——医学、牙科、护理文摘数据库；⑧WilsonSelectPlus——科学、人文、教育和工商方面的全文库。

六、SpringerLink

SpringerLink 是世界著名科技出版集团 Springer Verlag 提供的电子期刊库和电子书库。2004 年 Kluwer Academic Publishers（KAP）合并入 Springer 后，Kluwer 电子期刊库并入 SpringerLink。至 2013 年 9 月，SpringerLink 含全文电子期刊 2 785 种。

SpringerLink 2013 年收录的医学期刊有 832 种，生物医学与生命科学期刊 194 种，医学与公共卫生期刊 93 种，生命科学期刊 66 种。

七、Wiley Online Library 全文电子期刊

Wiley Online Library 我校订购了近 1 300 种期刊的现刊电子期刊，内容以科学技术与医学为主，其中被 SCI 收录的核心期刊 1 000 多种。

习题

1. 通过 ProQuest 中的 ProQuest Health and Medical Complete 和 ProQuest Pharmaceutical News Index 检索"阿司匹林用于急性心肌梗死"方面的文献。
2. 通过 Journals@Ovid Full Text 检索"婴儿或儿童急性成淋巴细胞白血病治疗"方面的全文。

（夏知平　李晓玲）

第四章 特种文献检索

特种文献是指出版发行和获取途径都比较特殊的科技文献。特种文献一般包括会议文献、科技报告、专利文献、学位论文、标准文献、科技档案、政府出版物七大类。特种文献特色鲜明、内容广泛、数量庞大、参考价值高,是医学科研重要的信息源,在医学文献检索中占有不可或缺的地位。

第一节 学位论文检索

学位论文是高等院校本科毕业生或研究生为获取学位必须撰写的论文,具有科研论文的科学性、学术性、新颖性等特性以外,还有绝大多数不公开发表或出版等特点。其中,硕士学位论文有一定的深度,须有独到见解;博士学位论文则是对学科前沿的探讨,论文内容新、专、深,具有独创性。学位论文是具有学术价值、情报价值的重要资源,高校学生充分利用学位论文,有利于进一步提高对科研工作的科学性、创新性的认识,借鉴学位论文表述科研工作的方法,提高学位论文的写作能力。

目前在网上进行学位论文的检索以及全文获取主要通过 PQDT(ProQuest Dissertations & Theses A&I)(美国 UMI 公司出版的欧美博士、硕士学位论文库)、中国学位论文数据库(万方数据)等数据库进行。

一、PQDT

(一) 概述

PQDT 是美国 ProQuest 公司出版的博、硕士学位论文数据库,是 DAO (Dissertation Abstracts Ondisc)的网络版。该数据库是世界著名的学位论文数据库,也是目前世界上最大和最广泛使用的西文学位论文数据库之一。它收录了从 1861 年至今欧美 2 000 余所大学的博士、硕士论文的摘要及索引,内容覆盖文、理、工、农、医等广泛领域,是学术研究中十分重要的参考信息源。它分为 The Sciences and Engineering Collection 和 The Humanities and Social Sciences Collection 两个子集。每年约增加 4.5 万篇博士论文和 1.2 万篇硕士论文的摘要,并可看到 1997 年以来部分论文的前 24 页。

(二) 检索技术与方法

1. 检索技术(欲了解详细规则,可点击主页中的检索技巧) ①逻辑算符:系统支持布尔算符 AND（与）、OR（或）、AND NOT（非）。②位置算符：W/n 表示两词间距小于 n 个单词，且前后位置任意。如：tongue w/2 base 可检出包含 tongue base，base of tongue 检索词的文献；Pre/n 表示两词间距小于 n 个单词，且前后位置一定。如：tongue pre/2 base 可检出含有 tongue base，tongue of base 的文献。③截词符：开放式截词＊，如 Biolog＊，可以检索包含 biology，biologic 的文献；？代替单个字母，如 wom？n，可以检索包含 woman、women 的文献。④字段限定：在字段缩写后加上检索词，并用（）将检索词包含起来。如：ABS（ozone）表示检索在文摘中出现过 ozone 的文献。⑤强调词组检索，用""表示：如"chronic hepatitis b"。两个单词组成的词组无需用""，系统默认为词组检索，即 liver cancer 等同于"liver cancer"。

2. 基本检索（Basic Search） 进入系统后，默认检索界面为基本检索。检索时若不进行字段限定，系统默认在关键词（keyword）、题名（title）、主题（subject）和文摘（abstract）共 4 个字段中检索。点击放大镜即可完成检索（图 4-1-1）。

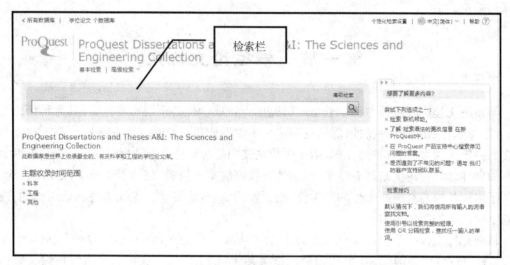

图 4-1-1 PQDT 基本检索界面

3. 高级检索（Advanced Search） 在基本检索的界面上点击"高级检索"，进入高级检索界面（图 4-1-2）。

高级检索界面中提供多个检索栏，并且每个检索栏后面有检索字段的下拉菜单供用户选择，两个检索栏之间有 AND、OR、NOT 3 种运算符供用户选择。

检索选项帮助用户限定检索年限、语种、论文类型等。同时，也可帮助用户通过浏览的方式确定导师姓名、学校名、主题词、关键字等。

【例】查找哈佛大学的学位论文。可点击"查找 大学/单位"，在弹出的新窗口中输入 harvard university，点击"查找"，然后在列表中勾选 harvard university，最后点击"添加至检索条"按钮。系统自动将检索词添加至大学/单位检索栏中。

总之，在辅助检索选项区，可通过浏览列表的方式，用添加按钮将需要的检索词添加到输入框进行检索（图 4-1-3）。

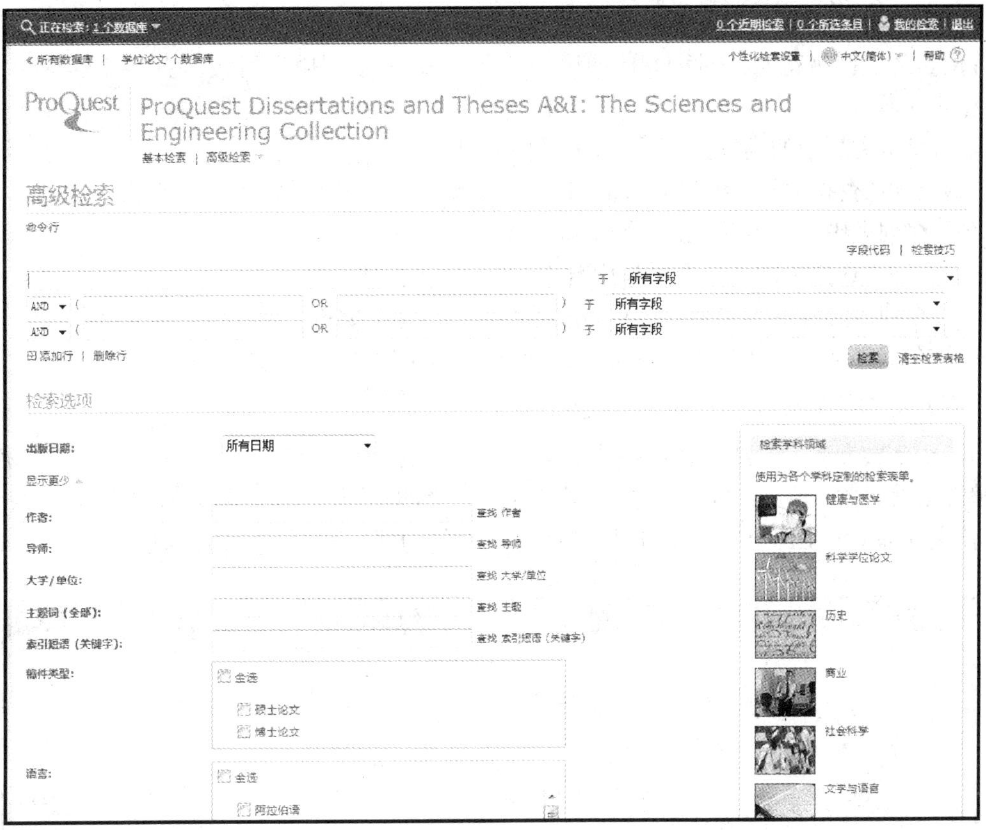

图 4-1-2 PQDT 高级检索界面

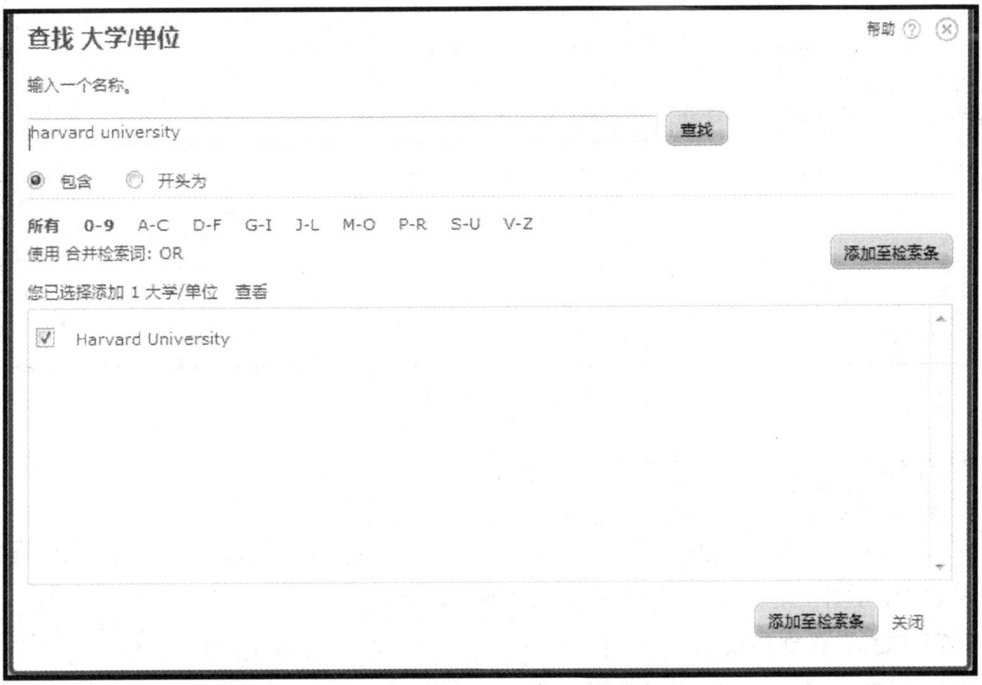

图 4-1-3 PQDT 查找大学/单位界面

4. 检索举例

【例】通过高级检索,查找 University of Wyoming 大学中肿瘤学专业的硕士学位论文。

检索步骤:

(1) 点击主页中的高级检索,进入高级检索界面。

(2) 点击"查找大学/单位",在新窗口中输入 University of Wyoming,点击"查找"。

(3) 在列表中勾选该学校,并点击"添加至检索条"按钮。

(4) 点击"查找主题",在新窗口中输入 Oncolgoy,点击"查找"。

(5) 在列表中勾选该主题词,并点击"添加至检索条"按钮。

(6) 在稿件类型中选择硕士论文,最后点击检索按钮,完成检索。

(三) 检索结果处理

1. 显示检索结果　默认显示格式为题录格式,包括论文题目、著者、学位、学校、年份、引文/摘要链接、PDF 预览链接、全文链接等。点击论文的标题或预览- PDF 格式,以 PDF 格式浏览该论文的部分或全部全文。点击引文/摘要,获得导师姓名、主题、摘要等信息(图 4-1-4)。

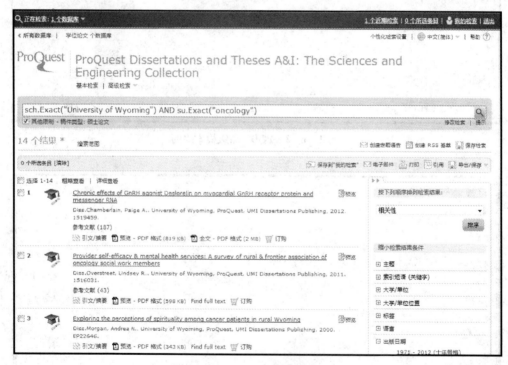

图 4-1-4　PQDT 检索结果页面

2. 标记结果　点击选定记录前的复选框。

3. 标记的项目　集中显示标记过的题录,以便保存或打印。

4. 导出保存　将检索结果以引文的形式导出到 EndNote, ProCite, Reference Manage 等文献管理软件中(详见第八章第二节个人文献管理软件)。

(四) PQDT 原文获取

2002 年开始,为满足国内学者对博士论文全文的广泛需求,各高等院校、学术研究单位以及公共图书馆,共同采购国外优秀博士论文,建立了 ProQuest 博士论文全文数据库。目前该数据库有博士论文10万余篇。国内有北京大学图书馆(CALIS全国文理中心)、上海交通大学图书馆和中信所3个镜像站,用户可访问镜像站获得全文。

1. 基本检索 在系统主界面上,默认检索界面即为基本检索界面,包括有3个检索提问框,各有检索词字段限制选择、逻辑运算、论文提交时间选择。字段检索限制选择包括摘要、作者、论文名称(题目)、指导老师、学科、学校、论文编号(与PQDD网络文摘库号一致)、学位、语种、ISBN、论文卷期次,用户可以从记录的不同位置所包含的检索词进行检索。

2. 高级检索 通过主界面上的高级检索路径,进入高级检索,系统提供了直接输入检索式的主检索(文本)框和各字段检索附加输入(组合)框,逻辑运算符、论文提交时间选择。用户可以通过在检索栏中直接输入提问式,也可以通过各检索字段输入框中输入检索词,并点击旁边的"增加"键,将检索词添加到主检索框中,进行组合检索(图4-1-5)。

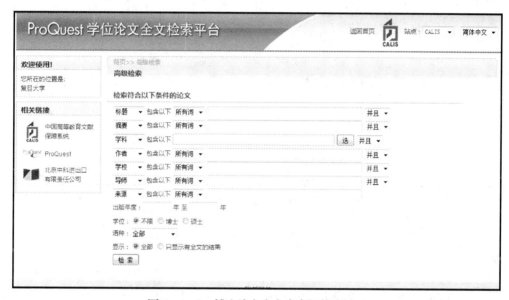

图4-1-5 博士论文全文库高级检索界面

3. 学科导航 通过学科导航,可以浏览某一学科的学位论文。如点击Health Sciences下的各级学科名称,即可检索到该学科下的学位论文。

二、中国学位论文全文数据库(万方数据—学位论文库)

中国学位论文全文数据库由中国科技信息研究所提供数据,万方数据资源网站加工建库,是目前我国学位论文资源获取的主要来源。收录了自1980年以来我国自然科学领域博士、博士后及硕士研究生论文,其中全文60余万篇,每年稳定新增15余万篇。

中国学位论文全文数据库的检索途径有基本检索、高级检索和学科、专业目录、学校所在地(详见第二章第三节"万方数据期刊论文数据库"部分)。

检索结果有3种显示形式:题录、文摘和全文。初始显示为题录(图4-1-6)。点击题名,得到文摘。文摘显示的字段有:论文题名、论文作者、作者专业、授予学位、导师姓名、授予单位、馆藏号、分类号、论文页数、文摘语种、出版时间、关键词、文摘。点击查看全文,即可浏览PDF格式的全文。

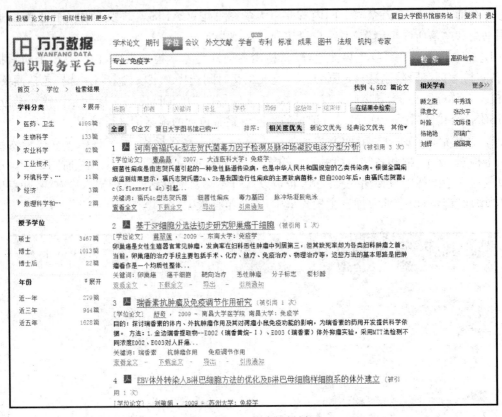

图 4-1-6 检索结果界面

习题

1. 通过 PQDT 数据库的基本检索途径查找有关肺癌的基因治疗方面的学位论文。请写出：第二篇文献的指导老师姓名和文章目次中第一个一级标题。

2. 通过 PQDT 数据库的高级检索途径在遗传学主题中查找 2001 年有关糖尿病（diabetes）的博士论文。请写出：检出篇数。

3. 通过 PQDT 博士论文全文库的镜像站，查找导师名为 Haug，Peter J 的有关决策支持系统（decision support system）的博士学位论文。请写出：论文作者姓名和学校名。

4. 在中国学位论文数据库（万方资源—学位论文库）中查找 2010～2013 年有关肝肿瘤与细胞凋亡关系的博士论文。请写出：检出篇数及第一篇论文的学位授予单位。

第二节　会议信息检索

会议信息包括会议消息和会议论文。会议消息预告学术会议召开的时间地点等，是撰写会议论文和参加学术会议的指南。会议论文具有创见性和新颖性之优点，有些科研中的重大发现往往首先是在学术会议上公之于众的。因此，学术会议论文是医学研究的重要信息来源。及时获得会议消息，尽早阅读会议论文，有助于扩大视野、启发研究选题、熟悉知名学者和重要研究机构,把握专业研究动态,为进一步的学术交流和专业研究积累信息。

一、医学会议信息网站

获取医学会议消息的传统途径有专门的会议文献检索刊物、专业期刊上的会议消息报道、专业学会的会议通知等。当今,通过会议预告信息网站既可快速获取,又可方便发布学术会议信息。

FWS国际医学会议网(http://www.fwsevents.com)创建于2004年,是专门的医学会议网站。它致力于国内外医学学术会议、医学会议培训等信息的资讯服务,为广大会议组织者和参与者搭建一个信息传播沟通的网络平台(图4-2-1)。检索学术会议的途径之一是通过"会议分类"栏目点入,途径之二是会议搜索,途径三是利用全球会议地图查找。

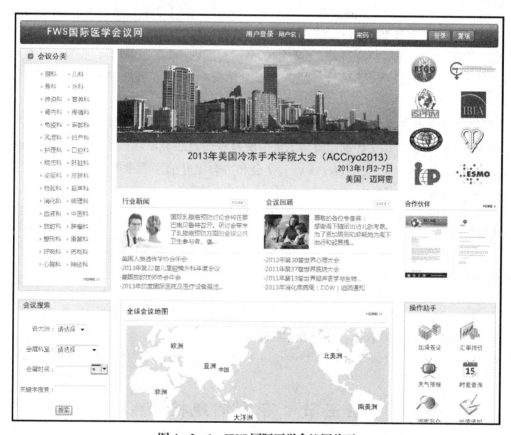

图4-2-1 FWS国际医学会议网首页

二、通过网络检索工具查询会议消息

表达学术会议的英文词汇有:Conference, Congress, Symposium, Convention, Seminar, Workshop等。在网络检索工具的检索提问框内同时输入专题词汇和会议词汇进行专题会议信息的查询。例如,通过Google检索有关2008年召开的有关中风的学术会议,检索步骤是:

http://www.google.com.hk→在检索提问框内输入 stroke conference，得到多个网页链接，其中一条信息是：2013 年 8 月 30 日~9 月 1 日将在香港召开"Asia Pacific Stroke Conference 2013"。继续点击可获得更详细的相关信息。

三、会议论文检索

会议论文可以取自于会议论文集，也可以来源于期刊。会议文献数据库的类型有全文型、文摘型，也有题录型。世界上最著名的科技会议文献数据库当属美国 ISI 编辑出版的 Conference Proceedings Citation Index。

(一) Conference Proceedings Citation Index

这是美国 ISI 编制的会议文献引文数据库，收录 1990 年至今的会议文献。该数据库由 Science 和 Social Science & humanities 两个子库组成，现在归并在 Web of Science 数据库中。

其检索途径有检索和高级检索等。检索范围后面的可选字段有主题（从标题、关键词、文摘字段），作者，会议（包括会议名称、会议地点、会议时间、会议主办者）等。在高级检索中，可利用字段标识符和运算符直接编写检索式（参见第三章第二节美国学术知识系统 Web of Knowledge）。

(二) 中国学术会议论文全文数据库（万方数据—学术会议数据库）

中国学术会议论文全文数据库收录了由中国科技信息研究所提供的 1985 年至今世界主要学会和协会主办的会议论文，以一级以上学会和协会主办的高质量会议论文为主。每年涉及近 3 000 个重要的学术会议，总计 130 万余篇，每年增加约 20 万篇，每月更新。检索途径有分类浏览、个人作者、论文题目、文摘、关键词、会议名称、全文（详见第二章第三节万方数据期刊论文数据库）。

习题

1. 通过 FWS 国际医学会议网查找 2014 年在北美洲召开的麻醉科的国际会议。请写出：第一条会议信息中会议的名称、日期和地点（国家、城市）。
2. 在 Conference Proceedings Citation Index 中检索你感兴趣的医学会议论文。

第三节 专利信息检索

专利信息是指记录有关发明创造信息的信息。狭义的专利信息单指专利说明书或发明说明书；广义的还包括专利申请书、专利公报、专利检索工具以及与专利有关的一切信息。

专利信息检索的需求主要有：查找某种专利技术信息；查找某种专利的新颖性；查找是否有相关专利，以免侵权；同族专利检索，了解某专利在国际市场的发展状况；法律状态检索，了解专利是否有效、失效等各种类型。

专利信息检索时，可参照下列基本思路和步骤：①利用主题词，初步找出几篇文献；②确定相关的国际专利分类号 IPC；③确定同义词、近义词；④确定完整的检索表达式并检索；

⑤根据检索结果,浏览其文摘,进行筛选;⑥深入分析,进行扩大检索。

一、德温特专利文献数据库

Derwent Innovations Index(DII)是由 ISI 与 Derwent Information 两个学术机构将 Derwent World Patents Index(德温特世界专利索引)与 Patents Citation Index(专利引文索引)加以整合而成的网络版专利数据库。在 Web of Knowledge 检索平台上提供检索。

德温特专利文献数据库的检索方式、检出结果的显示方式和输出功能详见第三章第二节。在检索结果页面点击专利名称,显示专利文献的全记录(图 4-3-1)。

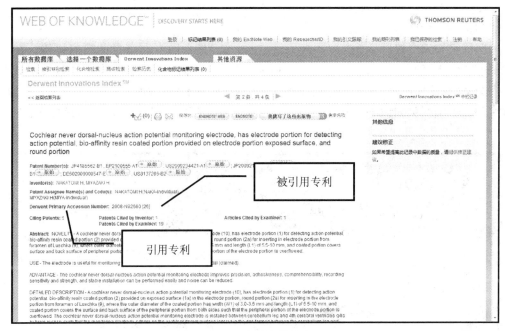

图 4-3-1 专利文献的全记录

主要著录项目依次如下。

1. Title——标题,用简洁的英文改写后的描述性标题。

2. Patent Number(s)——专利号,是由专利出版机构分配给每一个专利文档的一序列号码,包括同族专利的专利号。

3. Inventor(s)——发明人,姓在前,名首字母缩写在后。

4. Patent Assignee Name(s) and Code(s)——专利权人和代码,指在法律上拥有全部或部分专利权利的个人或公司。

5. Derwent Primary Accession Number——德温特主入藏号,由德温特分配给每一个专利家族中第一个专利的唯一的分类号。

6. Abstract——摘要,由德温特专业人员用英语书写。

7. Drawing——附图。专利说明书中的图。

8. International Patent Classification——国际专利分类号,由世界知识产权组织控制。

9. Derwent Class Code(s)——德温特分类代码,覆盖了20个学科领域。

10. Patent Details——专利详细信息,包括专利号、公开日期、主要国际专利分类号、周、页数和语种。

11. Application Details——申请详细信息,包括专利号、专利申请号和申请日期。

12. Priority Application Information and Date——优先权信息和日期,首次申请号为优先申请号,首次申请日期也成为优先申请日期。

除上述内容外,施引专利表示该专利的引用专利。被审查员引用的专利表示该专利的被引用专利。点击原始,可获取该专利文献的全文。

二、各国专利局网站

(一) 中国专利

中国国家知识产权局(http://www.sipo.gov.cn)是中国专利审批的政府机构。在该网站主页(图 4-3-2)上有专利检索入口,供检索 1985 年至今的中国专利,并可以免费下载专利说明书全文。提供专利号、作者、专利代理人、分类查找等多个检索入口,可以方便灵活地检索中国专利。中国国家知识产权网提供的专利说明书均为 TIF 文件,需事先下载阅读软件。

图 4-3-2 中国国家知识产权局主页

【例】查找有关三七总皂苷制备的发明专利。

检索步骤:①点击主页上的专利检索与查询,中国专利检索系统,进入检索界面;②在摘

要栏中输入检索式 三七总皂苷 and 制备；③勾选上方的发明专利复选框，点击检索按钮，执行检索（图4-3-4）；④在专利检索结果页面（图4-3-4）中，点击专利名称，浏览专利概况（图4-3-5）；⑤点击公开说明书或授权说明书后的页码，即可获取全文。

图4-3-3 专利检索界面

图4-3-4 检索结果页面

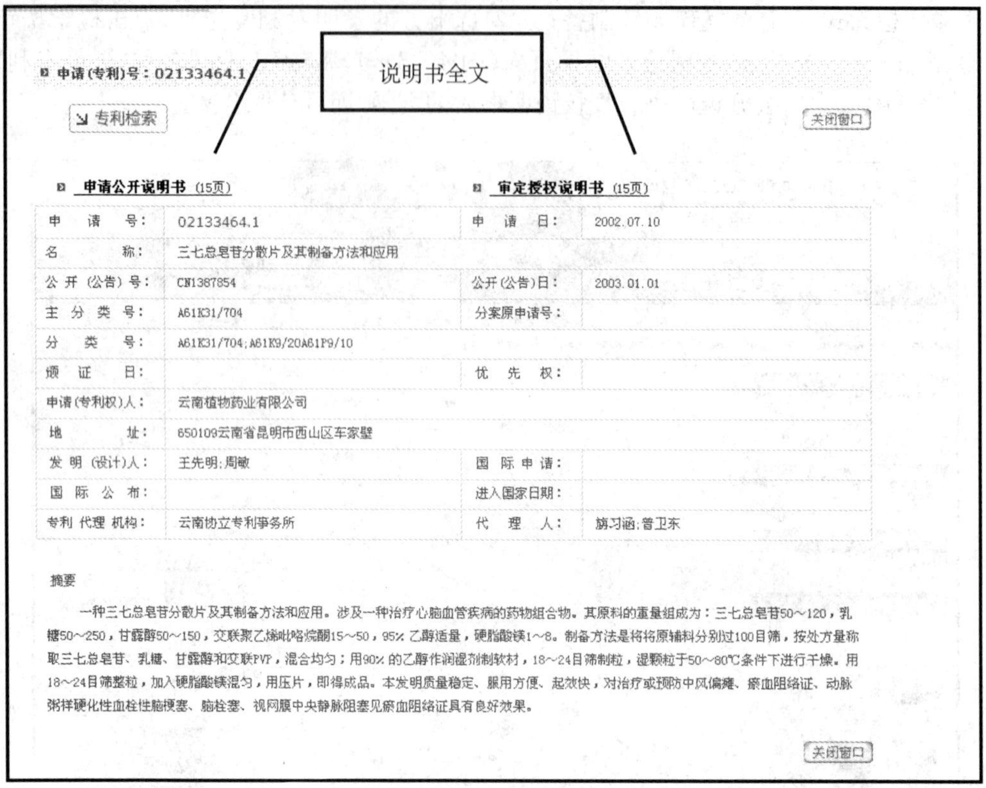

图 4-3-5 专利概况

(二) 美国专利

美国专利和商标局网站提供美国专利的检索(http://www.uspto.gov/patft/index.html),分为:①1790年以来出版的所有授权的美国专利说明书扫描图形,其中,1976年以后的说明书实现了全文代码化;②2001年3月15日以来所有公开(未授权)的美国专利申请说明书、扫描图形。该网站可以通过关键词、专利号、分类来查找专利的全文和书目。检索途径有快速检索、高级检索和专利号检索。

【例】高级检索表达式,查找生物芯片制造方法的专利。

ttl/("biosensor chip"and "manufacturing method"),ttl 为标题字段标识符。点击所选题名,即可得该专利全文(图4-3-6)。

(三) 欧洲专利

欧洲专利局(EPO,http://worldwide.espacenet.com)从1998年年中开始向用户提供免费的专利服务,服务的具体内容包括检索最近两年内由欧洲专利局和欧洲专利组织成员国出版的专利,世界知识产权组织 WIPO 出版的 PCT 专利的著录信息以及专利的全文扫描图像,格式为 PDF。提供智能检索、高级检索和分类检索3种检索途径(图4-3-7)。

(四) 日本专利

日本专利局(http://www.jpo.go.jp)已将自1885年以来公布的所有日本专利、实用新型和外观设计电子文献及检索系统通过其网站上的工业产权数字图书馆(IPDL)在因特网上免费提供给全世界的读者。

第四章 特种文献检索

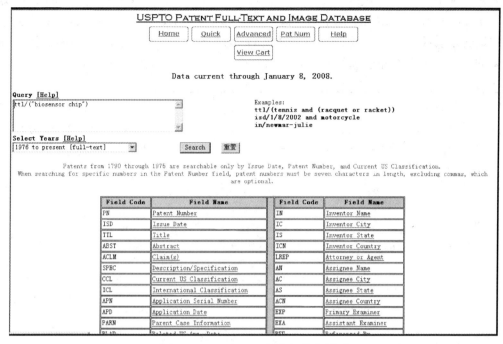

图 4-3-6　USPTO 的高级检索界面

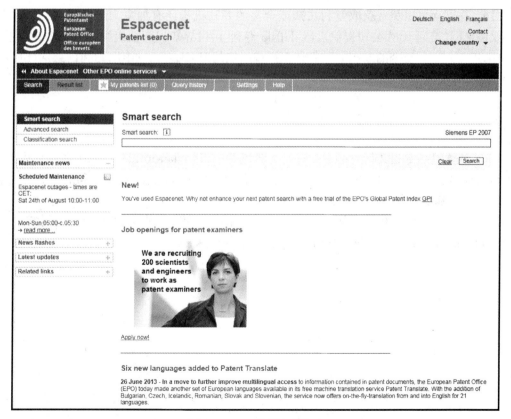

图 4-3-7　欧洲专利检索

日本工业产权数字图书馆(http://www.ipdl.inpit.go.jp/homepg_e.ipdl)有英文版(PAJ,Patent Abstracts of Japan)和日文版两种。在英文版中是自1976年以来的日本公布的专利申请著录项目与文摘(含主图)的英文数据库(图4-3-8),每月更新一次,还收录了1993年以来的专利法律状态信息(每两周更新一次)。

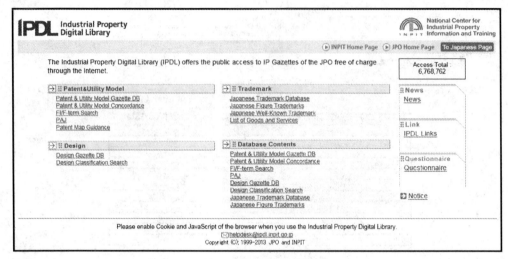

图4-3-8 日本工业产权数字图书馆

目前,在网上可以免费获取专利文摘或全文的专利机构还有加拿大专利数据库、IBM知识产权信息网(美国IBM公司提供)、PCT国际专利[由世界知识产权组织(WIPO)提供,收录了1997年1月1日至今的专利],世界知识产权组织的IPDL。通过中国专利信息网(http://www.patent.com.cn)可以获得网址。

习题

1. 通过德温特专利文献数据库查找有关禽流感病毒(avian influenza virus)的专利文献,要求检索词出现在专利标题中。请写出:检出专利数、第二项专利的基本专利的专利号、同等专利的个数及基本专利的申请日期。

2. 通过中国知识产权局网站查找2006年有关防治腹腔手术肠粘连的药物及制备方法的中国专利。请写出第一个专利的专利名称及申请(专利权)人。

(符礼平)

第五章

互联网学术信息检索

当今世界,互联网几乎覆盖了全球的每一个角落,信息浪潮席卷而来,信息迷航令人困扰。面对海量网络资源,尤其是在网络免费学术资源日益增长的趋势下,充分利用现有网络检索工具的功能,掌握互联网信息的检索技巧、评价和鉴别方法,是信息检索与利用中不可或缺的技能。

第一节 互联网基础知识

一、互联网技术举要

(一) IP 地址及域名

IP 地址是互联网标识上网主机地址的编号,目前有 IPv4 和 IPv6 两种形式的 IP 地址。IPv4 协议规定的 IP 地址长度为 32 位,由 4 组小于 256 的十进制构成(如:202.38.185.67),根据 IP 地址我们可以定位主机的位置,前面所举的 IP 地址就是北京邮电大学图书馆技术部的一台主机。IPv6 协议规定的 IP 地址长度为 128 位,可扩展的余地更大,今后将逐步采用 IPv6 的 IP 地址。

域名(domain)是为了便于记忆而产生的与数字 IP 地址对应的字符型 IP 地址。域名由域名管理系统(DNS)统一维护和管理,需要注册后方可使用。典型的域名由 4 个部分组成。例如:www.fudan.edu.cn,从左至右四段依次为主机名、三级域名、二级域名和顶级域名,该域名的顶级域名为国别代码。也有的域名只有 3 个部分。例如:www.nih.gov,该域名的顶级域名是网络类别代码。网络类别顶级域名表示主机所属的网络性质,这是由互联网国际特别协会(IAHC)指定的,如商业组织(com)、教育机构(edu)、政府部门(gov)、学会社团等非营利组织(org)、信息机构(info)等。根据网络类别,我们可以判断网站的性质,分析信息来源的可靠性。除国别代码和网络类别代码外,域名中其余部分名称和主机名可以由网站自己命名。

(二) 万维网(World Wide Web, WWW, Web)

万维网是基于超文本传输协议(http 协议),通过含有超级链接的超文本(Hypertext)方式来进行网上信息浏览的工具。

1. 统一资源定位器(URL) 又称"网址",是信息在网上的地址,用来定位和检索万维网上的网页和文件。它由 web 服务器域名、文件路径、文件名 3 个部分组成,每部分之间用斜杠(/)分隔。例如:http://www.shmu.edu.cn/library/content.htm。

2. 网站与网页 所谓网页是指万维网的上网主机中提供访问的一个网页文件,通俗的说法是网络浏览器中显示的一屏网页页面。所谓网站是网页的集成,最小的网站可能只有一个页面,大部分的网站都有几十、甚至几千、上万张网页组成。一般来说,网站是机构或个人用于介绍自己或提供服务的站点,也就是说,一个网站一般代表一个机构(或个人),进入这个机构(或个人)网站后显示的第一个页面为该网站的"主页"。我们通常可以用域名是否变化来分辨是否进入了新的网站。例如:复旦大学网站的主页网址为 http://www.fudan.edu.cn,进入主页上的"复旦新闻"栏目,其网址为 http://www.fudan.edu.cn/fudannews,该网页的域名为.fudan.edu.cn,没有发生变化,因此仍在复旦大学网站上;点击复旦新闻网页上友情链接中的"人民网"链接,进入人民网主页,网址为 http://www.people.com.cn,其域名为.people.com.cn,与原先的域名不同,因此已进入与复旦大学网站不同的另一个网站。

在搜索引擎中,如果要查找具体的文章、新闻、数据、实事等信息,往往使用网页检索;如果要查找本人研究领域重要学术站点等专业网站,则使用分类目录或网站搜索比较有效。

(三) 局域网代理服务器设置

复旦大学订购的绝大多数数据库都是使用 IP 地址来控制访问权限的,有的数据库在访问时还需要设置代理服务器,在复旦大学学生公寓中使用数据库基本都要设置免费代理服务器。代理服务器可以在网络浏览器中设置,现以 IE 浏览器为例介绍设置方法。

在 IE 浏览器的"工具"下拉菜单中选择"Internet 选项"→点击"连接"选项卡→单击对话框右下方的"局域网(LAN)设置"按钮→在代理服务器设置区域内勾选"为 LAN 使用代理服务器"→输入代理服务器地址和端口→点击"确定"即完成设置(图 5-1-1)。

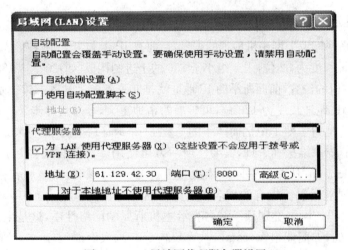

图 5-1-1 局域网代理服务器设置

二、互联网信息的特点

互联网的海量信息资源与我们订购的学术数据库中的信息,以及传统的纸本文献相比有其自身的特点。

1. **无序性** 互联网的信息来源分散,没有统一的管理机构和发布标准,信息杂乱无序。网页的变化、更迭、新生、消亡等随时发生,难以控制,在搜索引擎中很可能一条信息被检索到后,在随后另一个时间却检索不到了。无序性是我们利用互联网信息中面对的最大挑战。

2. **多样性** 从文件格式上看,互联网的信息有文本、超文本文件,也有多媒体、动画、音频、视频文件,还有各种软件;从内容上看,可以是政府部门、研究机构、教育机构、公司企业、社会团体或者个人等任何用户发布的任何信息,涵盖各学科领域,包罗万象。

3. 新颖性　相对于其他载体形式的信息来说,互联网的信息具有较强的新颖性和及时性,许多重要事件都会在网上实时播报,一些研究报告、调查采访、研讨会发言、笔记等会在个人博客、论坛等网络新媒体中第一时间被披露。

4. 对话性　互联网提供了更多直接交流的机会,如在新闻组、讨论组、博客等上面可以浏览或直接参与焦点问题的讨论,或是发出求助信息,从而可以获得许多零次信息。

5. 开放性　互联网提供了正式出版渠道之外的发表个人见解的空间,一些新观点、不成熟的观点、未成定论的理论、假说、概念等,一些研究笔记、演讲稿等都可以在网上自由发布,这些大量的灰色文献或边缘文献反映了许多原始数据和第一手资料,有着不容忽视的参考价值。另一方面,互联网的开放性也使信息内容的质量难以控制,一些垃圾信息、虚假信息充斥其中,因此在利用互联网信息时必须加强评价与鉴别。

目前而言,互联网信息资源确实难以取代传统信息源和订购数据库,但它是不可或缺的补充。对科研工作者来说,掌握利用互联网信息资源的方法,有助于把握专业领域的发展前沿。

三、互联网信息的评价与鉴别

对互联网信息资源的评价一般是以网页或网站为评价单位,结合网络信息的特点,其评价主要着眼于网页/网站所提供的信息内容质量和信息存取方式等,一般包括以下 7 个指标。

1. 范围　网页所属性质(报道、教学、销售、官方、社团等)、覆盖的主题领域、面向的用户层次、信息的深度和时间范围、信息类型(事实性/评论性/原始信息/链接)等。

2. 准确性　信息是否提供来源和出处以备核查;页面语言是否准确、严谨;是否明确列出该网页信息的编辑和提供等责任者;语气是客观性的还是广告性的;有无政治或意识形态因素的影响等。

3. 权威性　主办者是否为可信赖的组织、机构、专家或学者;是否提供进一步联系、核实信息的方式(如 E-mail 地址等);是否有版权保护,版权的拥有者是否有明确说明等。

4. 新颖性　网页是否动态更新,即信息的提供时间、更新频率及最近修改日期。

5. 独特性　网页信息提供的优势,是否有特别的服务功能(如个性化网页设置)。

6. 稳定性　网页能否较稳定、连续地接受访问,其连接及检索的速度是否正常;指向其他资源的链接是否明确、清楚且维护良好,无空链、死链等。

7. 费用　互联网上的信息并非全是免费的,费用可分为连通费用和获取内容的费用两部分。连通费是指是否需要支付国际流量费等额外的上网费用。内容费用是指获取网站全文、评论等信息及其他服务是否要付费。

第二节　搜　索　引　擎

一、搜索引擎概述

(一) 搜索引擎的概念

搜索引擎是万维网上的一个网站,它是提供万维网上信息资源检索和导航服务的专门站点或服务器。它通过采集网上信息,经标引和组织,建立起存储和管理网络信息的索引数据库,向用户提供网络信息资源的检索服务。

(二) 搜索引擎的种类

搜索引擎按其工作原理不同,分为独立搜索引擎和元搜索引擎两种类型。

1. 独立搜索引擎原理及功能　独立搜索引擎通过搜集万维网的网页信息,建立了自己独立的网络信息数据库供用户检索。Google、ODP、百度、搜狐等都是独立的搜索引擎。

独立搜索引擎中一般都有"网页(Web)检索"功能,它是通过网络机器人软件,定期在网上通过链接关系收集各种网页信息,并由机器自动标引全文关键词形成索引,提供检索。由于无需人工干预,可广泛快速地采集信息,因此查全率较高,更新速度较快,但标引质量没有人工标引高,查准率稍逊。

有一部分独立搜索引擎提供"目录(Directory)查询",也称"网站查询",如 Open Directory Project 等。该功能用人工方式采集网络资源,由人工对网站信息进行筛选、分类、编写内容简介等,并按主题分类,以等级目录的形式加以组织,层层细分列出各主题的相关网站。用户可通过浏览主题目录逐层深入,逐步缩小主题,最终获取所需信息。为便于用户查找,它也提供网站分类名和内容简介的关键词检索。因为由人工编制和维护,目录的数据质量较高,保证了查准率,有助于查找某个主题的常用和高质量网站。由于人力所限,其信息量相对较小,查全率不高,更新速度较慢。

2. 元搜索引擎原理及功能　元搜索引擎又称集成搜索引擎,自身不采集信息,没有自建的数据库。它将用户搜索请求预处理后,提交给多个选定的独立搜索引擎(如百度、Google 等)同时检索,并对所有返回结果进行去重、排序等整合,以统一的格式输出给用户。元搜索引擎检出信息量大,能在相对较短时间内提供更全面的信息,但高级检索功能较难实现。较成功的元搜索引擎有 Clusty、Ixquick、MetaCrawler 等。

搜索引擎还可以按收录信息的学科分为通用搜索引擎和专业搜索引擎。

二、通用搜索引擎

(一) Google(www.google.com.hk)

Google 于 2000 年正式投入商业运营,其索引网页数已超过 1 万亿,是目前世界最大、用户最多、全球公认的最佳搜索引擎。2006 年 Google 正式启用中国域名,并将其中文名改为"谷歌",2010 年 Google 退出中国内地,使用香港的站点继续向中国内地用户提供服务。

1. Google 的搜索模块　Google 主页上提供搜索、图片、地图、Play、YouTube、新闻、Gmail 等常用搜索模块,点击"更多"链接,可以浏览其他功能模块,主要包括云端硬盘、日历、翻译、Blogger(博客)、财经、相册、视频等服务,点击"更多"下拉菜单下的"更多"链接,可浏览学术搜索等全部功能模块(详见 Google 支持中心,http://support.google.com/? hl=zh-Hans)。Google 会不断推出它的新服务,创新是其最大的特色。

Google 学术搜索包含期刊论文、学位论文、图书、预印本、文摘、技术报告等学术文献,文献源自学术出版物、专业学会、预印本库、大学及网上学术论文。Google 学术搜索的中文文献来源包括万方数据资源系统、维普资讯、中国知网等学术文献站点,主要大学发表的学术期刊、开放获取的学术期刊、中国大学的论文以及网上可以搜索到的各类文章。检索结果按相关度排序,并有被引情况链接,文献题录可输出到常用文献管理软件中。每篇文献都提供文摘或全文链接网址,并附有图书馆馆藏信息。Google 学术搜索的优点主要有两方面:一是它提供免费搜索;二是在可能的情况下,Google 会搜索全文,而不仅仅只是摘要部分,给予用户对学术内容更为细致、全面、深入的搜索,与此同时也加强了搜索结果的相关性。

在谷歌的主页下方点击"Google.com"可以进入 Google 英文站点。

2. Google 的检索规则　　Google 直接显示的检索界面为简单检索,点击界面右上角的齿轮状图标,可以进入高级搜索界面(图 5-2-1)。

图 5-2-1　Google 中文简体网站主页

(1) Google 简单检索规则

1) 默认检索:Google 输入多个检索词以空格分隔,默认为 AND 匹配。

2) 必须检索:"＋"表示必须检索,在网页中必须出现的检索词前加上"＋",加号前必须留一个空格,加号后不空格,则检索出的网页必定会含有该检索词。

3) 或者检索:用大写的 OR 连接多个检索词,进行逻辑"或"匹配。

4) 排除检索:检索词前加上减号(减号前必须留一个空格),进行逻辑"非"匹配,即搜索不包含该检索词的网页。如:leukemia -child。

5) 短语检索:用双引号括起词组或短语,进行精确短语匹配。如:"kidney failure"。同时 Google 也将"－"、"\"、"＝"等标点符号识别为短语连接符。

6) 检索词位置限定:检索词前可用位置代码加冒号,限定检索词在网页中出现的位置。例:搜索网址中包含"nih"的所有网页可输入:allinurl:nih(allinurl 表示 all in URL)。Google 提供 allintitle(网页标题)、allinurl(网址)、allintext(网页内文本)、allinanchor(网页内链接)四种位置的限定。通常用户可用高级搜索功能实现检索词的位置限定。

7) 文件类型限定:输入 filetype:文件名缩写。如:filetype:ppt。Google 可以搜索 pdf,doc,rtf,ppt,xls,swf,ps 等多种非 html 文件。

8) 链接到某网址的网页搜索:输入 link:网址,可以查找链接到某个特定网址的网页。如:输入 link:nhfpc.gov.cn,可以查找能链接到我国卫计委主页的所有网页。

9) 相似网页搜索:输入 related:网址,可以查找与输入网址相似的网站,如:输入美国国立卫生研究院网址 related:nih.gov,会找到美国癌症研究院、美国卫生与人服部等其他医疗卫生机构网站。

10) 禁用词(忽略词):对于最常用词,如"的"、"是"、"of"等这类字词,不仅于检索无助,且会大大降低搜索速度与命中率,因此检索时自动忽略。如需强制检索这类词可用+(前面必须空一格)或" "。如:worldwar +i。

11) 不支持词干检索,没有截词符;对大小写不敏感,一律按小写检索。

12) 占位符:对于任何未知字词或通配符字词,都可在查询内容中使用星号"*"作为占位符。如:"省*就是赚*",可检出"省下就是赚钱","省了就是赚了"等语句。

13) 自动进行拼写检查,当输入错误时提示正确拼写形式。

(2) Google 高级搜索:分搜索结果、查询设置、搜索特定网页 3 个区域,其检索规则如下(以网页高级搜索为例)。

1) 搜索网页区域:提供 5 个输入框,前 4 个输入框代表 4 种匹配方式,依次为 AND、精确短语检索、OR、NOT,检索框内只能输入检索词,不能输入带运算符的检索式。第 5 个输入框应输入数值范围,进行相关数值的检索。

2) 缩小搜索结果范围区域:可设置网页语言、国家/地区、最后更新日期、网站或域名、检索词出现位置、安全搜索过滤、文件类型、使用权限过滤等选项,其中"网域"设定可以"要求仅在某个或某一类的网站进行搜索"。如:限定在美国国立卫生研究院网站中搜索信息,应输入.nih.gov;限定在所有中国内地教育类网站中检索,可输入.edu.cn。

3) "您还可以"区域:提供搜索类似网页、搜索访问过的网页、运算符使用等功能的说明和自定义搜索的设置链接。

3. Google 搜索实例

(1) 利用网页搜索查找网页标题中出现 chronic low back pain surgery 的网页。Google 主页→输入 allintitle:"chronic low back pain" surgery→"Google 搜索"。由于 chronic low back pain 是专有名词,所以用双引号括起进行精确短语匹配,保证查准率。

(2) 利用网页高级搜索查找我国 2006 年艾滋病的发病率。Google 主页→点击右上角齿轮状图标→"高级搜索"→在"包含以下所有字词"检索框中输入 2006 年艾滋病发病率→在网站或域名限定中输入 nhfpc.gov.cn→点击"高级搜索"→浏览检索结果,可在网页"9-1-1 2006 年甲、乙类法定报告传染病发病率、死亡率及病死率排序……"中浏览到发病率为 0.51/10万。由于我们希望得到权威部门发布的数据,因此利用网域限定,指定在我国卫计委网站上(www.nhfpc.gov.cn)公布的信息。

(3) 利用学术搜索查找有关腰脊柱(lumbar spine)介入(interventional)的英文文献,要求检索词出现在标题中。Google 主页→点击"更多">"更多">"学术搜索"→点击输入框右侧向下的三角形按钮,进入"学术高级搜索"→在第一个检索框中输入 lumbar spine→在第三个检索框中输入 intervention interventional→在"出现搜索字词位置"后选择"位于文章标题"→点击放大镜状搜索按钮→在结果显示页面点击首条记录下的"所有 5 个版本"可以浏览到该文献的 5 个提供全文/摘要的网址链接,以获取全文。如果在复旦大学校园网范围内,记录后会出现"复旦大学馆藏"链接,可以链接到复旦大学的 SFX 全文链接服务器(Google Scholar 中的全文有的可以免费获取,有的需要订购后有访问权限才能获得)。点击"引用"链接,可以将该文献题录信息导入各种文献管理软件。

4. Google 的网页检索结果显示(图 5-2-2)
A：Google 学术中相关文献篇数。
B：网页标题(蓝色显示)，未及编入索引的网页则显示网址，点击后可链接到对应网页。
C：网址、网页文件大小等信息(绿色显示)。
D：网页内相关文本摘录，即显示网页内该检索词出现位置的上下文。
E：翻译网页：自动将网页翻译成中文，也可设置翻译成其他语种。

如果检出结果太多，需进一步限定检索范围，可在结果显示页上方"搜索工具"中，进行语种、时间限制，或在"所有结果"中进行精确匹配。

图 5-2-2　Google 网页检索结果显示页

(二) Open Directory Project(http://www.dmoz.org)

Open Directory Project(ODP)是网上开放式分类目录，它是由来自世界各地的志愿者共同维护与建设的最大的全球目录社区。该目录类似于早期 Yahoo! 创立的网站分类目录，也是由人工编辑的。

网页分类目录比较适用于查找学科专业的重要机构网站。

在 ODP 主页上，提供网站目录基本检索(Search)、高级检索(Advanced)和分类导航(Category)3 种查询途径。

1. 基本检索(Search)　输入需检索的关键词，直接检索，即可以检出含有该检索词的相关网站。

2. 高级检索(Advanced Search)　除可以输入检索词外，可以有多种限定选项，包括指定在某一类目中检索(Only show results in category)，仅检索类目名称(Categories only)，仅检索网站(Sites only)，同时检索网站与类目名称(Sites and Categories)，检索儿童和青少年相关网站(Kids and Teens Sites)等。

3. 网站目录分类导航 在网站目录浏览区域,列有 16 个学科大类,以等级目录的形式,从大类到小类,层层细分列出各类别的相关网站。进入目录中的任一类目,显示如下信息(图 5-2-3)。

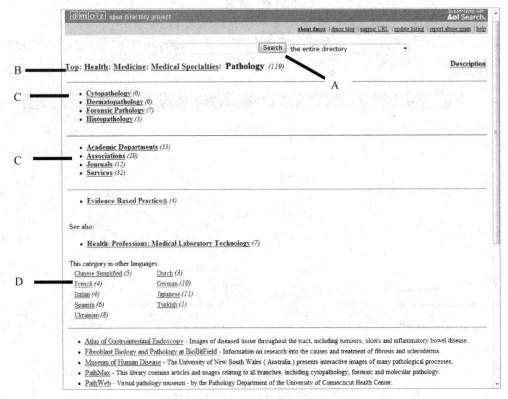

图 5-2-3 ODP 目录的网站浏览

A:关键词检索(Search):检索框内输入检索词,可选择"the entire directory"(搜索全部网站目录)或仅在当前类目的网站内搜索。

B:类目路径:从大类到小类依次列出当前类目所属的上级类目。

C:子类目列表:隶属于当前类别的下级类目列表,子类目后的数字为该类目的下一级类目数与网站数之和。

D:该类目其他语种相关网站。

4. ODP 搜索实例

(1) 利用 Advanced Search 功能查找癌症临床试验的相关网站。ODP 主页→Advanced→输入 cancer "clinical trials"→在 Only show results in category 中选 health→点击 Advanced search 按钮→获得相关网站检索结果。

(2) 利用目录浏览功能查找有关子宫内膜异位症的专业网站。ODP 主页→点击"Health"大类→点击按字顺排列的子类目中"Conditions and Diseases"类目→点击字母"E"→点击"Endometriosis"类目→获得有关子宫内膜异位症专业网站的检索结果。

(三) 目录查询与网页检索途径比较

分类目录查询主要适用于查找某主题或某专业的重要网站,对某主题网站进行全面浏览,或是查找主题概念较宽泛的网站信息(如:了解有关公共卫生的网络资源)。当查找目标较模糊、宽泛时,目录查询可通过层层细分的类目帮助用户逐步明确查询目标。

网页关键词检索则适于较专指的知识点(如:双酚 A 的物质名称与别名)、事实性数据(如:谁发明了青霉素)、电子文献等具体信息的查找。对于一些相关信息较少和较难查的主题也适于用网页关键词查找。网页检索途径在用户查找目标明确、涉及的主题概念较狭窄时可快速检出相关信息。

另外,据专家统计,目前任何一种网络检索工具采集的网页均不到万维网网页总数的 1/3,因此在查找较难查的信息时,应使用多个搜索引擎或元搜索引擎查找。

三、Scirus — for scientific information only 学术资源搜索引擎(www.scirus.com)

Scirus 是 Elsevier 公司推出的科学搜索引擎,是专为搜索高度相关的科学信息而设计的搜索引擎,也是目前较全面、综合性较强的科技文献门户网站之一,不仅可以查询互联网信息,还可以查找到期刊文献、美国专利、Beilstein 文摘、NASA 技术报告、预印本数据库等。在 Ei Village 2.0、Elsevier ScienceDirect 等著名数据库平台中都将 Scirus 作为其网络资源搜索工具。

1. Scirus 的检索规则 Scirus 的检索规则与 Google 类似,在此仅将不同点列出。

(1) 逻辑运算符:Scirus 支持 AND、OR、ANDNOT 3 种逻辑算符。

(2) 截词符:用于单词中的任意位置,? 代替一个字符;* 代替零个或任意一个字符。

(3) 字段检索:可用字段缩写有 au(作者),ti(标题),jo(刊名),ke(关键词),url(网址),dom(域名),af(作者单位)。如:au:smith,注意冒号前后均不空格。

2. Scirus 的检索方式 Scirus 提供 Basic Search 和 Advanced Search 两种检索方式。

(1) Basic Search 简单检索方法:输入框可输入单个或多个检索词,也可输入带运算符的检索式。

(2) Advanced Search 高级检索方法。

1) 输入框:提供两个检索输入框,可输入检索词或检索式,并可选择检索字段,两个检索行之间的逻辑关系。当输入的是多个不带运算符的检索词时,可以在输入框前的下拉菜单中选择匹配方式。

2) 检索限定区域:在该区域可以限定 Date(出版时间)、Information type(文摘、论文、会议文献、专利等信息类型)、File formats(PDF、HTML 等文件格式)、Content sources(BMC、MD consult 等期刊或网页的出处)、Subject areas(生命科学、医学等主题领域)。

3. Scirus 的结果处理 Scirus 的检索结果显示不同于一般的搜索引擎,在结果页左侧,提供了对检索结果进行多途径的 Filter(筛选)功能。点击结果页左侧 Refine your search 区域某一主题的链接,可以精炼结果中有关该主题的记录,进一步缩小检索结果。

4. Scirus 检索实例 用 Scirus 的 Basic Search 检索有关手指损伤(finger injuries)手术治疗(surgery, operation, transplantation)的期刊文献,并请在检索结果中筛选出有关整形外科领域的文献。

Scirus 主页→输入检索式 ti:"finger injur*" AND ke:(surg* OR operat* OR transplant*)→选择输入框下方的 Journal sources→点击"Search"按钮→检出 43 篇文献→点击结果显示区右侧 Refine Search 下的"more"→"plastic surgery"链接→系统显示 71 篇文献中有 20 篇与手指损伤的整形外科相关(图 5-2-4)。

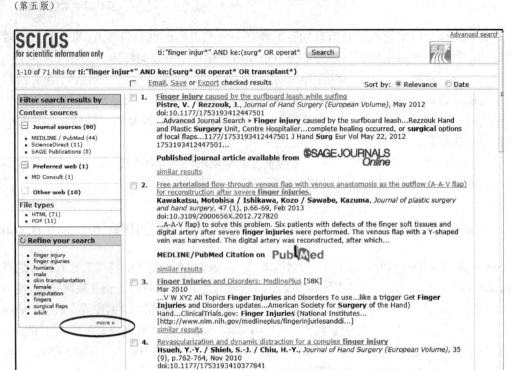

图 5-2-4 Scirus 的 Basic Search 界面

四、其他搜索引擎

(一) 通用搜索引擎

1. Clusty(clusty.com) 一款元搜索引擎,它的特色是能对检索结果进行自动聚类,帮助用户快速筛选检索结果。

2. 百度(www.baidu.com) 独立搜索引擎,提供 Web 网页、图片、MP3、影视、地图、博客、统计数据、图书等几十种资源的搜索,并提供人工制作的网站目录导航。

(二) 医学搜索引擎

1. Medical Matrix(www.medmatrix.org) 目录型医学搜索引擎,其特点是资源类型多样,结果显示分类明确、信息详尽,并由专家对网站质量进行评级,根据网站获奖情况、可信度、利用率等指标,由高到低分别给予 5~1 颗星。

2. Healthlinks(www.healthlinks.net) Healthlinks 是由专家人工编辑的医学网络资源目录,1997 年起提供医疗卫生相关的服务、商业、科研、教育、临床试验、视听等信息的查询。

3. DIRLINE(dirline.nlm.nih.gov) 美国国立医学图书馆建立的生物医学机构目录,收录了超过 1.4 万个机构信息,可以按 MeSH 主题词/关键词、机构名/缩写检索生物医学机构信息。

第三节 免费学术资源检索

互联网的开放性使得信息的发布和获取更为自由,也带来了全新的网络出版和免费获取模式,网上免费学术资源增长迅速,其中不乏新颖、重要的论述,已成为不可忽视的信息源,是收费学术资源的重要补充。免费学术资源主要有开放获取文献、政府出版物、公共版权文献和其他免费资源4种类型。

一、开放获取学术文献检索

开放获取(Open Access,OA)主要是指在互联网上可以免费获取学术文献全文,允许任何用户阅读、下载、复制、传递、打印、搜索和超链接该文献。用户在使用开放获取的文献时不受法律和技术限制,只需在存取时保持文献的完整性。

开放获取的学术资源发布模式在1998年后得到快速发展,其目的是为了打破出版商的垄断。在传统的出版模式下,个人使用者、图书馆、科研单位等需要支付大量的购买费用,出版商赚取了丰厚的利润,且垄断日趋严重,这令使用者,尤其是欠发达地区的购买成本日益增长,收藏学术文献量逐渐下降,阻碍了研究者对学术信息的获取,严重影响了学术信息的传播、交流和共享,造成全球范围内知识的贫富差距不断加大。

在这一背景下,开放获取不断发展壮大。2001年数百家机构、数千位个人签署了《布达佩斯开放获取倡议》(BOAI),支持学术研究论文的开放获取;2003年包括中国科学家在内的德、法、意等多国科研机构联合签署了《关于自然科学与人文科学资源的开放获取的柏林宣言》,呼吁向所有网络使用者免费公开更多的科学资源,不仅涉及期刊文献,而且包括任何涉及研究的资料,甚至包括任何知识和文化遗产的载体,如博物馆藏品等。与此同时,开放存取也得到了来自政府基金的支持。开放获取被 *Science* 期刊列为2003年五大科学事件之一,被 *Nature* 列为2003年五大主要事件之一,开放获取资料也成为 Google Scholar, Google Print, Scirus 等学术搜索引擎的重要信息源。

(一) 开放获取期刊检索

开放获取期刊(OA期刊)是开放获取学术文献的重要形式之一,到目前为止已有近万种,其中绝大部分是2000年以后新增加的OA期刊,涉及生物、医学、数学、化学、法律、哲学等十几个学科大类。在OA期刊中不少是由同行评审或编辑质量控制的期刊,有的影响因子在学科中名列前茅,尤其是医学类的OA期刊更是如此(表5-3-1)。

表5-3-1 部分OA期刊2012年影响因子及排名

期刊名称	影响因子	所属学科	学科内影响因子排名
PLoS Biology	12.690	Biology	1
PLoS Medicine	15.253	Medicine, General & Internal	5
PLoS Pathogens	8.136	Parasitology	2
PLoS Neglected Tropical Diseases	4.569	Tropical Medicine	1
CA-A Cancer Journal for Clinicians	153.459	Oncology	1
Environmental Health Perspectives	7.260	Public, Environmental & Occupational Health	2
Journal of Clinical Investigation	12.812	Medicine, Research & Experimental	4
Emerging Infectious Diseases	5.993	Infectious Diseases	4

提供生物医学 OA 期刊检索的网站主要有以下 4 个：

1. Directory of Open Access Journal(DOAJ，www.doaj.org) 由瑞典隆德大学(Lund Univ.)开发维护的开放获取期刊目录,截至 2013 年 10 月 10 日共提供各学科 9 957 种 OA 期刊的简介和网站链接,并可对其中 5 616 种期刊的文章进行检索。这些期刊全部有同行评审或编辑质量控制。用户可以按刊名字顺、学科分类浏览 OA 期刊,也可以用刊名关键词检索相关期刊。点击主页上 Browse 栏目,在 By Subject 中点 Expand Subject Tree 按钮,可以浏览全部分类。

2. PubMed Central(PMC,www.pubmedcentral.nih.gov) 由美国卫生研究院(NIH)和美国国立医学图书馆(NLM)联合建立的生命科学和生物医学期刊文献的免费存档系统,凡是由 NIH 资助的研究者发表的学术论文必须在 PubMed Central 上保存一份数字拷贝,以供同行永久开放存取。该系统收录期刊的所有文献都可以进行关键词检索,检索规则与 PubMed 相同。系统同时提供刊名字顺列表,可浏览所有期刊或查找特定期刊。

3. BioMed Central(BMC,www.biomedcentral.com) BMC 是一家独立的非营利性学术出版机构,致力于提供生物医学文献的开放获取,截至 2013 年 10 月 10 日共出版 257 种生物医学 OA 期刊,并在不断出版新的期刊,期刊涵盖了生物医学所有主要领域,且所有期刊都经同行评审。在网站主页上,点击 Journals,进入期刊页面后,点击 Journals A-Z 链接可以按字顺浏览全部期刊,点击 Browse by Subject 可以按学科主题浏览期刊。如果要对期刊文献进行检索,必须先点击主页右上角的"Logon/register"链接免费注册,然后才可以使用 Advanced Search 功能。

4. PLoS Journal(www.plos.org) PLoS(The Public Library of Science)成立于 2000 年,致力于推动全球科技和医学领域文献的免费获取。2002 年成立期刊编辑部,成为非营利性组织出版商,其目标是创办与 Scinece、Nature、Cell 等相媲美的国际顶级水平的高质量知名科学 OA 期刊。目前该组织共出版了 7 种期刊(表 5-3-2),所有期刊都是 OA 期刊,且均由同行严格评审,有的期刊拒稿率近 90%。在该网站主页的右侧"PLoS Journals"栏目中列有全部期刊的链接,点击刊名进入期刊主页后,在页面上方的 Browse 链接下,可以浏览现刊(Current Issue)和过刊(Journal Archive)的目录及全文,在期刊主页的右侧的检索输入框可以检索该刊的文献。

表 5-3-2 PLoS 出版期刊概况

期刊名称	创刊时间	2012 年影响因子	学科内影响因子排名
PLoS Biology	2003.10	12.690	1
PLoS Medicine	2004.10	15.253	5
PLoS Computational Biology	2005.6	4.867	4
PLoS Genetics	2005.7	8.517	12
PLoS Pathogens	2005.9	8.136	2
PLoS One	2006.12	3.730	7
PLoS Neglected Tropical Diseases	2007.10	4.569	1

(二) 电子印本检索

电子印本(e-Print)是指以电子方式复制印刷本的学术文献,包括预印本(preprints)和后印本(postprints)。预印本是研究人员在正式出版物上发表研究成果之前,以非正式形式印制论文单行本向同行散发、交流的方式,电子预印本就是在互联网上发布的预印本。电子后印本则是在正式发表学术成果后在网上发布的印本。随着电子印本的迅速增长,出现了一些电子印本档案库(e-Print Archive),供研究人员在该网站上发布电子印本,并把征集到的电子印本整理后供他人浏览或订阅。生物医学相关电子印本的检索主要有以下途径。

1. E-print Network(www.osti.gov/eprints) 由美国能源部科技信息局建立的电子印本搜索引擎,可检索存放在学术机构、政府研究实验室、私人研究组织以及研究人员个人网站上的电子印本资源。主页的搜索框可以检索该网站收录的所有电子印本文献,点击 Browse by Discipline 可以按学科浏览电子印本;点击 Scientific Societies 可以搜索各学科的学会和专业协会。

2. 中国科技论文在线(www.paper.edu.cn) 由教育部科技发展中心建立的电子印本系统,截至2013年10月10日,在该网站首页的"首发论文"栏目中包含了40多个学科的预印本文献,医学首发论文近万篇。在该网站上发布文献的电子印本必须先进行免费注册。

3. 中国预印本服务系统(www.nstl.gov.cn/preprint/main.html?action=index) 由中国科学技术信息研究所与国家科学技术图书馆文献中心(NSTL)联合主办,提供中国预印本文献的发布、浏览、检索的平台。

(三) 开放获取机构库检索

开放获取机构库是学术机构为保存本机构的智力成果而建立的数字资源仓储,存储本机构研究人员的论文、图书、研究报告、学位论文、演示文稿等全文资料,并以开放获取的方式提供免费存取。与生物医学相关的开放获取机构库主要有如下3个。

1. MIT机构库(dspace.mit.edu) 收录麻省理工学院教学科研人员和研究生提交的论文、会议论文、预印本、学位论文、研究与技术报告、工作论文和演示文稿等学术资料全文,可以按院系、题名、作者、发布时间浏览,也对所有资料进行简单检索或高级检索。

2. 剑桥大学机构库(www.dspace.cam.ac.uk) 收录该校各机构的研究资料全文,包括多媒体、交互式课件、数据集、数据库等形式。

3. 香港科技大学图书馆机构库(repository.ust.hk/dspace) 收录该校研究人员和研究生提交的各类研究资料全文。

二、政府出版物检索

在各类政府出版物中,统计类出版物和科技报告是学术研究的重要资源,这些资源一般会在网上免费发布,或是在一段时间后解密公开。

(一) 统计数据查询

1. National Center for Health Statistics(www.cdc.gov/nchs) 美国卫生部疾病预防和控制中心(CDC)的卫生统计数据官方网站,提供出生、死亡、疾病等多种卫生数据查询。

2. WHO Statistical Information System(www.who.int/whosis) 世界卫生组织统计信息网站,提供193个会员国的卫生统计数据,并有World Health Statisics年度报告全文。

3. 中华人民共和国国家统计局(www.stats.gov.cn/index.htm) 该网站可以浏览我国

月度/季度/年度统计数据、全国年度统计公报、地方年度统计公报,并可以对统计数据进行检索,在检索年度统计数据时,可以浏览该年度后一年发布的《中国统计年鉴》。

4. 中华人民共和国国家卫生和计划生育委员会(www.nhfpc.gov.cn) 在该网站主页的"统计信息"栏目下,可以浏览国家卫计委公布的统计公报、统计提要和中国卫生统计年鉴全文。

5. CNKI数字搜索(number.cnki.net) 提供数字知识和统计数据搜索服务,以数值知识元、统计图片/表格和统计文献作为基本的搜索单元,从科学知识到财经资讯,从大政方针到生活常识,覆盖了各学科领域。数据来源于CNKI的五大全文数据库,以及由CNKI实时采集中央和各地统计网站、中央各部委网站的统计数据,每条搜索结果均有权威出处。

(二) 科技报告查询

1. Search NTIS(www.ntis.gov/search/index.aspx) 美国国家技术情报服务局(National Technical Information Service,NTIS)的美国科技报告检索网站,是美国政府资助的科学、技术、工程和商务相关信息的资源中心,涉及数、理、化、生、农、医、工程、环境等350多个主题领域的几百万篇科技报告。检出报告可以浏览到报告编号、题名、完成人、摘要等简要信息。

2. 国家科技成果网(www.nast.org.cn) 由中国国家科技部创建的国家级科技成果创新服务平台,其中"成果"栏目以内容丰富、权威的国家科技成果库为核心,配合搜索引擎功能,为用户提供科技成果、技术项目等方面的信息查询。收录全国各地区、各行业经省、市、部委认定的权威性科技成果,包括医药卫生类成果。可以按分类浏览,也可以进行关键词检索。

三、公共版权资源检索

公共版权资源主要包括著者过世后50年的没有版权的图书,法律法规、强制执行的标准等没有版权的资源,在此主要介绍公共版权的电子书检索。

(一) Google Book Search(books.google.com)

该网站是Google图书搜索,提供图书出版信息,部分无版权图书可以浏览电子版全文,某些有版权的图书可以浏览部分全文,并可以进行全文检索。该网站是Google与哈佛大学图书馆、斯坦福大学图书馆、普林斯顿大学图书馆、牛津大学图书馆、纽约公共图书馆等19家图书馆合作,将图书馆无版权的图书数字化后在Google Book Search上提供检索和图书全文。同时,Google还与出版商、书商及作者个人合作,提供书目信息检索、部分全文预览和网上订购链接,这些合作者中包括Springer出版社、剑桥大学出版社等知名出版商。

Google Book Search的检索方法与网页检索类似,在此不作详细介绍,仅举实例说明其使用方法。

【例】用Google Book Search检索书名中含有Anatomy的可浏览全文的图书,并打开William Cheselden撰写的图书 *The Anatomy of the Human Body*,浏览该书的目录,并写出第四章"The bones of the upper limb"的起始页码。

Google Book Search主页→在输入框中输入anatomy→点击输入框右侧的"搜索图书"→

点击结果显示页右上角的齿轮状图标→在"搜索"选项中选择"仅限全书浏览"→点击"Google 搜索"按钮→在检索结果中点击书名为"*The Anatomy of the Human Body*"的图书书名链接，可以在线浏览全文→点击全文显示界面右上角的页码链接→显示目录章节名与起始页，可以浏览到 The bones of the upper limb 的起始页码为 29 页（图 5-3-1）。

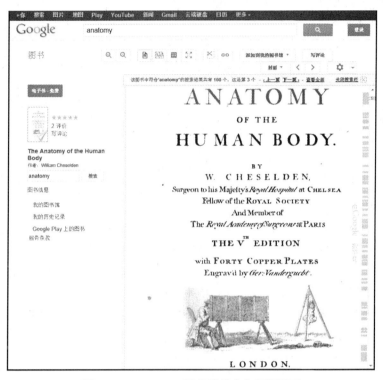

图 5-3-1　Google 图书搜索全文浏览页面

在 Google Book Search 中，点击书名链接，详细结果显示页中，可以浏览该书的书目信息、预览部分章节全文、在此书中进行全文检索等操作。

（二）Project Gutenberg（www.gutenberg.org）

古登堡项目是网上第一家最大的公益型数字图书馆，它致力于尽可能大量的、以自由的和电子化的形式，提供版权过期的书籍，项目全部依靠志愿者的劳动和捐款来维持和发展。它收集的所有书籍在网上向所有人免费提供全文。

四、其他免费学术资源检索

（一）过刊免费电子期刊的检索

免费电子期刊除了前面提到的全刊免费的 OA 期刊之外，还有不少期刊是一段时间以前出版的过刊免费，其中也不乏重要期刊。例如：美国医学会会刊 *JAMA*，6 个月前出版的过刊中，部分栏目的论文在网上提供免费全文浏览。这类期刊免费期限一般在几个月前到几年前不等，其检索途径主要有以下几种：

1. HighWire Press（highwire.org）　由斯坦福大学图书馆创建，全球最大的提供自然科学免费全文的网站之一,以生物医学文献为主,涉及物理学、社会科学等学科。截至 2013 年 10 月 15 日,共收录 1 700 多种期刊的 700 多万篇全文,其中免费全文 200 多万篇,免费期刊约 362 种(含 36 种免费试用、84 种全刊免费、278 种过刊免费期刊),并提供收费全文的在线订购。

在 HighWire 主页的 Browse 区域点击 Title 或 Publisher 或 Topic 链接,可以浏览所有免费期刊列表。刊名后标有"free SITE"表示全刊免费,"free ISSUES"表示过刊免费,"free TRIAL"表示免费试用,试用期过后不再免费。

HighWire 的特色在于不仅可按刊名浏览免费期刊,还提供它收录的期刊以及 PubMed 全部文献的关键词检索与主题浏览。点击主页的"For Researchers"可以检索文献,点击该区域输入框下方的"Expand for more search options and tools"可以进入高级检索界面。检索结果显示时,默认按相关度排序,凡有 FREE 标记的文献,点击 Full Text 或 PDF 链接可免费在线浏览全文。

2. FreeMedicalJournals(www.freemedicaljournals.com) 提供医学免费电子期刊链接服务的专业网站。至 2013 年 10 月 15 日共收录英、法、德等 4 000 多种医学免费电子期刊网址链接,其中不少期刊都是 Medline 收录刊。

查询时,在网站主页的左边侧栏可按 Topic(专业)、FMJ Impact(该网站统计的影响因子)、免费期限(Free Access)或 Title(刊名字顺)浏览免费期刊刊名列表,刊名后标有期刊的免费范围。用户可以通过主页上的 Journal Alert(新刊快报)功能,免费注册自己的相关信息及 E-mail 地址,网站将把新增期刊的信息发送到用户信箱中。

3. 各专业学会/协会网站 通常一些专业协会、社团、研究机构都有自己的出版物,有些机构会在其网站上免费提供过刊的全文,也是免费电子期刊全文获取的途径之一。这些网站往往是学科、专业中的重要网络资源。

(1) American Society of Microbiology(http://www.asm.org):美国微生物协会网站提供该会出版的电子版期刊,部分期刊可免费浏览全文。通过协会主页导航条 Science 栏目下的 Journals 专栏,进入电子期刊刊名链接列表,可浏览期刊论文。点击 Journals 专栏网页上方的"Search"链接,可进入会刊的检索界面,对协会的多种会刊进行文献检索。

(2) American Heart Association Journals(www.ahajournals.org):美国心脏病协会会刊网站,提供协会出版的电子期刊浏览及检索,过刊免费浏览全文。在会刊网站主页上可以直接进入期刊浏览,也可以在右上角 Search 区域检索会刊内的文献。

(二) 会议日程检索

通常在专业期刊、专业学会或协会网站上会发布相关会议信息,在互联网上还有一些网站会提供各类会议的日程检索。例如:Medical-events.com(www.medical-events.com)提供全球医学会议检索的网站,可以按学科分类浏览会议预告信息,也可以用主页右上角的 Search 链接进入检索界面,查询会议信息。

(三) 博客(Blog)检索

博客的迅速崛起使它成为重要的新兴媒体和信息源之一,其中不乏名人和知名学者开设的博客,在这些学者的博客上经常会有研究心得、最新研究动态等一手资料。Google 博客搜索(blogsearch.google.cn)提供博客文章的全文搜索,可以用关键词搜索博客文章,也可以在高级搜索中对博客的标题、作者、网址进行检索,同时可以限定博客文章发布的时间和语种。

习题

1. 请用谷歌的网页搜索功能查找世界最早的生物芯片名称。
2. 请用谷歌的高级搜索,查找美国政府网站上最近一年中发布的有关"干细胞分化和克隆"(stem cell,differentiation,cloning,clone)研究的相关网页、图片和视频资料。
3. 请简要叙述查找学科专业中重要网站的两种主要途径。
4. 请用 ODP 的 Directory 功能查找有关高血压(Hypertension)研究的相关网站。
5. 请用 Google Scholar 搜索 2008~2013 年期间发表的,文献标题中出现糖尿病眼部并发症(diabetes,eye complications)的英文文献,并请写出其中第一作者为 RJ Tapp 的这篇文献的被引用次数,提供该文献全文的网站有几个,以及该文献第一篇参考文献的第一作者姓名。
6. 请简要叙述免费电子期刊的类型,并请查找五种遗传学(genetics)的免费电子期刊网址。

(王宇芳)

第六章

循证医学及证据检索

循证医学(Evidence Based Medicine,EBM)即遵循证据的医学,是在医学临床实践中发展起来的一门学科。它将预防医学中群体医学的理论应用于临床医学实践,旨在帮助临床医师在对患者进行诊断、治疗等决策之前收集充分的、最佳的、科学的证据。在此基础之上,许多医学分支学科纷纷冠以"循证"名称,诸如循证内科、循证外科、循证精神卫生、循证儿科、循证口腔病学等。循证医学的兴起,标志着医学实践的决策已经由单纯临床经验型进入遵循科学的原则和依据阶段。

第一节 循证医学概述

1996年,循证医学的创始人之一 David L. Sackett 教授在 *British Journal of Medicine* 上发表专论,将循证医学定义为是有意识地、明确地、审慎地利用现有最好的证据制定患者的诊治方案(Evidence based medicine is the conscientious, explicit, and judicious use of current best evidence in making decisions about the care of individual patients)。2000年他在《怎样实践和讲授循证医学》第2版中,再次定义循证医学为将最佳研究证据、医师的临床经验和患者的价值三者完美结合的综合医学研究"Evidence based medicine（EBM）is the integration of best research evidence with clinical expertise and patient values"。

所以,目前循证医学的基本定义即为:循证医学是一种医疗实践活动,需要临床医师根据患者的实际情况提出临床问题,然后应用最佳和最新的研究证据,同时结合自己的临床经验,最后作出科学的诊治决策。

根据这个定义,循证医学的实践应该包括以下3个部分。

1. **高素质的临床医师** 临床医师是实践循证医学的主体。临床医师除了必须具备医学理论知识及其丰富的临床经验外,临床流行病学的基本方法和知识也是实践循证医学的学术基础。在筛选最佳证据时,要判断其研究的设计是否科学合理;在判断研究结果的真实性时,要分析文献中是否存在有关偏差和混杂因素的影响及可被接受的程度;要进行定量测试指标的准确程度及临床价值的统计学分析和评价。这些都是一名高素质的临床医师的必备条件。

2. **最佳的研究证据** 研究证据是循证医学的核心,它不同于一般的临床经验,是对患者群体,甚至多个、几十个患者群体的临床研究文献,应用临床流行病学的原则和方法,经过认真的分析和评价获得的新近的最真实可靠且有临床重要应用价值的研究成果。现代网络技术的发展,对研究证据的收集、分析和交流提供了良好的环境,人们可以方便地获取国际上最新的研究证据。

3. 患者的参与　患者是诊疗决策的受体，同时也是效果的体现者。医患间平等友好合作关系是成功实践循证医学的又一关键。医师要充分关心爱护患者，尊重患者的人权和知情权，才能保证有效的诊治措施的实施。

一、循证医学在国外的发展

20世纪70年代，以已故著名英国流行病学家、内科医师 Archie Cochrane（1901～1988）为代表的一批流行病学家经过大量的工作，提出只有不足20%的临床诊治措施被证明有效而非有害，并疾呼临床实践需要证据。1972年 Cochrane 在其著作《疗效与效益：医疗保健中的随机对照实验》中明确指出："由于资源终将有限，因此应该使用已被恰当证明有明显效果的医疗保健措施。"Cochrane 的这些观点很快得到了临床医生的认可、支持并付诸实践。Cochrane 开创性讨论了医疗保健如何才能做到疗效与效益的统一和共同发展，提出各临床专业应对所有的随机对照实验结果进行整理、分析和评价，并不断收集新的数据以更新这些评价结果，从而为临床治疗实践提供可靠依据。

到了80年代，许多人体大样本随机对照试验结果发现，一些过去认为有效的疗法，实际上是无效或者利小于害，而另一些似乎无效的治疗方案却被证实利大于害，应该推广。例如，心血管领域的临床试验证实，利多卡因虽纠正了心肌梗死后心律失常但增加了死亡率，而β阻滞剂在理论上纠正心律失常不及利多卡因，但实际上却能显著降低心肌梗死的死亡和再发。1987年 Cochrane 根据长达20年以上对妊娠和分娩后随访的大样本随机对照试验结果进行了系统评价。该系统评价明确肯定：皮质激素可以降低新生儿死于早产并发症的危险，使早产儿死亡率下降30%～50%。这项系统评价成为循证医学的典范。

同样是在20世纪80年代初期，临床流行学发源地之一的 McMaster University，以 David L. Sackett 为首的一批临床流行病学家、在该医学中心的临床流行病学系和内科系率先对年轻的住院医师进行循证医学培训，取得很好效果。1992年起在 *JAMA* 等杂志上发表一系列循证医学的文献，受到广泛关注。1992年，David Sackett 教授及其同事正式提出了循证医学的概念。

同年，在英国成立了以已故 Archie Cochrane 博士姓氏命名的 Cochrane 中心。1993年国际上正式成立了 Cochrane 协作网——Cochrane Collaboration，广泛地收集临床随机对照试验（RCT）的研究结果，在严格的质量评价的基础上，进行系统评价（RS）以及 Meta 分析（meta-analysis），将有价值的研究结果推荐给临床医生以及相关专业的实践者，以帮助实践循证医学。

二、循证医学在我国的发展

从20世纪80年代起我国连续派出数批临床医师到加拿大、美国、澳大利亚等国学习临床流行病学。有多名医师跟随 Dr. Sackett 查房，学习如何用流行病观点解决临床问题（循证医学的雏形）。1996年，上海医科大学中山医院王吉耀教授将 evidence-based medicine 翻译为"循证医学"，并在《临床》杂志上发表了我国第一篇关于循证医学的文章"循证医学的临床实践"。1996年四川大学华西医院（原名华西医科大学附属第一医院）筹建中国循证医学中心（http://www.ebm.org.cn）。1999年3月31日，经国际 Cochrane 协作网指导委员会正式批准注册成为国际 Cochrane 协作网的第 14 个中心。

2002 年中国循证医学中心启动建设循证医学教育部网上合作研究中心分中心和卫生部中国循证医学中心地区实践中心。第一批建成四川大学中心,中国中医研究院、复旦大学、中山大学 3 个分中心,并于 2006 年第四届亚太地区循证医学研讨会上授牌。之后相继建成了天津中医药大学、兰州大学、广西医科大学、新疆医科大学、井冈山大学和南通大学等十余个分中心。

第二节 循证医学研究证据

循证医学所能遵循的证据可分成原始研究证据和二次研究证据。原始研究证据是对患者进行单个试验研究后所获得的第一手资料,进行统计学处理、分析和总结后得出的结论,主要包括随机对照试验、交叉试验、队列研究等。二次研究证据是全面收集某一临床问题的原始研究证据,进行严格评价、整合处理、分析总结后所得出的综合结论,是对多个原始研究证据再加工后得到的更高层次的证据。二次研究证据主要包括系统评价、临床实践指南、卫生技术评估等。

循证医学证据质量的评价有很多标准,并有很多级别,其中具有一定影响力的是 GRADE(Grading of Recommendations Assessment, Development, and Evaluation)。GRADE 将证据质量分为高、中、低和极低 4 个级别;并注重推荐强度,从而综合考虑利弊平衡、效益成本分析、患者价值观和证据质量等因素。目前,包括 WHO 和 Cochrane 协作网等在内的 60 多个国际组织、协会已采纳 GRADE 标准。

一、系统评价/Meta 分析

系统评价(Systematic Review)是针对某一具体临床问题,全面搜集相关文献,并从中筛选出符合标准的文献,然后运用统计学的原理和方法,对这些文献进行全新的综合研究而产生的新文献。

系统评价有别于一般的综述文献,它在收集文献的查全率、文献的质量以及分析文献的定量统计方法等方面均优于传统的综述,从而使研究结论更科学,减少了偏倚度。

Meta-分析(Meta-analysis)是指采用统计方法,将多个独立、针对同一临床问题、可以合成的临床研究综合起来进行定量分析。目前,国外文献常常将系统评价与 Meta-分析交叉使用,当系统评价采用了定量合成的方法对资料进行统计学处理时即称为 Meta-分析。因此,系统评价可以采用 Meta-分析,也可以不采用 Meta-分析。

系统评价/Meta 分析属于二次研究证据,在所有临床研究结论中其可靠性最高。查找系统评价/meta 分析这类证据常用的数据库有 Cochrane Library、Ovid 循证医学数据库等(详见本章第三节)。

二、随机对照试验

随机对照试验(Randomized Controlled Trial)是指采用随机分配的方法,将符合要求的研究对象分别分配到实验组或对照组,然后接受相应的实验措施,在一致的条件环境中同步研究,对实验结果进行测试和评价。

例如:高血压最佳治疗(HOT)随机对照试验,其目的是为了寻找最佳降压水平和评价联合使用阿司匹林的安全有效性。入选病人18 790人,涉及26个国家、平均随访3.8年。

这类证据属于原始研究证据,在临床研究结论中其可靠性仅次于系统评价/Meta分析。

三、临床实践指南

临床实践指南是由各级政府、医药卫生管理部门、专业学会、学术团体等针对特定的临床问题,系统制定出的标准或推荐意见。可作为临床医师处理临床问题的参考性文件,用于指导临床医师的医疗行为。

例如:美国肝脏病学会(AASLD)制定的《乙型肝炎临床实践指导》。

四、卫生技术评估

卫生技术评估(Health Technology Assessment,HTA)是指运用循证医学(EBM)和卫生经济学的原理和方法系统全面地评价卫生技术的技术特性、临床安全性、有效性(效能、效果和生存质量)、经济学特性(成本—效果、成本—效益、成本—效用)及社会适应性(社会、伦理、法律)并提出综合建议,为各层次的决策者提供合理选择卫生技术的科学信息和决策依据,对卫生技术的开发、应用、推广与淘汰实行政策干预,从而合理配置卫生资源,提高有限卫生资源的利用质量和效率。

第三节 循证医学证据检索

证据检索的资源主要有循证医学数据库、临床试验数据库、综合性生物医学数据库、临床实践指南数据库、循证医学期刊及其他相关资源。针对不同类型的证据可以选择一个或多个相关数据库。

一、循证医学数据库

(一) Cochrane Library(CL,http://www.thecochranelibrary.com)

CL是获取循证医学证据的主要来源,包含各种类型的证据,如系统评价、对照试验、卫生技术评估等。CL由Cochrane协作网制作,由John Wiley & Sons公司负责以光盘和网络两种形式出版发行。CL旨在为临床实践和医疗决策提供可靠的科学依据和最新证据。

CL由多个数据库组成,主要包括以下6个数据库。

1. The Cochrane Database of Systematic Reviews(CDSR;Cochrane Reviews) Cochrane系统评价数据库,收录由Cochrane协作网系统评价专业组在统一工作手册指导下完成的系统评价,并随着新的临床试验的产生进行补充和更新。有系统评价(systematic review)和研究方案(Protocol)两种形式。用户可以免费浏览系统评价的摘要,只有注册并付费的用户才能获取全文。

2. Database of Abstracts of Reviews of Effects(DARE;Other Reviews) 疗效评价文摘库,收录非 Cochrane 协作网成员发表的系统评价的摘要,是对 Cochrane 系统评价的补充,由英国约克大学的国家卫生服务部评价和传播中心提供。DARE 的特点是其系统评价的摘要包括了作者对系统评价质量的评估。与 CDSR 不同的是它只收集了评论性摘要、题目及出处,而没有全文,并且不一定符合 Cochrane 系统评价的要求。

3. Cochrane Central Register of Controlled Trials (CENTRAL;Trials) Cochrane 对照实验注册资料库,收录协作网各系统评价小组和其他组织的专业临床试验资料以及来自 Medline 和 EMBase 书目数据库中的对照试验文章。仅提供标题、来源和摘要,不提供全文。

4. Cochrane Methodology Register（CMR;Methods Studies） Cochrane 方法学注册库,主要收录有关对照试验方法和系统评价方法学的相关文献的书目信息。信息来源包括期刊文献、图书和会议录等;这些文献来源于 MEDLINE 数据库和人工查找所得。

5. Health Technology Assessment Database（HTA;Technology Assessments） 卫生技术评估数据库,由英国约克大学 Centre for Reviews and Dissemination（CRD）编制,收集来自国际卫生技术评估协会网(INHTA)和其他卫生技术评估机构提供的完成和正在进行的卫生技术评估。

6. NHS Economic Evaluation Database（Economic Evaluations） NHS 经济评估数据库,有关成本效益、成本效能的分析,有关成本效益的信息较难被证明、鉴定和解说,Economic Evaluations 可协助决策者从全世界搜集系统性的经济性评估,并鉴定其质量及优缺点。

在网络版 Cochrane Library 主页上,有浏览(Browse)和检索(Search)两种途径供用户查找信息。

CL 针对不同的资源提供不同的浏览方式,如 Cochrane Reviews 提供按照主题(Topic)、新评价(New Reviews)、更新评价(Update Reviews)、字母顺序(A-Z)、评价工作组(By Review Group)等浏览方法。其他资源一般提供按字顺浏览。CL 提供 Search、Search Manager 和 Medical Terms 3 种检索方式(图 6-3-1)。

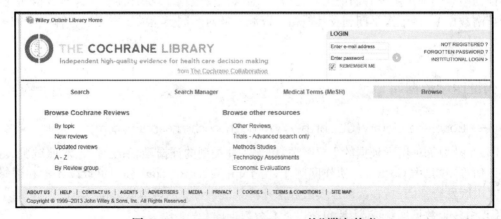

图 6-3-1 The Cochrane Library 的浏览与检索

1. Search 检索时可以在检索栏中输入检索词/式,并可通过检索栏前方的下拉菜单将检索词限定在不同字段中,点击前方加号增加检索栏。点击 Go,系统默认在所有数据库中进行检索。

2. Search Manager 每个检索栏会自动标注序号(图6-3-2)。点击检索栏后面的图标(View limits for this search),将弹出Search Limits窗口,列出CL包含的所有数据库供用户选择。另外,还有记录状态、检索年限的限定(图6-3-3)。

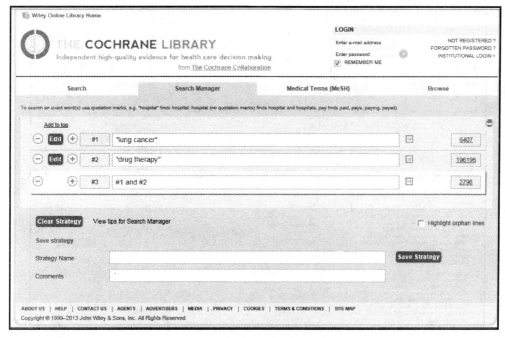

图6-3-2 CL的Search Manager

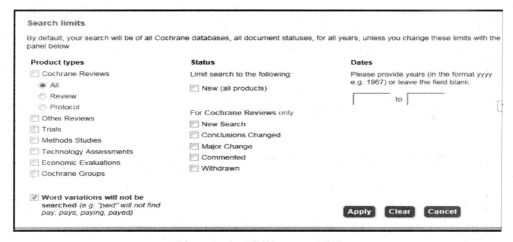

图6-3-3 CL的Search Limits

3. Medical Terms（MeSH） MeSH是Medline数据库的主题词表,它的特色之一是以树型结构揭示主题词之间的族性关系。通过Medical Terms(MeSH)检索可以提高查全率和查准率。

【例】通过The Cochrane Library的Medical Terms(MeSH)查找有关"背部疼痛的预防和控制"的系统评价。

检索步骤：①在Medical Terms(MeSH)界面(图6-3-4)中,输入back pain,点击

"Lookup"按钮。②浏览树形结构。③点击右侧的下拉菜单,选择"Prevention & Control"(图 6-3-4)。④点击"View Results"按钮,获得检索结果(图 6-3-5)。检索结果列表的左侧有各类彩色标志的说明。⑤对感兴趣的文献,可点击标题浏览详细内容(图 6-3-6)。

图 6-3-4 Medical Terms (MeSH)界面

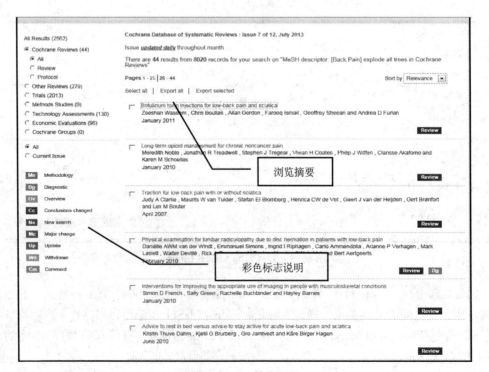

图 6-3-5 检索结果

图 6-3-6 检索结果的详细内容

(二) EBM Reviews (OVID)

EBM Reviews 是 Ovid 技术公司(Ovid Technologies，Inc)提供的循证医学数据库集合，它将多个循证医学数据库整合在一起，并通过统一的检索平台供用户使用。

EBM Reviews 共包含 7 个数据库(图 6-3-7)，其中除 ACP Journal Club 外，其余 6 个是 Cochrane Library 中的数据库(详见本章 Cochrane library)。ACP Journal Club 由两种期刊

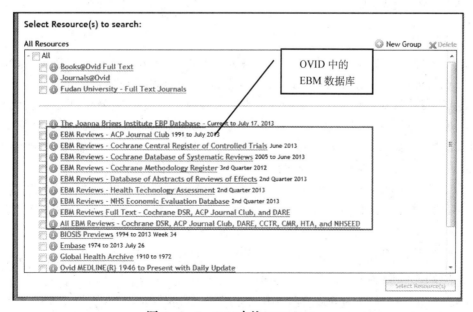

图 6-3-7 Ovid 中的 EBM Reviews

ACP Journal Club 和 Evidence-Based Medicine 组成。这两种期刊由相关领域的专家按照严格的研究设计标准,定期从世界顶级的临床期刊中筛选出最新的系统评价和原始研究论文,并对其主要内容进行评述。在这些数据库中部分检索结果可获取全文。

检索时可选择一个、多个或全部数据库,系统提供多种与循证医学有关的限定选项(图6-3-8),检索途径和方法详见第三章第一节 MEDLINE 的相关内容。

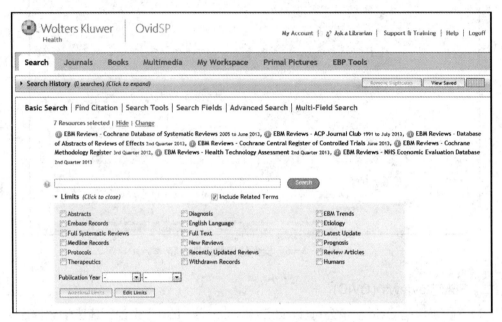

图 6-3-8　EBM Reviews (OVID)的检索界面

二、综合类生物医学数据库

(一) PubMed

PubMed 数据库隶属于美国国立医学图书馆(NLM)的国家生物技术信息中心(NCBI),网址为 http://www.ncbi.nlm.nih.gov/pubmed,是生物医学中权威的数据库。

在 PubMed 中针对循证医学证据的检索提供了多种方法,下面主要介绍两种方法。

1. 通过 Article Types 进行限定　在检索结果页面的左侧有 Article Types,点击 More,有 Clinical Trial(临床试验)、Meta-Analysis(meta 分析)、Practice Guideline(实践指南)和 Randomized Controlled Trial(随机对照试验)等多种类型可供钩选(图6-3-9)。

2. 通过 Clinical Queries(临床提问)　Clinical Queries 帮助用户获取各种类型的循证医学证据。只需在检索栏中输入疾病名称或干预手段等检索词,然后点击 Search,即可获取系统评价、meta 分析、临床试验、指南等循证医学类证据(图6-3-10)。其作用等同于在 PubMed 的基本检索栏中输入相同的检索词后加上 AND systematic [sb]。

(二) 中国生物医学文献数据库(CBM)

CBM 收录 1978 年以来 1 600 多种中国生物医学期刊,以及汇编、会议论文的文献题录,是检索国内生物医学资源的主要工具之一。它检索入口多,检索功能完备,尤其是多种词表辅

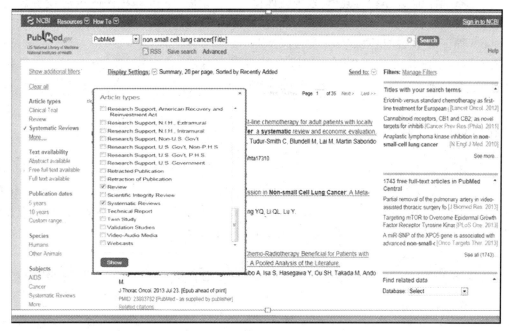

图 6-3-9　PubMed 中的 Article Types

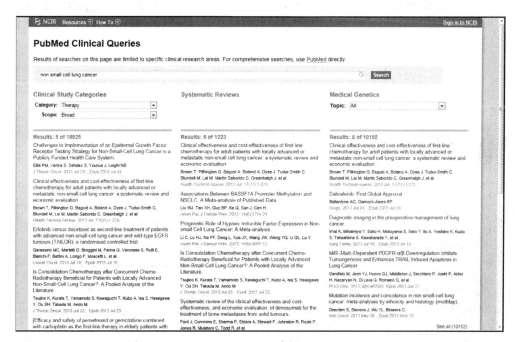

图 6-3-10　Clinical Queries 中的 Systematic Reviews

助检索功能对检索循证医学证据有较大帮助。

由于 CBM 数据库中部分记录为计算机标引(机标),尚无主题词,所以检索时主题词检索和自由词检索均应采用,以免漏检。

在 CBM 中检索有关系统评价的检索策略可写成：

♯1　系统评价 or 系统综述 or 系统性评价 or 系统性综述 or 系统评述 or 系统性评述
♯2　英文题目：systematic and review
♯3　循证医学 or 证据医学 or 实证医学
♯4　meta 分析 or 荟萃分析 or 汇总分析 or 集成分析
♯5　♯1 or ♯2 or ♯3 or ♯4

三、循证医学其他资源

1. 临床实践指南 National Guideline Clearing house（NGC，http：//www.guideline.gov）　NGC 是由美国 Agency for Healthcare Research & Quality、American Medical Association 和 American Association of Health Plans 主办的循证医学临床实践指南数据库。提供全文。有检索、浏览和多个实践指南的比较等功能（图 6-3-11）。

图 6-3-11　NGC 的指南页面

2. 卫生技术评估 INAHTA 国际卫生技术评估网（http：//www.inahta.org）　成立于 1993 年，秘书处在瑞典。其主要功能是促进卫生技术评估机构之间的合作交流，促进信息的共享与比较，以及预防不必要的重复性研究（图 6-3-12）。

图 6-3-12 国际卫生技术评估网主页

习题

1. 通过 OVID 中的 All EBM Reviews,用关键词检索途径查找有关阿司匹林(aspirin)预防心血管疾病(cardiovascular diseases)的文献。请写出:检出的篇数,打开第一篇文献的全文,写出检索方法(Search Methods)中包含的前 3 个数据库名称。

2. 通过 PubMed(http://www.pubmed.org)数据库查找有关缺铁性贫血(iron deficiency anemia)的临床实践指南(practice guideline)。提示:使用 Article Types 限定为临床实践指南。请写出:检出文献的篇数和刊登在 *Gut* 杂志上的那篇文献的参考文献数。

3. 通过 Cochrane Library(http://www.thecochranelibrary.com)查找 Cochrane Reviews 数据库中有关非小细胞肺癌(non-small cell lung cancer)的放射治疗(radiotherapy)的文献,要求检索词出现在标题中。请写出:检出篇数。

(符礼平)

第七章

生物信息学数据库

第一节 生物信息学数据库概述

生物信息学是一门交叉科学,它包含了生物信息的获取、处理、存储、分发、分析和注释等在内的所有方面,它综合运用数学、计算机科学和生物学的各种工具,来阐明和理解大量数据所包含的生物学意义——美国人类基因组计划实施5年后的总结报告。随着生物信息学的飞速发展,大量的数据库和分析工具应运而生,它们是生物信息学的重要内涵。这些数据库有些是国际性的,有些是地区的,有些在互联网上提供免费使用,有些则通过协议供学术单位使用。这些数据库各有特色,有的趋向综合性,有的追求专业性。本章节主要介绍的是当前基于Web的一些著名的数据库和流行软件。分子生物信息学的发展极其迅速,本章的内容并不能反映其全部及最新进展。

Nucleic Acids Research 杂志每年的第一期中详细介绍最新版本的各种数据库。在2000年1月1日出版的28卷第一期有115种数据库。2013年,生物信息学数据库总数已达1512个。Nucleic Acids Research Database Category List 将刊登的生物信息学相关数据库分成15大类,包括:①核酸序列数据库;②RNA序列数据库;③蛋白质序列数据库;④结构数据库;⑤基因组数据库;⑥代谢酶相关产物;⑦人类和其他脊椎动物基因组;⑧人类基因和疾病;⑨其他数据和其他基因表达数据库;⑩蛋白质组资源;⑪其他分子生物学数据库;⑫细胞器官数据库;⑬植物数据库;⑭免疫学数据库;⑮细胞生物学数据库(2012年新增)。

每个大类下再逐级细分小类,并直接链接到相关数据库。下面对主要数据库内容进行简要介绍。

第二节 主要生物信息学数据库

一、核酸序列数据库

国际核酸序列数据库合作委员会(International Nucleotide Sequence Database Collaboration),包括以下3个成员。

1. Genbank 由美国国家卫生研究院下设的国家生物技术信息中心(National Center for

Biotechnology Information，NCBI，http://www.ncbi.nlm.nih.gov)负责管理。它的内容包括了世界上所有已公布的核酸序列和有关注释。数据每日更新，序列数据呈指数级增长。每条序列有详细的注释，包括代码(locus)、基因定义(definition)、序列存取号(accession)、核酸编号(NID)、关键词(keywords)、参考文献(references)、种属来源(source organism)、DNA 的互补链(CDS)、等位基因(allele)以及特性表(feature table)等。特性表中给出编码区(coding region)、转录单位(transcription units)、突变或修饰部位(sites of mutation or modifications)、重复序列(repeats)，以及由编码区翻译所得的氨基酸序列、原序列(origin)。

2. EMBL　欧洲分子生物实验室(European Molecular Biology Laboratory，EMBL，http://www.embl.org/)与 GenBank 相似，收集所有公布了的序列并详细注释。由欧洲生物信息研究所主管。库中内容每日更新。

3. DDBJ　日本核酸数据库(DNA DataBank of Japan DDBJ，http://www.nij.ac.jp)是日本静冈市日本国立遗传学研究所日本 DNA 数据库。

这 3 个成员每天相互交换各自数据库新建立的序列记录。用户还可以用 NCBI 提供的 Banklt 等软件向 Genbank 提交新测定的序列。

二、蛋白质序列数据库

1. SWISSPROT　蛋白质序列数据库，由瑞士日内瓦大学负责管理(http://www.Expasy.ch)。SWISS—PROT 的数据主要有蛋白质功能信息及图谱、已知的同源序列，差异性等。另外，该库与核酸库 EMBL，蛋白质功能位点库 PROSIE，蛋白质三维结构库 PDB 等互连。

2. PIR　蛋白质序列信息资源库(Protein Information Resource http://pir.georgetown.edu)，由美国、德国和日本几个单位合作管理。它有很强的蛋白识别和其他查询功能。

三、蛋白质结构数据库

1. PDB(Protein Data Bank)　蛋白质数据库(http://www.ncbi.nlm.nih.gov/entrez)，由美国 Brookhaven 国家实验室管理。这是生物大分子三维空间结构原子坐标数据库，以蛋白质分子为主，也包括部分核酸分子和少量多糖分子的结构数据。除原子坐标外，该库还包括了注释等相关信息，如著者、文献、一级结构序列、二级结构信息、二硫键位置、晶胞参数、温度因子等。PDB 的数据每星期更新。

2. MMDB(Molecular ModellingDataBase)　分子模型数据库(http://www.ncbi.nlm.nih.gov/entrez)是 PDB 数据库的一部分，由 NCBI 管理。通过 Cn3D 三维图形软件显示分子三维结构(图 7-2-1)，在结构图上滑动鼠标，可以转动结构图使其呈现动态立体显示。通过系统设置，还可显示除二级结构外的球棍状、线框状等其他空间状态结构。

3. SCOP(Structural Classification of Proteins)　数据库为英国医学研究会(MRC)剑桥分子生物学实验室开发的蛋白质结构分类数据库(http://scop.mrc-lmb.cam.ac.uk/scop/)，按照蛋白质之间结构相似性，按类(class)、折叠家族(fold families)、超家族(superfamilies)、家

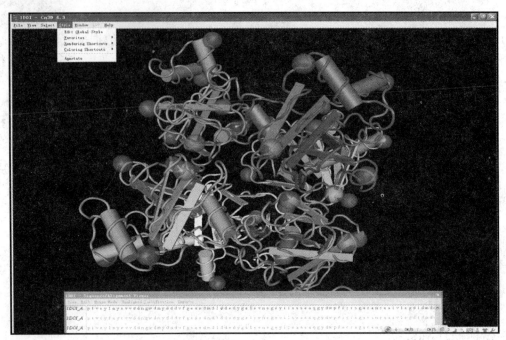

图 7-2-1 MMDB Cn3D 显示的铁氧化还原蛋白
(在死海高盐环境下蛋白质分子适应的结构)

族(families)等层次来组织蛋白质结构数据。有人称它为衍生数据库,因为它对原始数据进行了更为专业化的分类和整理,特别便于用户查询。如果用户通过输入一个序列或蛋白质的关键词,就可以获得一组与之有显著序列相似性的三维结构,根据库中某一蛋白质结构,可以找出与之结构相似的其他蛋白质。这对于药物设计具有重要意义。例如,假设需要设计某个 A 酶抑制剂,经检索从 SCOP 库中发现了一个与 A 酶结构相近的 B 酶,而 B 酶的抑制剂研究已很深入,就可以参考 B 酶抑制剂的结构来设计 A 酶抑制剂,从而加快药物设计和开发的速度。

四、基因组数据库

在 Nucleic Acids Research Database Category List 中分为:MGD 的小鼠基因组数据库;基因指数;基因组注释的术语,本体论和术语;分类与鉴定;一般基因组数据库;病毒基因组数据库;原核基因组数据库;单细胞真核生物的基因组数据库;真菌基因组数据库;无脊椎动物的基因组数据库等。一般基因组数据库如下。

1. Entrez Genomes 美国 NCBI 基因组数据库,由美国国家生物技术信息中心 NCBI 主建(http://www.ncbi.nlm.nih.gov)。收录组织了基因组序列、图谱、染色体、装配和注释信息。

通过 Genome 选择字段,输入检索词如果蝇:drosophila,返回结果包括有机体概述(Organism Overview)、典型表达(Representative)、染色体图谱链接(Click on chromosome name to open MapViewer)、基因组序列项目信息等(图 7-2-2)。

2. EMBL-EBI Genomes 欧洲分子实验室生物信息研究所基因组数据库,可访问自 20 世纪 80 年代以来从病毒、噬菌体和细胞器,包括古菌、细菌和真核生物的全基因组序列完成的基因组数据(图 7-2-3)。

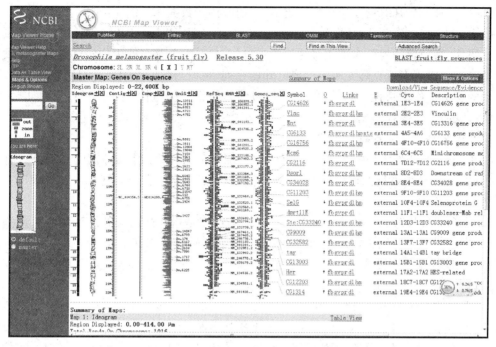

图7-2-2 Entrez Genomes 显示的果蝇基因组染色体图谱

图7-2-3 EMBL-EBI Genomes 显示的果蝇基因描述

五、生物信息学分析数据库

除了大量数据库以外,生物信息学还有许多生物信息分析工具,包括BLAST(序列相似性

对比工具);PRIMER(引物设计);蛋白质结构、功能预测数据库。例如:

1. BLAST(Basic Local Alignment Search Tool)　NCBI 设计的网上进行 DNA 和蛋白质序列的快速、高敏感的局部对准相似性检索工具,是目前网上著名的生物信息中心都提供的常用工具。通过输入新近克隆并测定的或已知的序列,可以与数据库中拥有的相似序列比较,测定序列的相关生物学特性。另外,序列的相似性与基因的同源性(不同序列之间具有共同祖先)有密切的关系,序列的相似性比较,对确定新的基因、确定疾病的病因、进行基因诊断、治疗疾病以及了解基因起源具有重要的意义。

2. PRIMER 3PCR　引物计算机设计工具,国际上有许多设计最佳引物的软件,有基于 Web 界面,也有单位发行的软件包,它们各具特色,优点各异。在公共网上可以直接进入相关网站进行引物获取。

3. 蛋白质结构预测数据库　所谓蛋白质结构预测是指从蛋白质的氨基酸序列预测其二级、三维空间等结构。因为蛋白质的生物学功能在很大程度上与其空间结构有关,所以进行蛋白质的结构预测对于理解蛋白质结构与功能的关系,进而在此基础上进行生物工程研究以及基于结构的药物设计具有重要意义。

4. 蛋白质功能预测欧洲分子实验室 EMBI 的 IntroProscan 程序　可以对未知功能的蛋白质序列预测功能。IntroProscan 目前代表结构域分析最完全的资源,它把许多蛋白质功能域相关的资源,如 PROSITE,PRINTS,Pfam and ProDom19,整合在一起,提供功能、细胞内定位、为细胞中特定蛋白最重要的代谢功能提供信息摘要。

六、微阵列数据和其他基因表达数据库(Microarray Data and other Gene Expression Databases)

此类数据库可进行基因芯片全球数据共享,主要有美国 NCBI 的 GEO-Gene Expression Omnibus(基因表达精选集);EBI 欧洲生物信息研究所-ArrayExpression 数据库等。

七、人类基因与疾病

目前较常用的人类基因与疾病数据库主要有以下两种。

1. OMIM(Online Mendelian Inheritance in Man)　孟德尔遗传数据库,由美国 Johns Hopkins 大学建立。现也属 NCBI 集成系统中的一个库。它主要报道人类基因和遗传缺陷文字信息、图片和参考文献,被称为人类基因及其相关疾病与遗传特征的百科全书。在 NCBI 的主页下,有进入按钮,并与许多数据库有链接。

2. SNP 美国 NCBI 单核苷酸多态性疾病关联遗传位点查询　当前有 2 600 万份报告提供了人类和其他 25 个生物有机体基因变异综合数据查询,是目前理解人类和分子遗传变异、用于序列变异性基因图谱、定义种群结构、进行功能研究、疾病高危群体的发现、疾病相关基因的鉴定、药物的设计和测试以及生物学基础研究等的重要工具。

八、我国生物信息学相关网站

我国生物信息学相关网站大多提供了生物信息学相关知识信息、重要工具和数据库的链接,如北京大学生物信息网(http://www.cbi.pku.edu.cn)、中国科学院(http://www.cas.ac.cn/)、中国科学技术部(http://www.most.gov.cn)、国家高技术研究发展计划(http://www.863.gov.cn)、上海生命科学研究院(http://www.sibs.ac.cn)、国家人类基因组南方研究中心(http://www.chgc.sh.cn)等。

第三节 生物信息学数据库检索

目前网上主要通过一些集成检索系统来实施生物信息数据库检索,主要的集成检索系统有 Entrez 系统,由美国生物技术信息中心 http://www.ncbi.nlm.nih.gov 研制。

Entrez,美国国家生物技术信息中心 NCBI 开发的集成检索系统综合了 GenBank,Popset 等核酸序列数据库、蛋白质序列数据库如 SWISSPROT、PIR、MMDB、PDB 等、序列分析数据库 BLAST 以及孟德尔遗传疾病数据库 OMIM,基因组数据库 Genome database、结构数据库 PDB,MMDB 等 42 个数据库(2013 年)。同时,在该系统中也可检索 PubMed 书目文献数据。这些库互相链接,形成了一个获取、分析、处理生物信息数据的集成系统,大大方便了生物医学专家递交、检索、分析生物信息的工作。

一、Entrez 检索方法

如果要获取核酸序列报告,方法是:在 NCBI 主页上选择"All Databases"数据库,再选择"Nucleotides"。在检索框中输入检索词,系统提供检索规则如下。

1. NCBI 检索 界面主题检索,如 16S RNA(系统默认 16S AND RNA 检索);短语检索,如"16S RNA"(两个检索词外加"");著者检索,如 johnson d;存取号检索,如 AF123456;分子量检索,如 002002[Molecular Weight];排序检索,如 AF114696:AF114714[ACCN];截词检索(右截词);复合(布尔)检索,如 HIV AND protease,运算符要大写。

2. 选择限制检索(Limit) Entrez 有字段限制:Accession(序列存取号)、E.C./RN Number(由美国化学文摘社和酶协会授予的酶号和化学物质登记号)、Feature Key(有关基因的特征词)、Gene Name(基因的标准名称)、Journal Title(期刊名)、Keywords(由数据库控制的关键词)、Organism(器官与组织)、Protein Name(蛋白质名称)、SeqId String(核酸序列号)、Substance name(物质名称)等 20 多个字段。特定分子类型限定(Genomic RNA/DNA,mRNA/rRNA),数据更新日期限定(30 天~10 年),基因位点限定 Gene Location [Mitochondrion(线粒体)Chloroplast(叶绿体)],以及序列片段限定等。Entrez 执行检索键为 GO。

【例】检索有关人类血小板衍生因子的核酸序列,在其检索框中,输入 pdgf [ti] AND homo sapiens [ti],点击"Go"。第一次显示相关信息目录中,选择题名为 Homo sapiensPRLTS mRNA forPDGFreceptor beta-like tumor suppressor, complete cds 的记录,进一步显示报告,选择记录格式第二次显示详细内容,其格式有:GenBank Report,FasTA Report 格式等。

图 7-3-1 为 Genebank 格式核酸序列报告。直接点击报告右边侧栏中的 Run BLAST,即可在 BLAST 程序中自动对比,查找相似性序列对比报告。

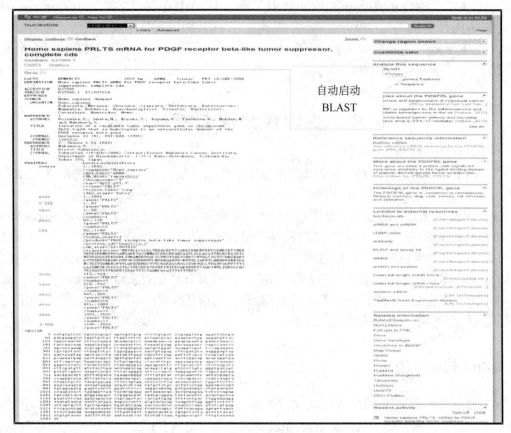

图 7-3-1 为核酸序列报告

二、BLAST 序列分析工具

BLAST 是从相同和不同的有机体中,提供对比核酸或蛋白质序列的程序。其对比的意义在于如果基因 A 与基因 B 有相当的相似性或同源性(不同序列之间具有共同祖先,与序列相似性有关),那么基因 A 可能具有类似基因 B 的功能。通过寻找不同基因的相同序列片段,可以推断最新测定的基因功能、预测基因家族的新成员、探索基因的进化关系。在基因组测序的工作中,序列相似性检索可以预测蛋白质代码和翻译产物的功能和定位。

检索步骤:①在 NCBI 主页中,点击"BLAST"图标,进入 BLAST 主页。点击"Basic BLAST Search",进入 Basic BLAST 界面。②选择"blastn"核酸序列类似性对比程序。③选择数据库,其中 nr(为序列不重复的 GenBank,EMBL,DDBJ,PDB 数据库对比)。BLAST 提供检索的数据库有 13 种(Database 下拉菜单)。④在"Enter here your input data as"下方的检索框中粘贴 Nucleotides 获取的序列。2011 年起可自动从序列报告中启动进行检索。⑤显示结果(图 7-3-2)。

类似性图谱:以彩色图谱表示类似性程度:黑色——类似性积分小于 40;蓝色——40~50;绿色——50~80;玫瑰红——80~200;大红——≥200。滑动鼠标在彩色图谱栏,图谱上方的显示框即显示基因名称。

第七章
生物信息学数据库

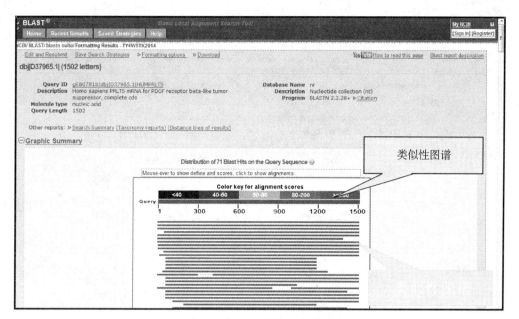

图 7-3-2 BLAST 检索结果

按积分从高到低排列序列,内容包括序列数据库及序列的标识符、基因名称、统计学分析的分数值。如果希望了解详细背景资料,可以点击序列标识符,即可进入该数据库,显示相关信息(图 7-3-3)。

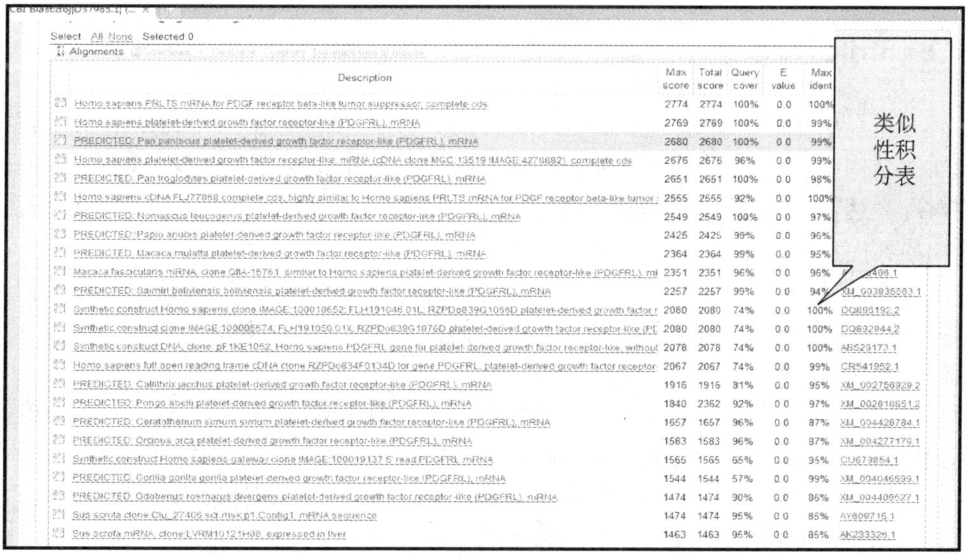

图 7-3-3 BLAST 检索结果类似性积分表

序列对排(图 7-3-4):逐一将输入的序列片断与数据库类似性序列片断对排,如图 7-3-4 为其中之一。此例人类血小板衍生因子核酸序列相似性检索,在序列对排中可以发现序列数据库标识符为 AB020863 片段局部对准相似性为 100%。MEDLINE 文献相关内容为:在染色体 8p21.3—p22 位上分离转移性肝肿瘤、直肠肿瘤中肿瘤抑制基因与 pdgf 受体基因具有同源性。

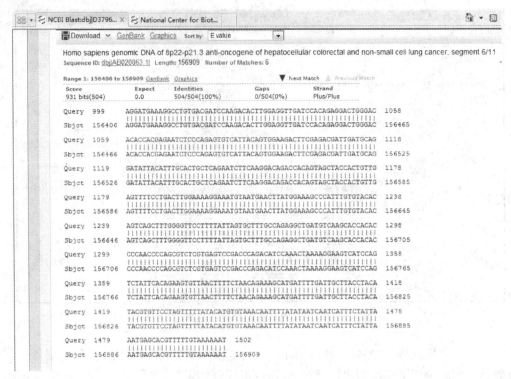

图7-3-4 BLAST相似性对比报告中的序列对排表

三、NCBI Structure 数据库检索

为研究蛋白质三维(3D)结构集成的两个数据库：分子模型数据库(MMDB)，提供关于各种蛋白质的结构信息；蛋白质域数据库(CDD)，提供在 proteins (CDs)内保存的功能领域序列和结构对准表达目录。这两个数据库让科学家检索和观看结构，从结构上查找特定蛋白质的相似蛋白质，并且辨认功能位点。

MMDB 的结构确立是采用 X 射线辐射结晶学和核磁共振技术处理，建立记录数据后，通过核查并在原子坐标和主要序列之间形成协议，使记录有效地连接检索，并且对准显示介入其他 NCBI 数据库。

MMDB 图像显示借助的是交互式三维模型图的工具软件 Cn3D。使用 Cn3D 图像显示软件展示蛋白质立体动态的空间结构。该软件可以详细检索和突出结构的细节，譬如配合基绑定的位点。可以根据序列或在相关序列中相似性结构显示多序列对准 3D 领域，或 CDD 家族的成员。Cn3D 图像显示操作简便，分析性能好。

Structure 可以确定蛋白质的整体形状和大小；在整体结构上找出特定残基；找出特定残基紧密相邻的残基；拓展或测试关于酶机制化学假设；找出或预测配合基可能的绑定位点；解释变异；寻找蛋白质表面正负电荷；找出特定蛋白质的疏水区或亲水区；从结构同源性推断未知的结构蛋白质的相关产物 3D 构造；结构可以通过 BLAST 进行对比，从而可以发现蛋白质域和邻族结构。

Structure 检索步骤：第一步，在"EntrezSturcture"检索框中允许直接输入的检索词包括 PDB 代码、蛋白质名称、著者或期刊名。例如，查找来自死海古菌的铁硫氧化还原蛋白的三维结构。第一步,可输入检索词:死海古菌 haloarculamarismortui 或铁氧化还原蛋白 ferredoxin 或蛋白质代码 1doi。第二步,得出检索初步结果,也许出现多个指定的蛋白质存在的记录,它们反映了不同的实验性技术情况,并且出现或缺乏各种各样的配合基或金属离子。记录可能包含全长分子的不同片段。另外,还有许多突变体蛋白质结构,用户要注意筛选。检索结果同时包含了 PDB 记录,包括实验性描述、PDB 代码。第三步,显示结构概略页,观察二级结构"Secondary Structure"按钮。第四步,点击按钮"View3D"(须下载 Cn3D 软件),观看完整蛋白质 3D 结构(图 7-2-1)。

四、OMIM

OMIN(Online Mendelian Inheritance in Man),孟德尔遗传数据库,由美国 Johns Hopkins 大学建立。现也属 NCBI 集成系统中的一个库。它主要报道人类基因和遗传缺陷相关疾病的文字信息、图片和参考文献,被称为人类基因及其相关疾病与遗传特征的百科全书。例如:要查找血友病基因图谱,可在 OMIM 主页的检索框中输入血友病关键词 hemophilia,系统返回结果,为该疾病的相关亚型的目录内容,包括名称、基因编号、染色体位点等(图 7-3-5)。进一步点击基因编号可得到完整研究文献,包括疾病定义及描述、术语命名、临床特征以及细胞学、遗传学、生物化学等其他特征、临床处理治疗等方案。

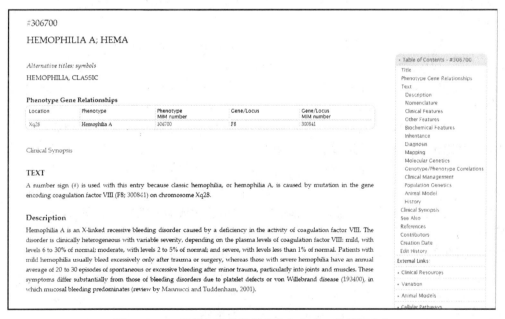

图 7-3-5 孟德尔遗传数据库中血友病 A 的详细内容

五、引物设计

所谓引物是指在聚合反应中作为底物引发聚合产物的短序列统称为引物。PCR 反应中扩增一个已知序列 DNA,对其引物须有一定的满足条件,才能有效地扩增模板序列,这些条件有:①引物长度为 20 个碱基;②引物序列与被扩增的序列不具有同源性;③引物中 G+C 碱基的含量以 40%~60% 为宜等。设计满足 PCR 扩增条件的引物称为最佳引物设计。

根据引物设计的条件,进行计算机的程序处理,可以方便地进行自动引物设计。目前国际上有许多设计最佳引物的软件,有 Web 界面,也有单位发行的软件包,它们的功能各有特色,优点各异。

探针和引物设计相关网站有:Primer Premier6(http://www.premierbiosoft.com/primerdesign/primerdesign.html) primer3 美国 WHITEHEAD INSTITUTE 主建(http://primer3.ut.ee)。

六、蛋白质结构预测

蛋白质结构预测原理:生物体的基因组规定了所有构成该生物体的蛋白质,基因规定了蛋白质的氨基酸序列。蛋白质折叠成特定的空间构象具有相应的活性和生物学功能。了解蛋白质空间结构可以认识蛋白质的功能,认识蛋白质是如何执行其功能的。蛋白质预测的常用途径现用网址(2013 年 9 月)如下。

1. 从氨基酸组成辨识蛋白质 ExPASy(http://www.expasy.ch/tools/)提供了工具包,进行一级结构分析将预测序列与 SWISSPROT 库中的蛋白质相比,筛选相似性序列;用 MaxHom 方法作多序列的一致性分析(multiple sequence alignment)。可用 PHD 方法作神经网络预测(neural network predictions)将此多序列进行一级结构分析,然后再作预测精确性的评估分析。

2. 预测蛋白质的物理性质 ComputePI/MW:http://web.expasy.org/compute_pi/;Peptidemass:http://expaxy.hcuge.ch/ch2d/pi-tool.html。

3. 蛋白质二级结构预测 ExPASy(http://www.expasy.ch/tools/);PredictProtein (http://www.predictprotein.org)。

4. 蛋白质的三维结构预测 蛋白质序列数据库数据积累的速度非常快,但是已知结构的蛋白质相对比较少。用 X 线晶体衍射和 NMR 核磁共振技术测定蛋白质的三维结构,以及用生化方法研究蛋白质的功能等实验方法确定蛋白质结构的过程非常复杂,效率不高、代价较大,无法适应蛋白质序列数量飞速增长的需要。因此,近几十年来许多科学家致力于研究用理论计算的方法预测蛋白质的三维结构和功能,生物信息学数据库根据这些理论,建立了计算机分析程序。

应用预测蛋白质三维结构的网站 SWISSMODEL 同源建模服务器:http://www.expasy.ch/tools/可以建立蛋白质分子模型。该服务器提供 3 种建模方式:第一种,Automated mode 自动模式用于建模的氨基酸序列或是 Swiss-Prot/TrEMBL(http://www.expasy.org/sprot)编目号,可以直接通过 web 界面提交。服务器会完全自动地为目标序列建立模型。第二种,Alignment mode(联配模式)需要多序列联配的结果,序列中至少包括目标序列和模板。服务器会基于比对结果建模。用户需要指明哪一条序列作为目标序列,哪一条又作为模板。第三种,Project mode(项目模式):允许用户提交经过手工优化的请求给服务器。

通过 http://www.expasy.ch 获取序列(可在检索框中输入蛋白质名称如 FAS antigene ligand 或识别号如 p41047),从蛋白质序列数据库获取序列,复制序列;选择自动建模方式,粘贴序列递交询问。等待认证后,通过电子自动 E-mail 提示,在相关网页中显示三维预测图像。

习题

1. 利用 NCBI 基因组数据库查找恶性疟疾 plasmodium falciparum 的基因图谱。

2. 利用 NCBI,查找人类抗癌基因(Homo sapiens clone pp9092 unknown mRNA)的核酸序列报告,写出序列号。

3. 利用 NCBI,对上题中的原序列进行相似性对比,写出数据库标识为 M98056.1 的基因定义。

4. 利用 OMIM,查找 Nijmegen Breakage Syndrome 描述文献(基本概念、基因位置、基因符号和 2000 年著者 Kleier 撰写文章刊登的期刊)。

5. 利用 MMDB,获取 Human P53 Core Domain In The Absence Of Dna [Dna Binding Protein]蛋白质结构图,写出蛋白质 PDB 的标识符,显示图形。

(李晓玲)

第八章 信息处理与分析

第一节 文献检索策略与案例分析

在文献检索的过程中,检索策略制定是贯穿于检索全过程的重要环节,也是关系检索效果的决定性因素。检索策略的制定需要综合应用各种检索技能,既要确切把握课题内容,又要熟悉数据库概况与检索系统功能,还需灵活应用各种检索方法和技巧。本节将以理论结合实例的方式来阐述检索策略的制定方法。

一、文献检索策略概要

(一) 检索策略的定义

在文献检索中,检索策略有广义和狭义之分。

1. **广义的检索策略** 为实现检索目标而制定的全盘计划和方案,是对整个检索过程的科学规划和指导。具体而言,就是在明确检索目的、分析课题特征的基础上,选择合适的数据库和检索系统,拟定检索方案,确定检索词,构建检索提问式,执行检索并调整检索式,直至获得较满意的检索结果的全过程。检索策略的制定流程如图8-1-1所示。其中,每个环节包含的具体内容及注意事项请看第一章第二节检索步骤介绍,在此不再赘述。

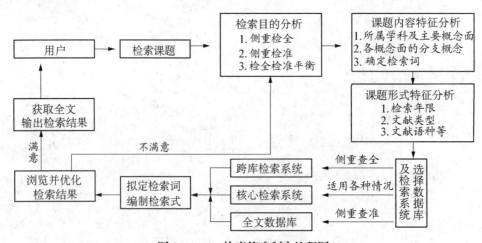

图8-1-1 检索策略制定流程图

2. 狭义的检索策略　检索过程中构建检索式的环节,包含检索词的确定、运算符的选择、检索字段的设定及限制选项的设置等。

(二) 常用的检索策略类型

在计算机检索的过程中,根据课题的复杂性、作者对检索结果的准确性和完整性的要求不同,可以选用不同类型的检索策略,以获得较为理想的检索结果。计算机检索策略的类型有多种划分方式,美国学者伯恩(Charles Bourne)的5种检索策略影响较为广泛,即积木型、引文珠形增长、逐次分馏、最专指面优先、最低登录量优先。

1. 积木型(building block)　把检索课题剖析成若干个不同的概念面,检索时首先逐个查找各个概念面,在每个概念面检索时尽可能全和多地列举同义词、近义词和相关词,并用布尔算符"OR"连接,构成针对每个概念面的检索式,也就形成了针对检索课题的多个子检索式,最后根据课题要求,选用合适的布尔算符把所有子检索式连接起来,构成一个总的检索式。这种策略类似把各个积木块拼成完整图案,因此称为积木型检索策略。

【例】检索有关"肝细胞癌与吸烟"研究的文献。该课题可以分为两个概念面,每个概念面对应的检索词分别如下。

肝细胞癌	吸烟
Hepatocellular Carcinoma	smoke
Hepatocellular Carcinomas	smoker
Hepatoma	smoking
hepatomas	cigar
…	cigarette
	cigarettes
	…

子检索式1(第一个概念面的检索式):S1=(Hepatocellular Carcinoma? OR Hepatoma? OR …)
子检索式2(第二个概念面的检索式):S2=(smok* OR cigar? OR cigarette? OR …)
总检索式(该课题的检索式):S=S1 AND S2

积木型检索策略的优点是与检索课题概念化的过程相一致,能提供比较明确的检索逻辑过程,在理解和执行上都比较容易掌握。然而,这种模式也有较为明显的缺陷。由于每个概念面中的检索词用"OR"连接,所以检索用时较长。另外,检索中的人机交互性也较低,未能充分发挥网络的优势。

2. 引文珠形增长(citation pearl-growing)　首先直接检索课题中较为核心的、最专指的概念面,以便至少检出一篇命中文献或相关信息。然后,浏览这批文献,从中选出一些新的相关检索词,补充到检索式中去,重新检索出更多的命中文献。然后,再重复进行浏览选词再检索的过程,直到获得理想的最终检索结果为止。

这种检索策略最具有交互性,能较好地发挥人机对话的优势,选择的检索词更具针对性,增减检索词更为合理,检索式在变化发展中更趋完善,当然检索者在浏览选词过程中的经验对检索效果也有较大的影响。其不足之处主要是浏览思考时间较长,检索费时较多。

3. 逐次分馏(successive fractions)　先用较宽泛的检索式,确定一个相当大的范围较广的命中文献初始集,然后逐步利用各种检索限制或限定措施,逐渐提高检索式的专指度,不断缩小命中文献集,直到得到数量适宜、用户满意的命中文献集合为止。

这种检索策略有利于平衡检索的全面性和准确性,如能较好地掌握检索限制和限定的尺度,可取得相当好的检索效果。

4. **最专指面优先**(most specific facet first)　首先从课题中最专指的一个概念面入手检索,在得到初步检索结果后再依据用户需求,决定是否要加入其他概念面。这些其他概念面是供选择用的,只在检索要求提高查准率时才需输入,各概念面在检索式中是逻辑"与"的关系。如果觉得命中文献太少,那么通常不需要再把其他概念面加到检索式中去。

这种检索策略比较灵活,通过对初步检索结果的不断调整,逐渐达到最终检索结果。由于从最专指的概念面入手,因此检索用时也相对较少。

5. **最低登录量面优先**(lowest posting facet first)　所谓登录量,是指一个索引词在标引中的使用次数。它一般记录在数据库索引词表中,用户在检索时可以在索引词表界面中直接浏览到每个索引词的标引数量或对应的文献数量,可以根据特定的检索课题,查询到该课题中每个概念面对应的检索词在索引中的登录量,并据此估算出将查到多少命中文献,或者至少能知道可能查出的最大文献量是多少。可见,登录量数据在检索中很有价值。"最低登录量的面优先"就是先根据词的登录量值,找出登录量最少的那个概念面,然后以此为检索入口开始检索。如果命中文献数相当少,就不必再继续检索其他的面;如果结果较多,再选择较低登录量的概念面加入到检索式中,概念面之间的逻辑关系也是逻辑"与"的关系。例如,检索课题为"治疗心血管病的蒙药经典方'赞丹-3汤'的二次开发",很显然,"赞丹-3汤"的登录量比"蒙药经典方"、"心血管病"的登录量要低,检索时则应首先从"赞丹-3汤"这一概念面着手进行。

这种检索策略与最专指面优先策略极为相似,而且大多数情况下最专指面往往登录数也最小。之所以把最低登录量面优先作为一种独立的策略,是因为在计算机信息检索中,常常很容易明确哪个概念组面的登录量最小。

二、文献检索效果评价

文献检索效果是指整个检索过程的效率和结果,它直接反映了检索系统的性能和用户检索策略的有效性。检索效果的评价不仅需要考察体现检索性能的技术指标,还包括反映用户检索所花费的成本等经济指标。根据美国学者克莱弗登(C. W. Cleverdon)的研究,评价文献检索效果的指标主要有6个:收录范围、查全率、查准率、响应时间、用户负担和输出形式。

收录范围是指数据库覆盖的学科范围、信息类型、数量和时间跨度;查全率是指检索系统检出相关文献的能力;查准率是指检索系统拒绝不相关文献的能力;响应时间是从提交检索提问式到查出文献所需的时间;用户负担是指用户在检索过程中所耗费的物力、财力、智力乃至体力的总和;输出形式是指检索结果的输出格式和方式,以及结果优化等性能。上述6种指标又以查全率和查准率两项指标最为重要。

在定义查全率和查准率之前,我们首先将数据库收录文献按以下矩阵分类(表8-1-1)。

表8-1-1　检索结果矩阵

数据库	用户		总计
	相关文献	非相关文献	
检出文献	a(命中)	b(噪音)	a+b
未检出文献	c(漏检)	d(合理拒绝)	c+d
合计	a+c	b+d	a+b+c+d

该矩阵中,纵向是检索系统对数据库全部文献相关性的评估,横向是用户对数据库全部文献相关性的评估。按照此表我们可以对查全率和查准率加以描述。

(一) 查全率

查全率(recall ratio, R)是检索系统中检出的相关文献数量(a)与检索系统中相关文献总量($a+c$)的比率,即:

$$查全率(R) = \frac{检出相关文献数量}{系统中全部相关文献数量} \times 100\% = \frac{a}{a+c} \times 100\%$$

(二) 查准率

查准率(precision ratio, P)是检索系统检出的相关文献数量(a)与检出的文献总量($a+b$)的比率,即:

$$查准率(P) = \frac{检出相关文献数量}{检出文献总量} \times 100\% = \frac{a}{a+b} \times 100\%$$

(三) 查全率与查准率的关系

查全率与查准率之间具有密切的关系。经多年实践证明,在某次具体的检索操作中,通常采取措施提高查全率时会降低查准率;反之,采取措施提高查准率时则会降低查全率。查全率和查准率这种互逆的关系,使我们在检索中很难实现查准率和查全率均逼近100%,因此我们在检索中要根据课题的实际需求,确定是以查准为主还是以查全为主,或是寻求查准与查全之间的平衡。

(四) 影响查全率和查准率的因素

影响查全率和查准率的因素既有检索系统性能的原因,也有用户检索策略上的问题,具体而言包括以下两类因素。

1. 影响查全率的因素

(1) 检索系统性能因素:主要有以下3个因素影响查全率:①词表结构不完善,词间关系不准确,索引词缺乏控制和专指性;②标引深度不够,标引数量少,标引缺乏词汇控制;③没有位置算符,不具备截词功能,没有检索结果优化功能等。

(2) 检索策略因素:主要有以下3个因素影响查全率:①检索式中使用逻辑"与"太多,或不适当地使用了逻辑"非",抑或位置算符限制太近;②未使用控制词表检索,或未选用下位词扩检;③使用检索字段限制较严格,其他形式特征检索限制过多等。

2. 影响查准率的因素

(1) 检索系统性能因素:主要有以下5个因素影响查准率:①索引词汇缺乏专指性,未能正确反映文献主题和检索要求;②词表结构不完善,词间关系不准确,或是组配错误;③标引词使用不当及过量标引;④检索系统不具备逻辑"非"功能;⑤没有检索结果优化功能等。

(2) 检索策略因素:主要有以下5个因素会影响查准率:①检索用词专指度不够,检索面过宽;②检索词使用不准确;③检索式中使用逻辑"或"不当,或位置算符限制太宽;④截词部位不准确;⑤使用检索字段限制较宽,未使用其他形式特征检索限制等。

基于以上这些影响因素,用户可以有针对性地选择调整检索策略的方法,以提高查准率或查全率。具体方法见第一章第三节检索步骤中检索策略调整部分。

(五) 查全率与查准率的调整技巧

1. 提高查全率的技巧

(1) 涵盖词形变化的主要方法：①查全同义单词的不同拼写方式，如：fibre OR fiber；②查全缩写与全称，如："ang 1 7" OR "angiotensin 1 7"；③查全同义、近义词，如：维他命 OR 维生素；④使用截词符，如：transplant *（注意：截得过短，会降低检准率，如：cardi *，超过600种变形，PubMed 对 600 种以后的变形将不作检索）；⑤查全所有格形式，如：tongue near/2 base（Web of Knowledge），可检出 tongue base，base of tongue，base of the tongue 等形式。

(2) 查全子概念的主要方法：①用 OR 连接子概念，如：pulmonary blastoma OR pleuropulmonary blastoma；②变词组检索为邻近检索，如："acute pancreatitis"改为 acute adj2 pancreatitis（OVID）可检出 necrotizing，gallstone，severe，and chronic 等各种类型胰腺炎；③变邻近检索为 AND 检索；④检索词适当减字，如：肾衰竭 and 饮食（疗法），将"疗法"省略，可检索出"治疗"、"控制"、"干预"、"研究"等；⑤改用上位概念检索词，如："干扰素 α-1b"改用"干扰素 α"；⑥将检索字段调整为检出文献数更多的字段。一般情况下，各字段检出文献数从少到多依次为篇名、关键词、摘要、全文；⑦在 MEDLINE 等有规范化主题词表检索的数据库中，可以使用词表选词，扩展下位词检索。

(3) 检索更多信息源：主要包括：①使用跨库检索平台，同时检索多个数据库，如 Web of Knowledge 平台、学术资源门户 MetaLib、Dialog411 等；②使用引擎搜索 Web 信息；③访问相关机构网站，Open Access 学术资源网站。

2. 提高查准率的技巧　大部分提高查全率的方法反用，即可提高查准率，如变 AND 检索为邻近算符 near 检索。在 MEDLINE 等有规范化主题词表检索的数据库中，可以选择限定到主要主题词字段检索，可提高检出文献的相关度，文献篇数也会相应减少。

不同的课题，适用的调整方法各不相同。以上这些技巧在使用时，应根据课题初步检索的情况，选取其中一种或几种方法结合，灵活使用，并不断根据新检出文献情况继续调整，直至获得比较理想的效果。

三、文献检索策略构建案例分析

【例1】有读者要撰写"国内外舌根肿瘤手术治疗新进展"的综述，需查阅相关文献。

1. 检索目的分析　该课题为撰写最新进展研究的综述，因此要对最近几年该领域的文献作普查性的检索，侧重查全。

2. 课题内容特征分析　该课题属于口腔疾病中舌肿瘤这一学科，包含"舌根肿瘤"和"手术治疗"两个概念面，都没有分支概念。"新进展"一词在大量论文中可能不出现，但实际是对某种新的手术方法的研究，用于检索会造成大量漏检，因此可以用论文发表的年份来限定，不作为检索用概念面。

3. 课题形式特征分析　检索年限可以限最近五年，文献类型选择期刊和会议文献，由于该课题各国都有研究，因此文献语种包括中外文各种语种。

4. 选择数据库及检索系统　由于侧重查全，课题涉及检索词较多，检索式相对较复杂，因此选择收录文献量大、检索功能强大的核心检索系统检索。根据学科专业，可选择 CBM、万方学术期刊全文数据库、OVID-MEDLINE、ISI-Conference Proceedings Citation Index（CPCI-S）。

5. 拟定检索词和检索式

(1) CBM 数据库：该数据库有规范化主题词表，应当首选规范化主题词检索途径。用主题词表未匹配到"舌根肿瘤"的规范化主题词形式，在这种情况下可以根据其所属的学科上级概念，查找上级概念的主题词形式，再结合自由词检索，获得舌根肿瘤的相关文献。因此，此题首先用主题词表检索"舌肿瘤"，选择副主题词"外科学"，获得初步的检索结果，然后再在基本检索状态下输入自由词"舌根"进行二次检索，然后再限定检索年限为2009~2013，即可获得相关结果。这样可以在基本查全相关文章的同时也保证了一定的查准度。

但是，必须注意的是，使用 CBM 的主题词表选词检索功能时，由于 CBM 对文献的规范化主题词标引速度较慢，因此查找近年来的论文用规范化主题词检索将会发生大量漏检，须用自由词检索，以防止遗漏。在自由词检索选用检索词时，可以参考 CBM 词表中的款目词、下位词，找到概念的同义词、近义词等形式，以提高查全率。

(2) 万方学术期刊全文数据库：该数据库没有规范化主题词表，因此使用自由词检索。由于对课题中两个概念面的同义词、近义词比较熟悉，因此可使用"积木型"检索策略，首先列举"舌根肿瘤"的同义词、近义词，包括舌根肿瘤、舌根瘤、舌根部肿瘤、舌根癌等，为检出舌根鳞状细胞癌、舌根黑色素瘤等各种不同类型的舌肿瘤，在编制检索式时对检索词稍作调整为：题名或关键词：(舌根) * 题名或关键词：(癌 or 肿瘤 or 瘤) * 摘要：(手术 or 外科)。由于外科和手术都是治疗方法，因此"治疗"一词可以不作为检索词。

(3) OVID-MEDLINE 数据库：该数据库有规范化主题词表，应当首选规范化主题词检索途径，检索方法与 CBM 类似。主题词"tongue neoplasms"，选择"surgery"为副主题词，在获得初步检索结果后，输入舌根的自由词。由于舌根英语有多种表达形式：tongue base, base of the tongue, base of tongue 等，因此使用位置算符以便查全，检索式为 tongue adj3 base。最后将舌肿瘤手术治疗的检索结果与舌根的检索结果进行 and 运算，并限定检索年限为2009~2013，即可获得相关的检索结果。

(4) ISI-CPCI-S 数据库：该数据库没有规范化主题词表，因此使用自由词检索，同样使用"积木型"检索策略。先列举"舌根肿瘤"的同义词、近义词，包括 tongue base cancer, tongue base carcinoma, base of (the) tongue cancer/carcinoma, carcinoma/cancer of tongue base/ base of (the) tongue 等多种形式。再列举"手术治疗"的同义词、近义词，包括 surgery, operation(s)。因此，检索式为：主题=(tongue near/3 base) AND 主题=(carcinoma or cancer or tumor or neoplasm) AND 主题=(surgery or operation*)，年限设2009~2013，即可获得相关检索结果。

【例2】有读者要申报关于"血管紧张素1-7对心肌作用"的科研项目，需了解国内外是否有相关研究，对课题的新颖度作出评价。

1. 检索目的分析　该课题为申报科研项目，必须具备一定的新颖性，因此要作普查性的检索，侧重查全。

2. 课题内容特征分析　该课题学科属于神经肽类物质对人体脏器的作用这一学科，包含"血管紧张素1-7"和"心血管系统"两个概念面，"血管紧张素1-7"没有分支概念，"心肌"有分支概念"心肌细胞"、"乳头肌"、"心成肌细胞"。

3. 课题形式特征分析　由于要评价新颖度，因此检索年限应不作限制。文献类型选择期刊和会议文献，由于该课题要了解国外是否有相关研究，因此文献语种为中外文各种语种。

4. 选择数据库及检索系统　由于侧重查全、查新，课题涉及检索词较多，检索式相对较复杂，因此选择收录文献量大、检索功能强大的中外文核心检索系统检索。根据学科专业，可选择 OVID-MEDLINE、ISI-Conference Proceedings Citation Index（CPCI-S）、ISI-SCIE、CBM（中国生物医学文献数据库）等。

5. 拟定检索词和检索式

(1) OVID-MEDLINE 数据库：先选择 MEDLINE 1946 to present 数据库检索。"心肌"应使用规范化主题词表匹配到的规范词"myocardium"进行全部树的下位词扩检，并选择所有副主题词。"血管紧张素 1-7"的英文书写形式为 angiotensin-(1-7)或 angiotensin1-7，由于不知道是否还有其他书写形式，所以我们可以采取"引文珠增长型"检索策略。首次检索使用"angiotensin-(1-7)" or "angiotensin1-7"（注意：OVID-MEDLINE 数据库检索词中出现括号或连字符时，必须使用精确匹配符双引号（" "），否则将被视为非法的检索词，显示出错信息）。在检出文献中浏览全记录后，发现"血管紧张素 1-7"还有 ang-(1-7)的形式，将该形式加入检索式，用 or 连接后，检索式为"angiotensin-(1-7)" or "angiotensin1-7" or "ang-(1-7)"。然后，再浏览检索结果的全记录，又可以发现还有 ang1-7 形式，再将其加入检索式，检索式为"angiotensin-(1-7)" or "angiotensin1-7" or "ang-(1-7)" or "ang1-7"。这样，"血管紧张素 1-7"这一概念面基本可以查全了。最后，将"心血管系统"主题词检索结果与"血管紧张素 1-7"作 and 运算即可得到最终结果。

由于立项要尽可能查全，所以还应该检索 MEDLINE In-Process & Other Non-Indexed Citations 数据库。该数据库没有主题词表，因此使用自由词检索。由于该数据库文献量较少，可以采取"最专指面优先"检索策略。在该课题中，最专指的概念面是"血管紧张素 1-7"，因此直接用"血管紧张素 1-7"的检索式"angiotensin-(1-7)" or "angiotensin1-7" or "ang-(1-7)" or "ang1-7"检索，得到 9 篇文献。文献量相当少，可以不用再加入"心血管系统"这一概念面，通过浏览这 9 篇文献即可确定是否与课题相关。

(2) ISI-CPCI-S & SCIE 数据库：该数据库没有规范化主题词表，因此使用自由词检索，使用"积木型"检索策略。在 TOPIC 字段的检索框内输入检索式：(("angiotensin-(1-7)" or "angiotensin1-7" or "ang-(1-7)" or "ang1-7") and (myocardi* or cardiac myocyte* or cardiomyocyte* or papillary muscle* or cardiac myoblast* or cardiomyoblast*))，即可获得相关检索结果。

【例3】有读者在配制中成药过程中，要使用龙涎香，他想了解国内外有关"龙涎香在配制中成药中应用需注意的问题"的文献。

1. 检索目的分析　该课题为解决实际问题，因此侧重查准。

2. 课题内容特征分析　该课题学科属于中草药研究，包含"龙涎香"和"中成药"两个概念面，"龙涎香"没有分支概念，"中成药"分支概念众多。

3. 课题形式特征分析　由于要解决实际问题，只要找到若干篇相关文献即可，且此课题估计相关文献数量较少，因此检索年限不作限制。文献类型选择期刊文献，由于该课题要了解国内外是否有相关研究，因此文献语种为中文和外文各种语种。

4. 选择数据库及检索系统　由于该课题属于药学研究领域，同时估计相关文献数量较少，因此选择收录文献量大的数据库 EMBASE 和 CBM。

5. 拟定检索词和检索式

(1) OVID-EMBASE 数据库：由于目的是找到几篇相关文献，解决实际问题，侧重查准，因此可以使用标题字段限定，而不必再使用规范词表检索。课题中"中成药"这一概念面太宽泛,难以列举,可以使用"合成(synthesis)"这一检索词。直接在检索框中输入检索式:(ambergris and synthesis).ti,命中文献4篇。

(2) CBM 数据库:由于估计此类文献很少,可以使用"最低登录量优先"的检索策略。显然在课题的两个概念面中,"龙涎香"(ambergris)的登录量要远远小于"中成药",因此可以利用 CBM 在高级检索的常用字段中,输入检索词"龙涎香",可检出命中文献数为 6 篇。由于数量很少,也不必再加入"中成药"这一概念面,直接点击索引列表中索引词"龙涎香"的链接,即可浏览这 5 篇文献。

【例4】有读者在撰写"双酚 A 对生殖系统毒性研究"的论文,要查找相关的国内外论文作为研究参考。

1. 检索目的分析　该读者论文已经定题,因此查新性质的文献普查阶段已经结束,在研究的过程中要找参考文献,应侧重在查准的前提下不漏检相关文献,实际是要追求查准与查全的平衡,并注重获取全文。

2. 课题内容特征分析　该课题学科属于酚类对人体脏器毒性研究,包含"双酚 A(bisphenol a)"、"生殖系统(genitalia)"、"毒性(toxicity)"三个概念面,"双酚 A"通过查找化学物质手册,得知有如下别名:"二酚基丙烷"、"2,2-双对羟苯基丙烷"、"BPA"、"2,2-Bis-4-hydroxyphenylpropane"、"4,4'-Dihydroxy-2,2-diphenylpropane"、"4,4'-Isopropylidenediphenol","毒性"没有分支概念,"生殖系统"分支概念众多,较难列举完整。

3. 课题形式特征分析　由于该课题是对最近研究情况的查询,因此检索年限可以设定为最近 5 年。文献类型选择期刊论文,文献语种为中外文各种语种。

4. 选择数据库及检索系统　由于侧重查准查全的平衡,且课题涉及检索词较多,检索式相对较复杂,因此选择检索功能强大的外文核心检索系统检索。根据学科专业,可选择 OVID-MEDLINE。中文文献由于万方期刊全文数据库收录医学期刊量大且质量较高,又可以直接获得全文,因此选用该数据库。

5. 拟定检索词和检索式

(1) OVID-MEDLINE 数据库:选择 MEDLINE 1996 to present 数据库检索,经规范化主题词表查询,"双酚 A"没有规范词,由于"双酚 A"是化学物质,所以使用字段限定检索,点击"Search Fields"后选择"nm"(物质名称)字段,输入 bisphenol a,执行检索。为提高文献的检准度并保证一定的查全率,使用"双酚 A"的上级概念"酚类(phenols)"作为主题词匹配"毒性(toxicity)"副主题词,"生殖系统(genitalia)"是主题词,匹配全部副主题词,然后再将三部分检索式进行 and 匹配,最终检索式为 bisphenol a.rn and exp phenols/to and exp genitalia/,限制检索年限 2009~2013,命中文献 125 篇。由于作者是写作参考,只需要重点论述该论题的文献,且最好可以直接获取全文,因此对检索式进行调整,对 phenols/to[toxicity]和 exp genitalia/进行 Focus 加权检索,得到命中文献 68 篇,文献的相关度得到了进一步提高。为快速获取全文,还可以进一步在"Limits"区域选择"Full Text"限定,以便直接获取全文。检出有全文的文献为 31 篇。通过自由词结合规范词的检索,既保证了查全"双酚 A"的文献,又使检索结果能重点论述对生殖系统的毒性,又通过加权和有全文限定将命中文献数调整到可接受的范围内,较好地平衡了查全和查准。这种通过各种限定逐步缩小命中文献数的检索策略就是"逐次分馏"。

(2) 万方期刊全文数据库:由于该数据库没有规范化主题词表,因此可以通过把不同的概念限定在不同字段中,并多用同义词检索的方法,来控制检出文献的相关度和完整性。首先,列举"双酚 A"的同义词,并用或者连接,由于课题中"双酚 A"是研究对象,因此是该课题的核心概念,限定在"题名"检索项中,以保证检出文献都是重点论述"双酚 A"的。然后,将"生殖"一词限定在"摘要"检索项中,以提高检全度,这样不仅能检索出篇名中含"生殖"的文献还能检出含"睾丸"、"繁殖"、"生育"、"精子"、"生精"等相关词语,要比限定在"篇名"中检出更多相关文献。至于"毒性"一词,在此可以省略,因为"双酚 A"与生殖相关的研究基本就是毒性研究。因此,在万方期刊全文数据库中,可选用"高级检索",输入如下检索式:题名:(双酚 a or bpa or 二酚基丙烷) * 摘要:(生殖),限定 2009~2013 年(图 8-1-2)。

图 8-1-2　万方期刊全文数据库中"双酚 A 对生殖系统的毒性"的检索

总之,检索策略的制定要从用户的具体需求出发,既需要丰富的学科专业知识,又要了解各种数据库的收录情况和检索功能,熟练运用各种检索技术,并经过适当调整检索策略才能达到理想的效果。这只有在掌握检索技术的基础上,通过在课题实例检索中不断地操练,才能逐步提高检索技能。

（王宇芳）

第二节　个人文献管理软件

一、个人文献管理软件主要功能

随着数字化文献的日益增多,为了高效收集、科学管理、便捷调用众多的文献,个人文献管理软件应运而生,成为广大科研工作者进行科学研究、论文撰写的得力助手。个人文献管理软件的主要功能如下。

1. 搜集与管理不同来源的文献　将个人收集到的期刊论文、图书等各种电子文献分门别类地纳入软件管理系统,可进行编辑与修改,供个人随时检索与调用。同时,还具备完善的检索功能,实现个人文献的有效搜集、管理与利用。

2. 方便地引用相关文献　在用户的计算机上安装了个人文献管理软件后,可与 Microsoft Word 关联。在 Word 文档中可随时引用文献数据库中已经存在的相关文献,轻松完成 Word 文档中参考文献即时插入与修改,特别是对于那些十分重要而经常引用的参考文献,一次录入文献信息即可按不同需要而以不同的文献著录格式输出;当修改文内引用时,文后参考文献的编排随之可自动增、删、调、改,避免了繁琐的人工调整,并可减少人为差错。

3. 自动转换论文格式　管理软件中通常内置丰富的引文格式模板与重要期刊的论文格式模板,使科技论文的撰写更加规范和轻松。特别是在论文转投其他期刊时,可以很快将其格式转换成其他期刊的格式。

二、常用的个人文献管理软件

下面介绍 5 种国内外常用的个人文献管理软件,包括 Thomson Reuters 公司的影响最大的 EndNote、Reference Manager 和纯网络版的 EndNote Basic、由剑桥信息集团的子公司研制的 RefWorks、北京爱琴海公司研制的 NoteExpress 等。

1. EndNote(http://www.endnote.com)　EndNote 是目前最流行而且比较容易使用的个人文献管理软件,支持客户端及在线使用。软件可管理数十万条参考文献,预设了多达5 000 种以上的书目输出格式,涵盖各领域的期刊。在其官网上可下载为期 30 天的试用版。

2. EndNote Basic(http://www.myendnoteweb.com/)　EndNote Basic 是 Thomson Reuters 公司于 2013 年春季推出的一款面向初始研究者的免费网络版文献管理软件。它可管理最多 50 000 条参考文献,提供 2GB 的附件存贮空间,21 种最常用的书目输出格式以及可在线检索 5 种最常用的数据库。EndNote Basic 与 Web of Knowledge 无缝链接,改版之前名为"EndNote Web"。对于 Web of Knowledge 数据库的用户更能提供 3 300 余种书目输出格式,并可在线检索 1 800 余种数据库。所有 EndNote Basic 用户都能随时无缝升级至 EndNote,但前提是需购买 EndNote。

3. Reference Manager(http://www.refman.com)　Reference Manager 是最早的一款本地文献管理软件,集网络文献检索、专题数据库构建和文献数据创建于一体,它支持网络环境下的多用户并发读写,并为用户提供了界面友好的所见所得的桌面操作环境。

4. RefWorks(http://www.refworks.com/)　RefWorks 是一个新型的联机个人文献书目管理软件,用户的数据均贮存在服务器上,不占用个人电脑空间,授权用户可以随时随地访问个人文献书目数据库,并提供中、英、日、法等不同文种的选项。团体订户中的个人用户,只需注册个人账号即可使用。个人用户在其官网上也可免费注册后获 30 天的试用。

5. NoteExpress　NoteExpress(NE)在国内文献管理软件市场上独占鳌头。NE 目前版本有 NE 标准版、NE 各高校版本、NE 各研究院/所版本以及 NE 公共图书馆版本,各版本都有其限定使用范围。比如:NE 各高校版本仅限各自院校范围内使用;NE 各研究院/所版本仅限各自研究院/所范围内使用。国内几乎各大高校都有量身定做的 NE 软件,例如:北京地区的清华大学图书馆版、北京大学图书馆版;上海地区的同济大学图书馆版、上海交通大学图书馆版、复旦大学图书馆版等。

各款个人文献管理软件的主要功能大同小异,因 Web of Knowledge 的机构订户中的个人用户均可免费使用增强版的 EndNote Basic 来建立个人数字图书馆,管理个人文献,复旦大学图书馆同时也订购了 NoteExpress,故本节着重介绍此两个软件的使用。

三、EndNote Basic

(一) 注册、登录

使用 EndNote Basic 需要有个人账户和密码。如用户在 Web of Knowledge 中设置过账户,可以直接用已有账户和密码登录 EndNote Basic 个人数字图书馆。否则,则需先进行免费的注册。注册时,点击位于 Web of Knowledge 的主页右侧的"注册(Register)"链接,在注册单页面里填写带 * 号的必填项,提交后即可完成注册(图 8-2-1)。以后在使用 EndNote Basic 等个性化服务前,以注册时提供的邮箱地址及自己设定的密码进行登录。进入登录后的页面之后,再点击菜单栏中的"EndNote"链接,即可进入 EndNote Basic 的个人数字图书馆。也可直接访问 http://www.myendnoteweb.com,直接登录自己的个人数字图书馆。

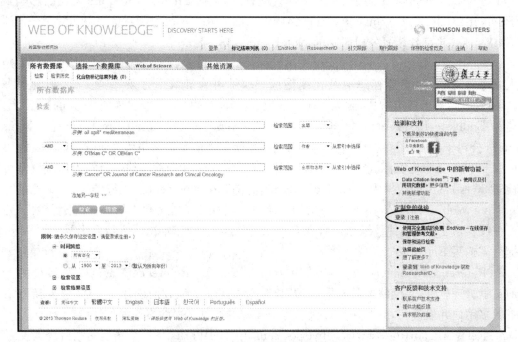

图 8-2-1 Web of Knowledge 主页

(二) 资源采集

个人数字图书馆(EndNote Basic)的界面上提供 5 个标签按钮,分别为"我的参考文献(My References)"、"收集(Collect)"、"组织(Organize)"、"格式化(Format)"及"其他选项(Options)"。

其中,"收集"是使用个人数字图书馆的第一步,即将参考文献的书目数据添加到 EndNote Basic 中,从而构建个人数字图书馆。在 EndNote Basic 中提供最多 50 000 条参考文献的存储量。资源收集有 4 种方式:通过 EndNote Basic 联机检索导入,手工录入,下载纯文本书目数据导入和在 Web of Knowledge、EBSCO 等数据库中检索后直接导入。

1. **通过 EndNote Web 联机检索导入** 联机检索是通过 EndNote Basic 内置的搜索引擎直接连接相关的网络数据库进行检索。它提供了 Web of Knowledge、PubMed、Ovid 等众多数据库及全球数百家知名大学、机构的 OPAC 的直接检索,检索结果可直接存入个人数字图书馆中。

(1) 选择检索源:在"收集(Collect)"界面上,点击在线检索(Online Search),进入在线检索源选择界面,如图 8-2-2 所示。由于此列表中的条目众多,用户可对此列表进行个性化。点击选择收藏夹(Select Favorites)链接,选择自己常用的数据库或 OPAC,添加到"我的收藏夹(My Favorites)"列表框中,使列表框变得简洁、明了,易于选择。

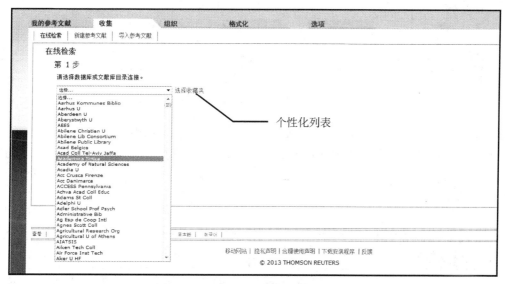

图 8-2-2 EndNote Basic 选择检索源

(2) 检索并导入:选择好待检索的数据库后,输入检索词后即可执行检索操作。在检索结果详细显示的页面中,选择所需的参考文献,如图 8-2-3 所示,在该条目前的方框中打钩,可以一次选择多条,点击添加入组(Add to group)下拉框,选择所要导入的文件夹,将参考文献导入到文件分类夹中。也可通过"新建组(New group)"来新建文件夹。

2. **手工录入** 手工录入是最基本的参考文献数据添加方式。在"收集(Collect)"页面点击"新建参考文献(New Reference)",可打开手工录入参考文献的表单。选择"参考文献类型(Reference Type)",如系期刊文献,则选择"Journal Artical"后,根据有则必备原则,填写相关的文献信息,点击"保存(Save)"后即可生成一条新的参考文献。

3. **从数据库下载纯文本数据后导入** 用户在其他数据库中检索时,可将获得的检索结果以文本文件的形式存盘后,导入 EndNote Basic。在存盘时,须选择适当的下载格式,并以纯文本(*.txt)保存。常用的数据库推荐下载格式可在 EndNote Basic 的"帮助(Help)"中的"导入格式(Import Formats)"中获得。

在执行导入操作时,点击"收集(Collect)"界面上的"导入参考文献(Import References)",进入参考文献导入的对话框页面。以浏览的方式选定待导入的文本文件,选择相应的"导入选项(Import Option,即文本文件导出的数据库名)"和"保存位置(to)"后,再点击"导入(Import)"即可。

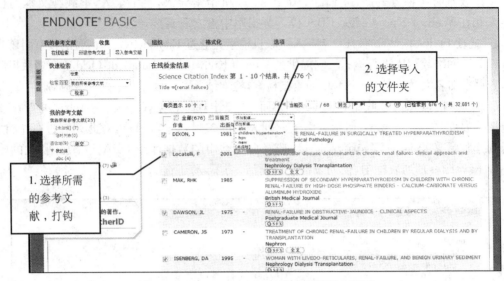

图 8-2-3　EndNote Basic 检索结果导入界面

因 Endnote Basic 中没有中文数据库导入选项,故如果要将中文数据库中检索的结果导入 Endnote Basic 中,需将所需文献勾选后以"Endnote"的格式导出后保存为"*.txt"文件(图 8-2-4)。再用以上方式,选择"Endnote Import"为导入选项,即可导入参考文献(图 8-2-5)。

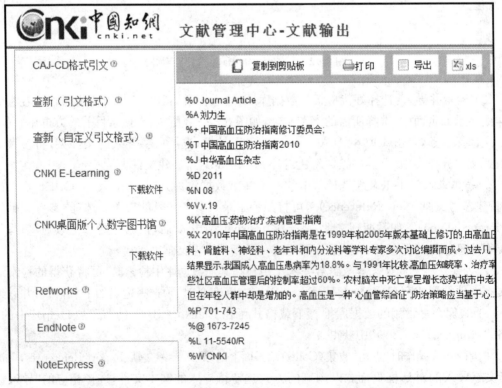

图 8-2-4　在 CNKI 中将结果以 EndNote 格式导出保存

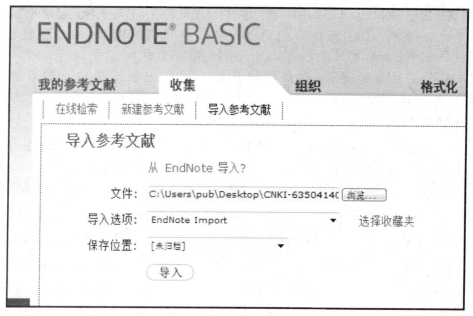

图 8-2-5 EndNote Basic 文件导入

4. 从数据库中检索后直接导入 EndNote Basic　EndNote Basic 有很大的兼容性,它提供可将多个数据库的检索结果直接一键导入 EndNote Basic,包括 Web of Knowledge、EBSCO 等常用数据库。它最大的特点是提供与 Web of Knowledge 的无缝链接。用户在 Web of Knowledge 中的数据库里进行检索时,在 3 个界面上可将参考文献导入到个人的 EndNote Basic 中。下面以 Web of Knowledge 为例讲解如何直接导入。

(1) 检索结果(Results)界面:用户在浏览结果的同时,可在所需文献前的小方框内勾选,然后选择要保存的字段,点击发送到 my. endnote. com(图 8-2-6)。如之前用户没有登录,系统会跳出登录界面,登录之后就可将选择的参考文献存入个人的数字图书馆。

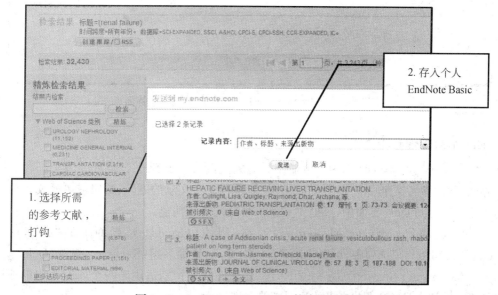

图 8-2-6 Web of Knowledge 检索结果界面

(2) 在标记记录(Marked List)的界面:用户也可把检索结果暂存入标记记录列表(Add to Marked List)。在标记记录显示的界面,用户可在选择好导入的字段后点击发送到 my.endnote.com,将参考文献存入个人的数字图书馆中。

(3) 在全记录显示界面:当然用户还能在每条记录详细显示的界面,点击发送到 my.endnote.com,将该记录存入个人的数字图书馆中。

(三) 浏览、检索参考文献

构建好个人数字图书馆以后,用户在"我的参考文献(My References)"主界面上可以查阅自己保存的全部参考文献条目,也可以按文件夹分别浏览。当所保存的条目比较多,查找不易时,用户可通过"快速检索(Quick Search)"进行检索。输入检索词之后,系统会在所保存的参考文献的全部字段中进行查找,快速显示。在此界面,点击参考文献列表中的 按钮,可以为参考文献添加附件,文件格式支持 Word、PDF、Excel 等,每次可同时上传 5 个附件;也可点击 按钮,为参考文献添加图片文件;通过 SFX 按钮,可以在图书馆订购的数据库中查找该篇文献的全文;有 全文 按钮的,可直接打开全文。另外,也能对参考文献进行删除、编辑或更改文件分类夹(图 8-2-7)。注意,参考文献删除后,原为此参考文献添加的附件和图片文件并不会同时删除,如要删除可参见"附件管理"。

图 8-2-7　EndNote Basic "我的参考文献"主界面

(四) 组织管理参考文献

在使用 EndNote Basic 时,用户可能需要对大量的参考文献进行整理或分类归档。除了在主界面"我的参考文献(My References)"中能进行参考文献的删除、编辑或更改文件分类夹外,在"组织(Organize)"界面中,还提供其他一系列的管理功能。

1. 管理我的组(Manage My Group)　在"组织(Organize)"界面下的"管理我的组(Manage My Group)"选项中,可新建组(New Group),重命名组(Rename),删除(Delete)或与他人共享(Managing Sharing)(图 8-2-8)。共享文件夹特别适用于一个研究小组的成员间共享资源,设定时只需输入共享者的注册邮箱名即可。

图 8-2-8 EndNote Basic 文件夹管理界面

2. 其他人的组(Other's Group) 在此界面中可共享他人开放给用户的文件夹。

3. 查找重复项(Find Duplicates) 系统提供自动查重功能。在查重结果界面，用户可对参考文献进行删除或编辑。

4. 附件管理(Manage Attachments) 在此界面中可对所有已上传的附件进行管理，可以批量删除。

(五) 格式化参考文献

使用个人文献管理软件的最大优点是可以帮助用户自动生成规范、符合出版要求的参考文献列表。EndNote Basic 既可生成独立的参考文献列表，也能实现在撰写文稿的同时，即时插入参考文献，并能按要求转换参考文献的不同格式。

1. 格式化参考文献(Bibliography) 如果需要将自己数据库内的全部书目数据或其中某个文件夹中的数据单独创建一个参考文献列表，可使用此生成方式。从下拉菜单中选择待格式化的文件夹、书目记录格式及文件类型后，可保存、打印或 E-mail 至指定的邮箱(图 8-2-9)。可通过"选择收藏夹(Select Favorites)"来个性化书目样式，使用列表简洁易用。

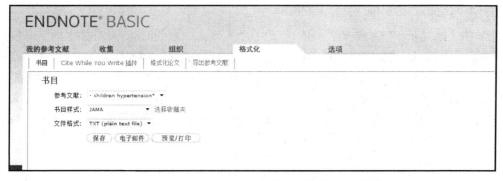

图 8-2-9 EndNote Basic 格式化参考文献界面

2. 在 Word 中即写即引 在"Cite While You Write Plug In"界面中，用户可下载即写即引(Cite While You Write)插件。下载、安装此插件后，当用户打开 Word 文档，将会在 Word 的工具栏(Word 2003 版)或菜单栏中(Word 2007 版)看到 EndNote web 工具条。此插件提供用户在 Word 写作时随时插入 EndNote 的书目数据，并能按不同的要求进行格

219

式化。安装好此插件后,同时支持Internet Explorer中将在线参考文献保存到您的文献库中。

以Word 2007为例,用户在使用时,点击菜单栏中的EndNote web,在弹出框中输入注册的邮箱与密码,即可使用即写即引功能。用鼠标点击需要插入参考文献的地方,然后再点击"Insert Citations",可打开查找引文的对话框。在对话框中输入检索词后执行检索,再选择所需的参考文献,点击"Insert"即可。待文章撰写及参考文献插入完成后,通过"Style"的下拉框,选择输出的格式,即用户准备投稿的期刊或撰写论文所要求的参考文献格式,这样就可完成一篇合乎规范的文章。当用户准备转投他刊时,可方便地利用功能自动转变格式。若在Endnote Basic中设置过个性化书目样式,则"Style"中的列表只显示个性化的列表,如要编辑需登录到Endnote Basic的"格式化"—"书目"—"选择收藏夹"中进行修改。

(六)其他选项

在"其他选项(Options)"界面里,用户可以修改登录邮箱地址、密码,修改个人信息及下载相关的软件等,包括"Cite While You Write"插件及"FireFox Extension"插件。"FireFox Extension"插件是针对使用FireFox浏览器的用户,安装好插件后允许用户在使用该浏览器时,直接保存参考文献到用户的EndNote Basic。

习题

从PubMed中下载20条有关"Renal Failure"的文献题录并导入个人EndNote Basic中的"Renal Failure"文件夹。

(叶 琦)

四、NoteExpress

(一)NoteExpress(NE)简介

NE集文献题录、文摘、全文于一体,节约了个人使用文献的时间;具有强大的文献管理与分析功能,包括文献归类、标识文献、查重及去重、添加附件、笔记、编辑、检索、文件夹信息统计分析等功能,大幅度提高了个人研究效率;写作时可便捷地生成参考文献列表,可随时对参考文献进行增、删、改;NE内置3 000种国内外常用学术期刊和学位论文的规范样式,可根据需求选择对应样式对论文进行参考文献格式化;NE从输出速度到占用内存,从功能创新到改进,相对于国内外同行业产品有明显优势。

(二)NE的使用

1. NE下载及安装　NE软件可在网站:http://www.scinote.com/download_chs.htm上下载,高校用户应选择本高校对应的版本。下载安装后,在NE主程序界面(图8-2-10),可对文献进行导入、管理、分析等一系列操作,同时在计算机的office办公软件Microsoft Office Word里,自动安装论文写作插件,NE支持Microsoft Office Word 2000及以上版本。本节以复旦大学图书馆版NE为例,版本为2.9.2.5362;办公软件版本为Microsoft Office Word 2007。

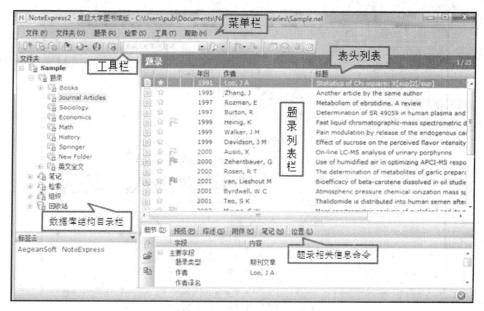

图 8-2-10　NE 主程序界面

(1) 菜单栏:文件、文件夹、题录、检索、工具和帮助栏目,每个栏目下有具体的子栏目,如文件菜单栏下包含新建数据库、常用数据库、关闭数据库、导入题录等子栏目,可在进行具体操作时选择对应的栏目。

(2) 工具栏:显示菜单栏子栏目里常用的快捷操作的图标,如"请输入检索关键词"对应菜单栏里检索菜单下的"在个人数据库中检索"子栏目。

(3) 数据库及数据库结构目录栏:以树形结构显示打开的数据库目录和各个数据库结构目录,点击目录前的加号或减号可展开或收起子目录。NE 自带一个样例数据库 Sample 数据库。

(4) 表头列表:可以根据个人需求选择显示的题录字段,右单击表头列表→自定义→将"可用的字段"添加到"显示的列","显示的列"中的字段可以通过"上移"或者"下移"进行排序→确定。常用字段包括年份、作者、标题、来源等。点击表头列表中显示的字段,题录可根据该字段自动排序。

(5) 题录列表栏:点击数据库题录目录下的文件夹,在题录列表栏中显示当前文件夹内的所有题录条目。

(6) 题录相关信息命令:用来查看每一条题录的相关信息,如细节、预览、综述、附件、笔记等。细节显示题录的详细内容;预览显示当前输出样式下该题录生成的参考文献样式;附件显示该题录关联的所有附件;笔记显示该题录相关的笔记内容,可根据需要进行添加、修改和编辑;位置显示该题录所在的题录文件夹。

2. NE 信息收集

(1) 建立个人数据库:个人数据库可随时拷贝、备份和分享。依次点击菜单栏的文件→新建数据库→命名并保存您新建的空白数据库文件到指定存放路径→同时新建一个与新建数据库同名的文件夹,当向数据库添加附件时,附件将保存在同名文件夹内→确定,生成一个跟 Sample 数据库类似的新数据库(图 8-2-11)。数据库中主要包含题录、笔记、检索、组织等结构目录。

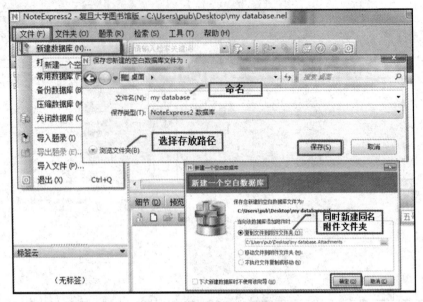

图 8-2-11　NE 建立个人数据库

1) 题录:可建立多个子文件夹。用来显示文献的标题、作者、来源、年份等简要信息。
2) 笔记:保存用户对每篇文献所作的摘记、感想等。
3) 检索:保存用户在 NE 中所使用的检索指令。
4) 组织:将文献按作者、年份、期刊、关键词、作者机构等建立索引。

(2) 题录的收集方法

1) 在浏览器中检索:依次点击菜单栏的检索→在浏览器中检索→点击选中数据库→在数据库界面检索文献→导入题录。另外,可直接点击"在浏览器中检索"的快捷图标 ,然后选择数据库检索文献;导入题录时,直接点击图标 ,可多篇文献批量导入,也可单篇文献导入(图 8-2-12)。

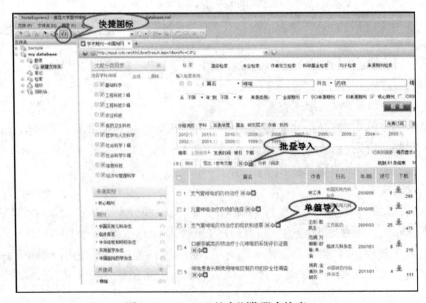

图 8-2-12　NE 的在浏览器中检索

2) 批量导入题录：从网上数据库获取文献题录，导入 NE 时，需选对过滤器，NE 过滤器管理器中有部分数据库的批量导入指南。导入时，依次点击菜单栏的文件→导入题录→选择题录来源，来自文件或来自剪贴板，前者要给定文件的存放路径→选择当前过滤器→指定题录存放位置→开始导入。例如 PubMed 数据库的检索结果批量导入 NE 时，先选中要导入的题录，根据 NE 中过滤器管理器对 PubMed 数据库的要求，导出格式须为 MEDLINE 格式，导入 NE 时，当前过滤器应选择 PubMed（图 8-2-13，图 8-2-14）。

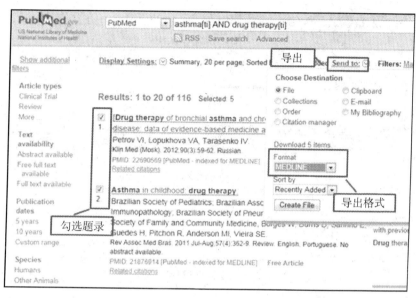

图 8-2-13 NE 的在 PubMed 数据库中检索

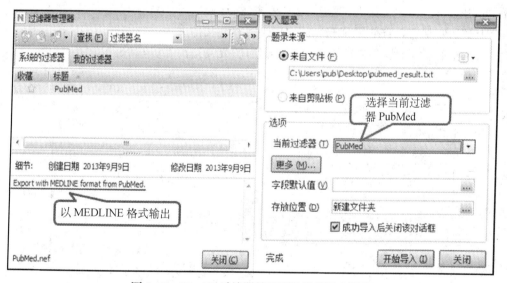

图 8-2-14 NE 过滤器管理器及批量导入题录

3) 导入文件：导入已保存的文件，如文献全文，全文格式可以是任意格式。NE 可导入单个文件，也可同时导入一个文件夹下所有文件。NE 可自动根据"文件名"生成题录标题，"文件名"最好为文献的题名，以便使用"在线自动更新"功能补全题录信息。导入时，依次点击菜单栏的文件→导入文件→添加文件或添加目录,前者适用于导入单个文件,后者适用于导入一个文件夹下多个文件→导入;补全题录信息时,先选中题录,依次点击菜单栏的检索→在线更新题录→自动更新→选择"更新自"哪个在线数据库→查找更新→应用更新。图 8-2-15 中,首先,导入 PDF 格式全文"支气管哮喘药物治疗的现状和进展",在 NE 中生成对应标题及全文图标■;然后,通过在线更新题录,从数据库"CNKI 中国知网-期刊"中查找更新;最后,更新后的题录信息被补全。

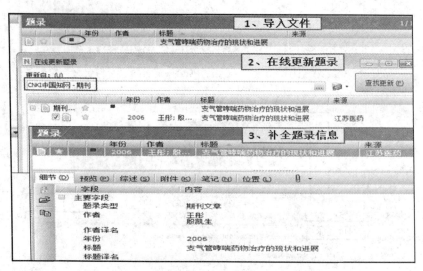

图 8-2-15　NE 导入文件、更新题录及补全题录信息

4) 在线检索:依次点击菜单栏的检索→在线检索→选择在线数据库→检索数据库→勾选题录并保存至指定文件夹。图 8-2-16 中,在线检索 PubMed 数据库,将显示检出结果篇数、勾选篇数、保存勾选的题录至当前文件夹或其他文件夹等信息。利用 NE 提供的各数据库检索界面进行检索,优点在于文献题录导入便捷,无需过滤器;缺点是检索界面过于简单,不适合复杂检索。

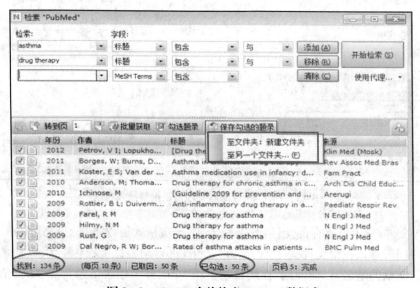

图 8-2-16　NE 在线检索 PubMed 数据库

5) 手工录入:比较少用。使用时,依次点击菜单栏的题录→新建题录→根据字段输入对应内容→保存,多名作者或多个关键词输入时,要用回车键分开。

(3) 题录与全文的关联方法:NE 中选择单篇题录时,直接单击题录;选择多篇题录时,从题录文件夹中先选中一条题录,然后选择其他题录:可按住 Shift 或 Ctrl 键,前者为连续选择多篇题录,后者为间隔选择多篇题录。NE 题录与全文的关联方法包括:单篇添加附件、批量链接本机全文和在线下载网上全文,题录关联全文后,会生成全文的附件图标■。

1) 单篇添加附件:选中一条题录后,依次点击菜单栏的题录→添加附件→文件→选择文件为附件,或者右单击该题录,点击添加附件进行对应全文的添加。

2) 批量链接本机全文:可以进行多篇文献题录与全文的批量链接。依次点击菜单栏的工具→批量链接附件→选择题录文件夹和查找目录,进行题录文件夹和目标全文文件夹的全文匹配→开始→应用。

3) 在线下载网上全文:通过 NE 在线连接全文数据库进行全文下载,可以单篇题录下载,也可以选中多条题录同时下载。选中题录后,依次点击菜单栏的题录→下载全文→选择全文数据库→进行全文下载。图 8-2-17 中,选中题录后,从中文全文数据库"CNKI_中国知网"中进行全文下载,下载成功后,每条题录前会自动生成全文的附件图标■。

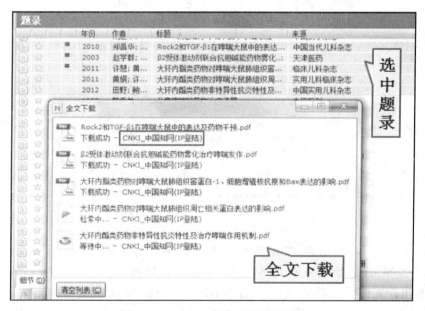

图 8-2-17　NE 在线下载网上全文

3. NE 的文献管理和分析功能

(1) 题录的标注、编辑:题录的标注包括设置标签和设置优先级,设置标签时,先选中题录,然后依次点击菜单栏的题录→设置标签→编辑标签,多个标签须用空格或英文分号分隔→确定;设置优先级时,则依次点击题录→设置优先级→选择等级,从高到低,包括非常高、高、普通、低、非常低,除此之外,还可自定义等级。编辑题录时,依次点击题录→编辑题录→对题录字段内容进行修改→保存。

(2) 题录的交叉与查重:题录的交叉是指一条题录可同时在两个以上文件夹中存放,题录可从当前文件夹移动或链接(复制)到其他文件夹,相同题录只需编辑其中一条题录,其他题录将自动修改。重复题录如需去重,可通过查找重复题录来完成,依次点击菜单栏的 检索→查找重复题录→选择待查重的文件夹和待查重字段,设置匹配度→查找。查重结果一般将重复题录高亮显示,可以将重复题录从指定文件夹或者所有文件夹中删除。

(3) 题录的多角度归类和分组:利用数据库中的组织结构目录,将文献按作者、年份、期刊、关键词、作者机构等字段进行多角度的归类和分组。

(4) 个人文献库检索与跟踪:个人文献库的检索对象是导入 NE 的个人数据库中的所有题录,可检索全数据库,也可检索特定的文件夹或子文件夹。个人文献库的检索跟踪是指个人数据库的题录更新之后,检索结构目录中的检索结果也会自动更新,可跟踪最新添加的符合检索条件的题录。

(5) 文件夹信息统计分析:对文件夹内的文献进行信息统计,右单击选中的题录文件夹→文件夹信息统计→文件夹统计信息,选择统计字段→统计。统计字段包括作者、年份、出版社等,统计结果将文献按统计字段来归类,可对归类结果进行排序,从而分析哪些作者发表文献量最多,文献按年份发表的趋势、哪些机构发表的文献量最多等排序。

(6) 笔记:常规、引文、综述、评述 4 种类型的笔记。可在一条题录下建立多个笔记,也可将一个笔记关联多条题录。将一些研究想法、新的研究思路通过笔记功能与题录关联,所记笔记会及时保存。NE 可对笔记内容进行检索;写作时如有需要,可将笔记内容插入到论文的正文当中。

4. NE 写作 MS Office Word 中 NE 的 Word 插件显示如图 8-2-18,具体功能介绍如下。

图 8-2-18 MS office Word 中 NE 的插件

(1) 引用:转到 NE 界面、插入引文、插入注释和插入笔记。①转到 NE 界面:运行 NE 主程序,显示 NE 界面;②插入引文:将 NE 中选中题录直接插入到 Word 中的光标停留位置,生成当前输出样式的引文格式;③插入注释:将 NE 中选中题录以注释的形式插入到 Word 中,医学文献中比较少用;④插入笔记:将 NE 中选择的笔记插入到 Word 中的光标停留位置。

(2) 编辑:格式化参考文献、编辑引文、去除格式化和样式。①格式化参考文献:通过浏览输出样式,选择所需样式,将插入引文的 Word 文档格式化,NE 中除内置的 3 000 种国内外期刊和学位论文的样式以外,还可创建新的样式、编辑已有的样式以及安装新的输出样式。图 8-2-19 中,左边为 NE 默认样式 Numbered(Multilingual)在 Word 中的参考文献输出格式,右边为中华人民共和国国家标准 GB/T 7714—2005 样式的参考文献输出格式;②编辑引文:可对选中的引文进行修改、删除、更新以及调整题录的引用顺序;③去除格式化:去除格式化和清除域代码,前者用于隐藏引文的详细信息,后者用于清除 Word 文档中所有的 NE 域代码,清除后将无法再次格式化,需慎用;④样式:快捷的选择输出样式格式化 Word 文档。

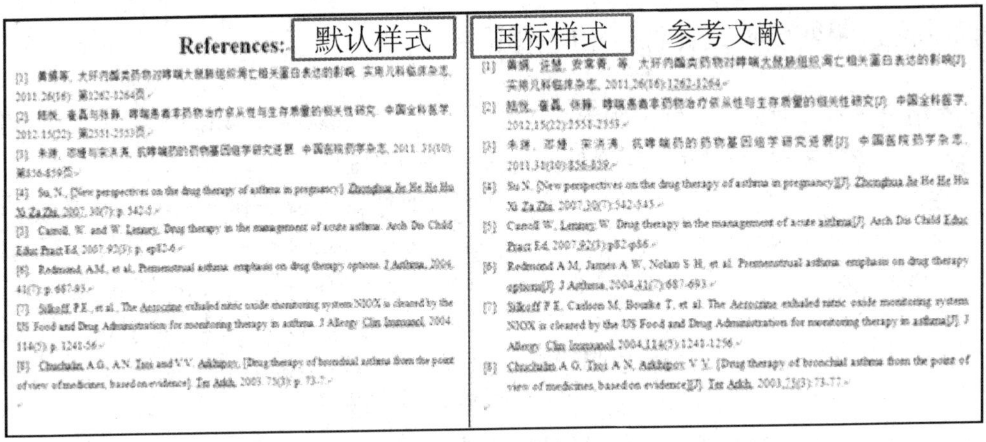

图 8-2-19 NE 两种参考文献输出样式

(3) 查找:在数据库中检索、定位引文和查找引文。①在数据库中检索:检索 NE 中所选数据库中的题录,选择需引用的题录进行引文插入;②定位引文:选中 Word 正文中引文的位置,点击"定位",会自动跳转到参考文献列表中对应题录的位置,反之亦然;③查找引文:用于查找同一篇引文在论文正文中被多次引用的不同位置。

(4) 工具:包括设置、同步、窗口和帮助。①设置:设置 Word 插件的常规功能、快捷键等;②同步:对已插入到 Word 中的引文,如果有过任何改动,可进行同步更新;③窗口:调整 Word 和 NE 窗口大小;④帮助:打开 NE 使用手册。

习题

请用"在浏览器中检索"功能,分别检索 2011 年关于结核预防(tuberculosis,prevention)的中英文文献(检索词限在篇名中),选择中英文各 3 条题录导入 NoteExpress 中,在 Word 中输入"结核预防的国内外研究进展"语句,在该语句的任意位置,用中华人民共和国国家标准顺序编码制引用中文和英文文献各一篇,生成参考文献列表。

(许美荣)

第三节 医学信息调查与研究

一、医学信息调查与研究的基本概念

医学科研及信息工作者针对医学科研的特定需要,围绕医学科研的全局或特定的课题,在广泛搜集医学信息资源和实际调查的基础上,采用一定的科学方法,经过分析研究,提出有科学依据的、对已有医学研究评价的、对未来医学研究预测意见的信息研究结论的整个过程即为医学信息调查与研究。

二、医学信息调查与研究在科研中的作用

医学信息调查与研究的工作对跟踪国内外医学科研的发展状态、预测医学科研发展趋势、分析国内外医学科研环境、制定医学科研发展规划等都起着重大的作用。

1. **医学科研选题时的信息调研** 科研选题即科研问题的提出和选定。通过信息调研可以了解课题研究的相关背景,国际国内研究的现状,决定课题的定向、创意、实际可行性。例如:国内外已有哪些相关研究以及研究水平;目前的研究中尚有哪些问题有待解决;确定国内外研究的动向和主攻点;寻找课题的突破点和创新点。通过信息调研确实证明国内外无人搞过该项研究,从而来评价研究课题的新颖性、先进性和实用性。避免科研工作的低水平重复,节省人力、资金和时间,提高科研水平,促进医学科研的发展。

2. **医学科研进程中的信息调研** 科研课题中标以后,还必须不断地进行信息调研。对各种具体问题如实验试剂的配方、技术参数匹配等信息进行借鉴。同时,掌握相关领域研究的最新动态,不断地完善课题,使课题更富有新意,更趋于成熟合理。例如:某研究生在进行某疾病诱导因素研究中,间接发现没有细胞纯度分析的文章,而在此疾病发病机制的研究中,细胞纯度分析至关重要。通过直接查找该疾病诱因的细胞纯度分析文章,确认没有该直接的研究,便在该领域开辟新的科研思路,建立新的课题构想,即"某疾病状态下间质细胞流式细胞仪纯度分析"。

3. **科研课题完成、成果鉴定时的信息调研** 课题完成后,准备鉴定时,要通过信息调研对课题进行评估,确定成果研究水平是世界领先、还是国际水平或国内领先。确认国内外已有哪些相关研究,与本研究课题有何异同点,将本课题与国内外相关研究进行科学性、新颖性、先进性和实用性比较,找出本课题的创新点(国际或国内比较)。这一阶段搜集资料既要突出"准"又要注意"全",既要有针对性,又要全面、系统。

三、医学信息调查与研究的种类

(一) 按医学信息调研内容划分

医学信息调研按研究内容,可以分成3种类型:医学科研发展全局信息分析与调研(战略信息调研);医学科研专题信息分析与调研(战术信息调研);医学科研管理信息分析与调研。

1. **医学科研发展全局信息调研** 其主要内容包括医学科研政策、规划、科技发展方向、对社会影响较大的,与科研发展决策等有关的信息分析与调研,如中国医学科学院医学信息研究所长期连续地为国家医学科技各项攻关计划的决策、管理和研究提供了全方位、多层次、全程性的战略性和战术性的综合信息研究服务。他们提供的信息调研报告有《中国肿瘤防治研究概况和进展》、《中国卫生发展研究》、《中国医学科技发展的成就和展望》等。在生物医学工程信息学、组织工程学及新技术、生命科学和肿瘤学、社会医学、远程医学信息诸领域,开展战略与战术情报分析研究,并提供《艾滋病科研动态》、《计划生育科研动态》、《妇幼卫生科研动态》、《生物医学研究动态》、《心血管科研动态》等多种医学科研全局信息研究报告。

决策性、全局性的信息调研,其社会性、综合性较强,仅依靠一个部门、一个地区或一个机构的研究人员力量还不足,需要组织有关部门的力量共同完成。

2. **医学科研专题信息调研** 医学科研专题信息所涉及的面很广,凡是涉及医学科研的内

容都可以涵盖,但通常课题的专业指向性较强,面向的是某一专业领域的某一个方面,围绕医学基础理论、临床研究及相关科学等科研发展而开展的信息调研。主要为观测科研动向,跟踪科研发展。其中,既有项目研究的阶段、程度、动向跟踪,也有对研究项目的机构、人员的调查研究。例如,我国药理学研究人员对"蜂毒的药理学研究进展"开展信息调研,以期待对"蜂毒"近半个世纪来国际国内医学科研人员关心的生物活性物质对人体细胞、亚细胞层等方面作用研究的近况进行研究后,提出新的研究课题。

3. 医学科研管理信息调研　主要是对体制改革、计划管理、课题项目管理,经费、人员、物资器材以及成果等管理的信息分析与调研。

(二) 按医学科研需求划分

1. 科研背景信息调研　查找科研背景相关知识点、发展沿革、研究趋势。例如:什么是传染性蛋白? 是谁最早发现和提取的? 目前有哪些热点研究?

2. 科研方法借鉴信息调研　主要涉及科研技术参数、实验方法等。例如:病理动物模型是如何建立的?

3. 科研论证调研　主要对科研课题新颖性、实用性、可行性等特性进行论证之需。例如:研究课题是否有文献报道? 有何临床意义? 是否适用本机构、本单位?

四、医学信息调研的基本步骤

(一) 信息调研的课题选择

科研课题的来源有多种多样。例如,来源于社会生产和现实生活中;交叉学科和边缘学科领域;自然界及社会中有价值的新现象、新发现、新启示;科学理论的实际应用等。但是,不管何种来源的科研课题选择,都要遵循科学的原则。

1. 科研选题的五大基本原则

(1) 需要性原则:科学研究既要满足社会生产、经济和其他方面的需要,又要满足科学自身发展的需要。进行基础理论性研究课题,一般不具备直接经济效益,但是具有科学的学术价值。例如,复旦大学药学院国家自然科学基金课题"蜂毒肽对心脏离子跨膜转运的影响"的立项,是在实验动物模型基础上开展生物毒素对哺乳动物作用的研究,对生物毒素药用开发有着重要的应用意义。上述课题在当时的国家科学基金研究指南(2003年)中,可以观察到国家对药物开发的基础和应用基础科学问题等研究,尤其是天然来源新型生物活性物质的发现及其结构与功能展开的研究予以鼓励。

(2) 科学性原则:研究课题必须有科学理论依据,以保证科研方向的正确。确定课题科学性,需要大量借鉴国内外已有的研究文献,包括专著、综述、科研论文等等。特别是综述文献,可以概览学科发展的来龙去脉、框架体系、研究热点。上述课题浏览了大量国外已有蜂毒肽药用机理研究的文献,课题选择就有充分的理论依据。

(3) 创造性原则:科研课题要求有先进性、新颖性,在现有科学发展的基础上,有所创造,有所发现,有所发明。上述课题在参考了国内外大量蜂毒肽研究的基础上,找到了课题的切入点,即蜂毒肽在心脏细胞离子跨膜转运的影响,而非国外心肌细胞的生化研究、或肾脏、神经组织的电生理研究,具有独树一帜、研究创新的特点。

(4) 可能性原则:研究课题要具备一定的主观和客观条件,上述课题考虑到国内电生理实验条件的适应性,开展蜂毒肽对心脏细胞跨膜转运影响的研究具备可能性。

(5) 经济性原则:上述课题基础理论的研究对应用开发有着重要意义,电生理研究投资少,意义大,符合经济性原则。

2. 信息调研课题选择步骤　课题的研究方向的确定、课题内容的认识和课题的确立。

(1) 确定课题研究的主要方向:医学信息调研课题的来源大致有3种:①指令性课题,通常是国家、卫生部等上级单位下达的全局性(战略性)信息调研,主要涉及国计民生的重大问题,如人口控制、急性暴发疾病(传染病)的控制和预防等有关课题。②计划性课题,通常是由主管部门因临床诊治或实验室研究工作中发现问题而提出。③自选课题,由科研人员在经验、知识积累的基础上提出。确定信息研究的课题,创新性是选题的关键,也是世界各国衡量成果水平高低的重要标志。同时,要选用具有现实意义,结合专业特点,切合研究实际的课题。要学习国家有关科学研究基金申报的要求和指南,如 NSFC 国家自然科学基金项目指南 http://www.nsfc.gov.cn,ISI 的 ESI(美国科学基本指标指南数据库)等,确定专业领域范围研究方向、确定专业领域国内外重点话题(研究热点)、课题研究的来龙去脉及框架体系、选择适合本单位、机构研究条件、适合本人知识结构和专业特点的研究范围,结合本专业进行综合考虑。

(2) 认识课题相关问题:建议与指导教师(导师)详细讨论课题思想,认识课题背景,认识课题信息研究的类型(事实、数值、文献);明确课题相关的问题,试查课题(缩小、扩大检索范围)。如课题:"子宫内膜异位症(EM)诱导因素的研究进展"其相关问题有:

A. 子宫内膜异位症(EM)主要概念,及主要临床表现是什么?

B. 子宫内膜异位症(EM)传统的发病机制有哪些研究?

C. 近年来有关子宫内膜异位症(EM)诱导因素的研究哪些是研究热点?

D. 子宫内膜异位症(EM)诱导因素的研究哪些具有现实意义?

E. 子宫内膜异位症(EM)诱导因素的研究哪些与先进学说(分子生物学、遗传学、生化)和技术(细胞纯度分析)有关?

(3) 确定信息调研的课题:明确了课题研究的方向,认识了课题相关的问题,根据实际需求,可以进一步确定信息调研的具体课题,调整调研课题,如从子宫内膜异位症的诱发因素的大致方向,可以调整为"子宫内膜异位症化学诱导、分子生物学诱导因素"。

(二) 制定课题的调研计划

调研课题确立后,为了保证调研工作的顺利进行,必须制定详细的调研计划,规定课题研究的目的、主要内容,确定文献资源及实际调查的范围及时间,制定实施计划的措施、研究的方法、完成时间与步骤。

(三) 医学信息调查与研究的资料搜集

1. 不同类型文献相结合　如综述评论性的文献,往往能反映学科的概况框架体系、来龙去脉,对一些专题的历史发展、争论焦点、研究课题的内在的科学关系都有综合性的评述。科研论文是信息资料的主要搜集对象,对专题科研来说,针对性强,有深入研究价值。对于攻读学位的研究生,学位论文由浅入深,详细全面描述科研过程,是相同层次的研究者借鉴的重要文献类型。

2. 不同科研阶段资料搜集的侧重　在科研初始阶段,初步接触专业,需要明确基本概念及相关事实知识点,此时首选文献类型应为参考工具,目前大部分可通过网络进行信息直接搜索。在调研选题阶段,需要全面了解研究背景与发展趋势、查新,应以学术文献数据库中的综述文献、学位论文、专利等为主。在科研开展过程中,需要借鉴科研详细内容(方法、结果、原理、结论等),应以学术文献数据库的学术论文等原始文献为主;在科研完成时,需要总结评价科研过程、表达科研思想与结果阶段,需要查新、全面评估相关研究,应全面检索学术文献数据库中的各种类型文献。

3. 注意选择核心资源

(1) 重视核心期刊。所谓核心期刊,是指专业学科范围内,刊载文献数量最多、文献质量较好的重要期刊。其特点为信息密度大、信息质量好、能反映学科较高的学术水平。科研人员如果结合本学科专业的特点,精选掌握本专业学科的核心期刊,就能用较少的时间和精力,掌握最重要和最新的信息。我国目前常用的核心期刊确定工具如下。

1) *Journal Citation Report*, JCR(详见第三章第二节)。

2) 中国科技信息研究所编制的《中国科技期刊引证报告》(CJCR),被称为"国内学术榜",收录国内学术核心期刊。

3) 《中国科学引文索引》中科院。

4) 《中文核心期刊要目总览》。

选择核心期刊,要注意核心期刊的合理分配,目前各专业学科期刊内容交叉渗透,综合性的期刊和专业期刊要结合使用。另外,随着学科的发展,文献的分布也会随之发生变化,核心期刊也就会因此有所改变。对核心期刊的动态变化,科研人员应保持敏感,积极地进行跟踪。

(2) 掌握专业重要网站。专业重要的网站也是核心资源的重要部分,要关注专业、行业中的学会(Society)、协会(Association)的网站,通常这些网站都是专业重要网站,在这些网站中通常有本专业的重要出版物(原文)、专业新闻、会议消息、专业工具与交流平台,同时具有网页更新快、专业性强的特点,如心脏疾病专业的 American heart association(http://www.americanheart.org)等。要充分利用校园网导航系统、搜索引擎进行搜索,并进行筛选。

(3) 重要数据库。除了确定重要的综合性数据库以外,还应该关注本专业相关的重要数据库(详见第一章第一节)。

4. 不同检索方法与途径结合 系统检索方法搜集资料系统全面,而利用文献原文后附有的参考文献进一步回溯,可以对课题研究的前期基础,包括论文引用的材料、方法、观点、结果的详细情况进行追溯,并有连贯、系列、全面的了解。例如,我国脑肿瘤的磁共振影像(MRI)定量诊断参数的建立,正是在参考了国外先进技术的基础上产生的。我国影像医学研究人员耿道颖等在参考五年国内外的有关脑肿瘤的 MRI 定量诊断方面的文献中,抽出了其中的精华部分,如 Kurki Timo 等关于脑胶质瘤磁共振分类的文献。Kurki Timo 文献中提出的关于脑胶质瘤 MRI 诊断方法较为新颖,从原来的一般定性、定位提高到定位、定性、定级,这一研究首次引用了 MRI 诊断的量值概念,减少人为视觉偏差,是 MRI 诊断的一项重要的新技术。耿道颖等发现,Kurki Timo 的研究在我国具有可重复性和可靠性,在 Kurki Timo 等研究的基础上,耿道颖等利用自身机器设备条件、技术参数、计算方法扩大了病例和病种。为了寻求 Kurki Timo 等研究的理论基础,耿道颖等又进一步回溯了 Kurki Timo 文献后的参考文献,找出了一批磁共振影像医学领域中经典文献著者如 Tovi M,Nagele T 等,又参阅了这些文献的原文,进而找到了 Kurki Timo 的研究基础,即 MRI 区分低度恶性与高度恶性脑肿瘤的界线值基本原则的理论依据,以及除脑胶质瘤 MRI 定量诊断外,其他脑肿瘤 MRI 定量诊断参数。由此,耿道颖等提高了脑肿瘤的定位定性诊断率,建立了适合我国人群以及国内常用 MRI 设备的脑肿瘤 MRI 诊断系列定量参数。

通过引文检索,则可以跟踪科研的发展,评价被引著者、期刊、研究热点。例如:闻玉梅教授于2002年发表在 Blood 杂志上关于乙型肝炎病毒变异激活高危影响的一篇文献,至2013年7月被人们大量引用,其中有 Liang Tsai Hsiao 的"Extended lamivudine therapy against hepatitis B virus infection in hematopoietic stem cell transplant recipients."(Biology of Blood and Marrow Transplantation 2006;12:84-94)。Yeo W 的"Diagnosis, prevention and management of hepatitis B virus reactivation during anticancer therapy."(Hepatology 2006, FEB 43(2):209-220)这些引文将闻玉梅教授的基础研究应用到临床研究,在许多疾病治疗时充分考虑诊断、预防、处理乙型肝炎病毒激活问题,并且在基础研究领域中也有许多相关的研究。

5. **其他现代信息技术** 互联网等给信息交流带来全新的概念,信息交流新手段的频繁涌现,信息的载体日趋多样化,科研成果不一定在科研论文发表后才被有关人员了解,科研人员可以在研究过程中通过同行间聚会、讨论、口头传递、电子邮件、电子预印文献等各种形式交流信息。因此,这种获取信息的方法被称为非正式途径。近代科学工作者都十分重视非正式途径搜集资料,这条途径被誉为看不见的学院(invisible college)。

(四)医学信息调查与研究的资料整理

作为一名医生、教师或科研工作者,不仅要善于搜集资料,还要善于保存和组织好这些资料,建立专题数据库,以备需要时可以方便地取出。数据库不仅可供个人使用,还能供他人共享。目前有许多个人文献数据库管理系统,如国外的有 Web of Knowledge 整合平台个性化服务系统中的 EndNote,商业软件包 Reference Manager,国产软件有 NoteExpress 等(详见本章第二节)。

(五)医学信息调查与研究的资料筛选与鉴别

1. **筛选信息资料** 可以主要从以下几个方面进行:资源是否切合你课题要求?信息的新颖性如何,是否具有学术性?信息来源是否是核心资源(期刊、网站)?是否包含了你希望的著名著者?如何确定代表作?

(1)代表作:首次发现的报道文献、高被引文献、核心著者和机构的重要文献。

(2)核心著者:根据发文量、被引频次、刊载期刊权威度等评定,也可用一些筛选工具,主要包括:Web of Knowledge,CNKI,万方,CBM 等数据库的"结果分组"功能及被引信息;Web of Knowledge,中国引文数据库(CNKI)的作者 H 指数统计;ESI 和维普咨询主站等的科学指标指南体系。

2. **资料的鉴别**

(1)信息资料的可靠性衡量:信息资料可靠性可从文献内容出发,如报道的结果是否真实、对问题的阐述是否完整、对问题的说明是否深刻和透彻来进行鉴别;可从专业核心作者群、核心科研机构等发表的文献、核心期刊登载的文献等着手分析;也可通过临床、科研实际,实地考查、审核数据来确定文献报道的可靠性。

(2)信息资料的先进性:医学信息调研资料先进性的鉴别,主要通过观察文献报道的医学科研成果是否为新理论、新概念、新原理、新方法、新应用等进行。可与同类文献对比,如是否有新的理论、概念、新的发展来分析,根据文献产生的背景条件,如新技术条件、手段、方法的先进性、在关键问题上有无创新和改进等来鉴别。

3. **信息资料的适用性** 资料的可利用性。它受到多方面因素的影响,如地域环境、科研发展水平、经济能力等。鉴别的方法,可以从资料的来源背景条件是否与利用者的实际用途相近,医学科研发展是否处于相近水平。

(六) 医学信息分析与研究

经过对信息源的广泛搜集以及对所搜集的信息资料进行整理和鉴别,信息调研中的一个重要部分,就是对既有信息的分析与研究。信息分析是信息调研过程中一个较为高级的阶段,因为它是信息调研者的信息智能的集中体现,也是科学研究、开发创造的一个思维过程。没有信息思维、信息分析能力,即使大量的信息素材放在面前,也难以得出信息调研的准确结果和科学的结论。另外,对所搜集的信息资料进行分析研究,运用归纳、综合、比较,可以提出科学假设,进一步进行科研课题设计。

1. **医学信息分析的逻辑思维** 信息分析是把整体或复杂的信息事物分解为部分和简单的因素及其关系,分别进行研究,从而掌握事物各方面特殊本质和规律的研究方法。它包括有一般分析、比较分析、相关分析、因果分析、统计分析等。

(1) 一般分析:在课题调研开始阶段,对课题的隐含信息进行分析,如课题"子宫内膜异位症发生的诱导因素",经综述的阅读,分析出该疾病诱导因素包括细胞因子、趋化因子、黏附因子、原癌基因、甾体激素类物质、化学毒物如 TCDD 等多方面,进一步调整调研范围,可以抓住具有先进性、新颖性、现实意义的问题,突出课题的主攻方向。

(2) 类比分析法:它是不同类事物(或要素)间的比较分析法。通过比较不同类事物间某些相似性特点而推理得出结论。

这里举一个红细胞免疫研究中体现类比思维的事例。红细胞与淋巴细胞同源于骨髓干细胞,有许多相同及相似的属性。在 1981 年以前,医学界已经公认了淋巴细胞免疫系统完整的理论体系。美国生殖免疫学家西格尔(I. Siegle)在红细胞免疫黏附现象的研究中,则观察到红细胞的多种作用:红细胞对自体胸腺细胞和 T 淋巴细胞具有黏附性;血清中存在红细胞免疫黏附因子;红细胞含有高浓度的过氧化物酶和超氧化物歧化酶;红细胞在阻止肿瘤细胞血行转移中有作用等。由此,红细胞与淋巴细胞在免疫系统方面具有许多相似属性。根据以上事实,西格尔将大量的、不同层次的实验结果进行了系统的分析、综合、归纳、科学抽象,与已形成完整理论体系的淋巴细胞免疫系统相比较,果断地提出了红细胞免疫系统这一科学假说,树立了红细胞免疫研究史上的里程碑。在西格尔以后,人们又对红细胞多方面的免疫功能进行了研究,进一步发现红细胞具有识别、黏附、浓缩、杀伤抗原、清除疾病因素的能力,参与机体免疫调控,其本身还存在完整的自我调控体系。这些在西格尔以后的大量不断充实和完善的研究,恰恰符合类比思维的"或然性"。有人说,西格尔是幸运的,因为红细胞免疫研究已有了 51 年的研究基础,51 年的艰苦历程凝聚了众多科学家的辛勤劳动。但是,如果没有西格尔对前人的研究成果进行科学的类比,即将科学家关于红细胞免疫多种研究结论与免疫学的已有理论相比较,进行类推,红细胞免疫系统的提出很可能还要推迟很多年。

(3) 相关分析法:通过一事物对另一事物的影响来推理出事物之间相互关系的一种分析方法。这是将科研的对象从一个复杂的整体分解为若干简单的事物或要素,根据事物间的特定关系,应用判断、推理方法,从已知的事实中分析出新的认识或结论。这些关系有表象和本质的相关,因果联系的相关等。医学科研有很多是通过相关分析法而产生科学假设。例如,人们通过医学临床和实验、文献复习(搜集了某种药物或生物活性物质的文献),认识了某种疾病一般机体征象后,便对影响疾病机体症状的因素感兴趣,并有目的地去搜集影响机体症状因素事物(可以是生物活性物质或某种药物)的文献,努力弄清疾病 C,机体一般症状 B,以及其影响机体症状的事物 A 之间的关系。科研假设由此生成，课题就有了产生的基础。同样，在药物新用途开发的研究、新技术开发使用等都可以运用这种关联思维。例如，阿司匹林的抗血凝、溶栓作用的发现到治疗子痫；鱼油对红细胞脆性、血液黏度的影响到可以治疗雷诺氏病；细胞核移植技术低等生物无性发育的应用到哺乳动物的无性细胞克隆产生"多莉"羊都是关联思维的典型。当前大数据环境飞速发展的态势，给予相关分析的逻辑思维以极大的应用空间。

2. 医学信息研究方法　在信息学专业课程中，有以下很多信息研究的方法。

定性研究，如 Historical method 历史学方法、Interview 会谈、Ethnography 地域研究、Observation 观察、Case study 案例研究、Action research 行为研究、Field study 领域研究、Writing research proposal/thesis 写作研究论文、Ethics 伦理学等方法。

定量研究，如 Content analysis 内容分析、Experiment 实验、Bibliometrics 文献计量学法、Technical research 技术研究、Deconstructionism 解构研究、Data analysis 数据分析、Descriptive statistics 描述统计、Inferential statistics 推理统计、Statistical package（SPSS/SAS）统计学等方法。

定性与定量结合研究，如 Evaluative research 评估研究、Comparative study 对比研究、Citation Analysis 引文分析、Survey/questionnaire 问卷调查、Information system design 信息系统设计、Delphi studies 特尔斐法研究、Focus groups 重点用户群、Desk research/literature review 文献调研等方法。以下列举一些常用的医学信息研究方法。

(1) 文献调研：通过文献的系统检索和随机查找（如参考文献回溯等），搜集课题相关信息的调研方法，其作用是可以了解课题背景、相关研究、发现有待于要解决的问题，从而找出科研的突破点。如科研立题"蜂毒肽(Melittin)离子跨膜转运影响"的文献调研过程如下。

第一步：调研选题，了解课题背景。检索蜂毒肽的药理学、生理学及毒理学相关文献，并以综述文献为主。

第二步：整理归类资料，分析文献素材。得出初步结论：国内外在 20 世纪 80 年代主要研究离体动物和整体动物研究蜂毒肽对心脏的作用，目前文献显示蜂毒肽对细胞膜的作用为：引起细胞功能改变，并可影响多种离子的跨膜转运，且离子通道的研究多数在肾脏和神经组织中进行。

第三步：综合归纳文献素材，寻找领域研究点。发现国内外对蜂毒肽的研究，主要偏重心肌的生化机制以及肾脏和神经组织中细胞膜离子转运影响方面。在心肌细胞跨膜离子转运的研究缺乏系统性。在离子的跨膜转运中，起重要作用 Na^+、K^+ ATP 酶等活性最高的是在心肌组织。

第四步：抓住课题切入点，建立科学假设。根据调研的文献分析可以预想，蜂毒肽对心肌细胞膜离子跨膜转运产生重要的药理作用。这对弄清蜂毒肽的膜作用机制的研究，进一步开发动物毒素对离子通道影响的研究有着重要的意义（该课题为 2003 年国家自然科学基金项目，调研思路由研究者复旦大学药学院杨申老师提供）。

(2) 领域研究：对某一专业领域开展全面的信息调研，如对学科领域开展包括基本理论、实践工作、著者、成果以及影响程度、研究热点、理论体系等各方面内容，开展全面调研。又如：2003 年《世界农业》刊登"克隆技术研究现状"研究报告，对克隆的研究历史、克隆羊"多莉"的意义和引起的反响、近年来克隆研究的重要成果、克隆技术的应用前景、克隆技术存在的问题等方面进行了领域整体研究。

(3) 引文分析法(citation analysis)：引文分析法是文献计量学的重要组成部分，是根据文献间存在的相互引证的关系和特点,利用统计学及数学、逻辑思维方法等,对文献的引用和被引用现象进行分析,用来评价论文的质量、某机构或著者的学术水平和预测某学科的发展趋势的一种定量方法。

引文分析法的主要作用:引文分析法可以用来确定核心期刊,即某些期刊的论文经常被人们反复引证,经过统计分析,可以确定为学科领域中的重要期刊;引文分析法可以用来分析科学文献的著者群,分析其形成、规模、分布以及随时间的变迁等状况;引文分析法也可以用来研究学科发展的热点,研究科研发展的结构,对预测学科发展的趋势也极为有用。

自20世纪90年代至今,美国科学信息研究所ISI主办的《科学观察》(Science Watch),在其主页 http://www.isinet.com 的 Featured News 栏目上,经常公布自然科学领域经引文分析得出的热点研究论文(Hot papers)和学科高引用率的科学家、期刊、机构等。在新版的Web of Knowledge 中,已将这些内容列入了整合平台,读者可以通过平台的分析工具,了解学科专业的热点文献、热点著者、里程碑研究等信息。

(4) 特尔斐法(专家调查法):特尔斐(Delphi)为希腊城市名,根据希腊传说,是神谕之地,城中的阿波罗神殿,可以预卜未来。1964年,美国兰德公司借用此名,创建一种科学预测专家调查法。其步骤为:①在调查题目确定后选定要调查的专家名单;②将调查提纲以及背景材料等分别寄给被调查的专家本人;③每个专家对调查的问题按提纲要求用书面形式回答;④调查表在专家中匿名交流、审核、修改;⑤调查组织者统计、汇总资料。这种调查法的优点有:①被调查的专家有准备;②阅读前次调查结果,了解别人的意见;③匿名形式,被调查的专家无框框束缚,敞开思路,避免正面冲突;④调查对象10人,调查表格化,便于进行定量分析。例如,人们应用特尔斐法筛选卫生事业管理指标(建立量化指标体系),诊断标准研究等。

3. 学术信息数字化分析与研究工具 目前,各数据库检索系统平台开发的信息分析工具及系统,使得信息分析研究逐渐呈数字化、自动化。辅助科研管理部门、科研研究人员通过网络数字化的分析工具,进行我国的科技发展动态,课题调研、科技查新、项目评估、成果申报等所需的资源分析。

以下列举国内外主要信息分析与研究工具。

(1) ESI Essential Science Indicators(美国科学基本指标指南数据库):近年来被广泛应用于衡量科研绩效、跟踪学科发展动态,已成为主要的分析评价工具之一(详见第三章第二节)。

(2) 中国知网(www.cnki.net)数字化学习研究

1) 学术趋势:通过在系统输入检索词,自动分析与该检索词相关的学术研究趋势,并通过学术关注度和用户关注度,提供高被引文献、高下载文献(图8-3-1)。

2) 学术研究热点:从分类或课题关键词输入,对主题热点进行热度值、国家课题文献、主要研究人员和机构进行分析(图8-3-2)。

(3) 维普期刊资源整合服务平台的科学指标分析:对中文科技期刊数据库近10年的文献,通过分析学者、机构、地区、期刊、学科排名;分析学科基线(学科平均被引值基线、热点论文被引阈值、学科论文被引次数百分线、高被引论文被引阈值等)的分析,揭示不同学科领域中研究机构、学者、地区等分布状态及重要文献产出情况、被引情况。

(4) 万方数据的知识脉络与对比分析:多维度可视化的揭示新的研究方向、热点和发展趋势。

(5) 中国生物医学文献服务:系统中的学术分析,是中国生物医学专业的数字化学术信息分析与研究工具。

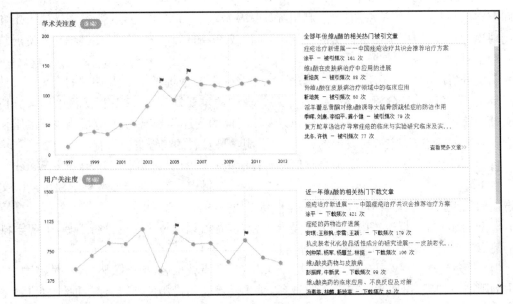

图 8-3-1 中国知网学术研究趋势

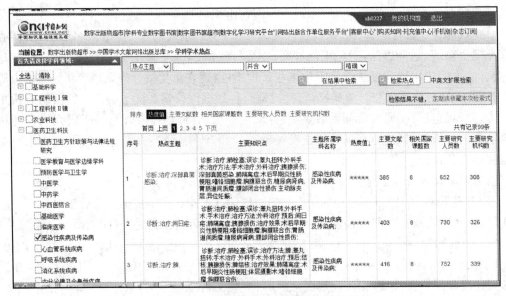

图 8-3-2 中国知网学术研究热点分析

（6）GoPubMed：为西文生物医学专业分析与研究数据库，补充了 PubMed 没有检索精炼的功能，系统通过分析作者、机构、期刊、关键词、主题词分析，揭示了生物医学专业课题相关的核心研究作者、主要期刊群、热点研究、主要地域和合作研究网络关系。

（七）撰写医学信息调研报告

对医学专题信息进行了资料搜集、鉴别、整理、分析、研究以后，应当撰写成文，系统的总结、归纳、综合、报道信息，通常撰写的是医学信息调研报告。医学信息调研报告根据调研任务以及服务对象的不同，可以有以下4种。

1. **综述调研报告（survey）** 对某一课题的大量有关资料进行归纳、整理、分析、加工制作而成的一种综合调研报告。它可以使读者用较少的精力和时间对课题的内容、意义、历史、现状及发展趋势等有一个完整、系统、明确的了解。一般这种报告只是如实地反映情况,而不提出调研者自己的观点和建议。(医学综述调研报告的撰写详见第十章第二节)

2. 述评报告(review) 在综述的基础上,对某一学科、某一技术领域或某一成果所进行的评论。它要求对评论的对象有比较系统、准确的认识,能帮助领导和决策人员、研究人员确定课题的研究方向,制定决策和确定课题完成的合理方法,它是科研决策的重要依据。

3. 循证医学的系统评价、临床实践指南、卫生技术评估 请参见第六章。

4. 情况反映类 情况反映类有快报、消息、动态等。主要向领导机关和决策单位反映某些重要的技术信息。一般应言简意赅,通俗明了。它的特点是客观性强,反映信息快,文字简短,重要内容突出。

习题

1. 情报调研在医学科研中的主要作用有哪些?请分阶段论述。
2. 简述医学情报调研的基本程序。
3. 医学情报调研资料搜集要注意哪些方面?
4. 现在有哪些常用的核心期刊确定手册或指南?
5. 简述引文分析、参考文献回溯的主要作用。
6. 如何确定课题相关的代表作?
7. 常用的数字化信息分析与研究工具有哪些?其主要功用是什么?

(李晓玲)

第四节 医学科技查新

科技查新是中国特有的科技管理制度,也是一项深层次的情报咨询工作。国外并无科技查新制度,采用的是同行专家评审制度。根据1993年3月国家科委发布的《科技查新咨询工作管理办法》的定义,查新工作是指通过手工和计算机检索等手段,运用综合分析和对比方法,为评价科研立项、成果、专利、发明等的新颖性、先进性和实用性提供文献依据的一种信息咨询服务形式。1997年12月《卫生部医药卫生科技项目查新咨询工作暂行规定》实施细则明确卫生部查新咨询工作是医学情报人员以高水平文献检索为基础,经反复深入筛析、鉴别确定密切相关文献,运用多种方法进行国内外对比分析,为卫生部科研立题、成果评审等科技活动的新颖性评价提供科学依据的情报咨询服务。2001年1月科技部发布《科技查新规范》,规定了查新是指查新机构根据查新委托人提供的需要查证其新颖性的科学技术内容,按照该规范操作,并作出结论。

医学科技查新是医学情报人员通过文献检索手段,运用综合分析、对比的方法,为科技项目立题和成果鉴定的新颖性评价提供可靠依据,与专家评审和鉴定相结合,防止低水平重复,确保科技项目和成果管理的科学化和规范化。医学科技查新相关的政策法规包括:科技部[2000]544号文件《科技查新机构管理办法》2001年1月实施、《科技查新规范》2001年1月实施;卫生部1997年12月发布的《卫生部医药卫生科技项目查新咨询暂行规定》。

一、科技查新机构的分布

我国的科技查新工作从 20 世纪 80 年代中期产生至今,在机构数量、科技查新从业人员的队伍、每年完成的科技查新项目的数量等方面都有了大幅度的增长。我国最早从事查新工作并获得科技查新业务资质的主要是综合性情报机构和工程技术类、农林医类专业情报机构。如 1990 年原国家科委最早授权的 11 家原国家一级查新单位中,5 家为国家级或省级综合性科技情报机构,6 家为专业情报机构。随后一些理工农林医类重点高校图书馆也开始开展科技查新业务。1992 年原国家教委批准了 12 所高校图书馆开展科技查新业务。与科技情报机构及高校图书馆相比,公共图书馆的查新业务相对起步较晚。

根据各类查新机构的上级主管部门和受理查新的专业范围,可将我国查新机构大致划分为以下三大系统。

1. 综合性查新机构　全国范围、各地区、各省区及一些地市级图书情报机构。
2. 专业性查新机构　各部委(除教育部外)审批的专业性情报机构。
3. 高校系统的查新机构　教育部审批的高校图书馆及专业部(委)审批的各部属高校图书馆(部分查新机构既是专业性查新机构,又是高校查新机构),如卫生部、国家中医药管理局等管辖的高等院校查新机构。

我国的专业性查新机构主要有各部委的科技情报中心及各部委审批其他行业性查新机构,如卫生部批准的 30 家医学查新机构、国家中医药管理局批准的 18 家中医药类查新机构。我国高校系统的查新机构除部分由卫生部、国家中医药管理局、水利部、冶金部等国家部委审批外,其他由教育部审批。2003 年 11 月教育部重新审批了 29 所重点高校图书馆为教育部查新工作站,这些查新站又根据其受理查新范围的区别,分为综合类(11 所)、理工类(17 所)和农学类(1 所)。这三大系统的科技查新机构在文献信息资源、信息采集经费、收费、查新人员及查新咨询专家系统等方面各有不同。

二、科技查新的工作流程

查新业务的程序一般包括查新委托和受理、检索准备、选择检索工具、确定检索方法和途径、查找、完成查新报告、提交查新报告、文件归档。

1. 查新委托

(1) 根据《科技查新机构管理办法》和《科技查新规范》的有关规定,查新委托人自我判断待查新项目是否属于查新范围。

(2) 查新委托人根据待查新项目的专业、科学技术特点、查新目的、查新要求以及需要查证其新颖性的科学技术内容,自主选择查新机构。

(3) 向查新机构提交在处理查新事务时所必需的科学技术资料和有关材料。

2. 查新受理

(1) 根据《科技查新机构管理办法》和《科技查新规范》的有关规定,查新机构判断待查新项目是否属于查新范围,判断查新项目所属专业是否属于本机构承担查新业务的受理范围。

(2) 确定查新员和审核员。

(3) 初步审查查新委托人提交的资料是否存在缺陷,是否符合查新要求。判断查新委托人提交的资料内容是否真实、准确。

(4) 判断查新委托人提出的查新要求能否实现。

(5) 确认能否满足查新委托人的时间要求。

(6) 初步判别查新项目的新颖性。

(7) 若接受查新委托,查新机构按照《科技查新规范》关于查新合同的要求与查新委托人订立查新合同。

3. 检索准备

(1) 查新员认真、仔细地分析查新项目的资料,查新委托人提出的查新点与查新要求;了解查新项目的科学技术特点。

(2) 在检索前,还要做好以下4项工作:①明确检索目的。②根据检索目的确定主题内容的特定程度和学科范围的专指程度,使主题概念能准确地反映查新项目的核心内容。③确定检索文献的类型和检索的专业范围、时间范围。④制定周密、科学而具有良好操作性的检索策略。

4. 选择检索工具　在分析检索项目的基础上,根据检索目的和客观条件,选择最能满足检索要求的检索工具。

(1) 手检时,根据专业对口、文种适合、收录完备、报道及时、编排合理、揭示准确的原则,选择检索工具书。

(2) 机检时,在检索前根据查新项目的内容、性质和查新的要求选择合适的检索系统和数据库。

5. 确定检索方法和途径

(1) 根据查新项目所属专业的特点、检索要求和检索条件确定检索方法。

(2) 确定检索途径。①在手检条件下,文献的检索途径就是检索工具书中的目次、正文和辅助索引提供的途径。检索工具书提供的检索途径主要有分类途径、主题途径、文献名称途径、著者途径、文献代码途径以及其他特殊途径。分类途径和主题途径是手检的主要途径。②在机检条件下,为了确定检索途径,先弄清数据库采用的是规范化词表还是自由文本式词表;指示主题性质的代码是标准的还是任选的;提问式如何填写;再将表达检索提问的各概念依照数据库采用的词表转换成检索语言,即主题词、分类词、关键词等。

6. 查找

(1) 查找时,以机检为主、手检为辅。

(2) 除利用检索工具书和数据库外,必要时还需补充查找与查新项目内容相关的现刊,以防漏检。此外,还应当注意利用相关工具书如手册、年鉴等。

(3) 在得出最终检索结果之前,有时会出现查到的文献极少甚至根本没有查到文献,或者查到的文献太多的情况。还需要对每次检索结果进行检验和调整,以扩检或者缩检。

7. 完成查新报告　查新员按照下述步骤完成查新报告。

(1) 根据检索结果和阅读的需要,索取文献原文。

(2) 对索取得到的文献,根据查新项目的科学技术要点,分为密切相关文献和一般相关文献,并将相关文献与查新项目的科学技术要点进行比较,确定查新项目的新颖性,草拟查新报告。

(3) 聘请查新咨询专家。在必要时,根据查新项目的所属专业和科学技术特点,以及其他实际情况,选聘若干名同行专家担任查新咨询专家。

(4) 审核员根据《科技查新规范》、相关文献与查新项目的科学技术要点的比较结果,对查新程序和查新报告进行审核。

(5) 查新员填写查新报告。

(6) 查新员和审核员在查新报告上签字,加盖"科技查新专用章"。

(7) 查新报告由查新机构按年度统一编号,并填写"查新完成日期"。

(8) 整理查新报告附件。附件包括密切相关文献的原文的复印件、一般相关文献的文摘。查新员应当对所有附件按相关程度依次编号。

8. 提交查新报告

查新机构按查新合同规定的时间、方式和份数向查新委托人提交查新报告及其附件。

9. 文件归档

查新员按照档案管理部门的要求,及时将查新项目的资料、查新合同、查新报告及其附件、查新咨询专家的意见、查新员和审核员的工作记录等存档;及时将查新报告登录到国家查新工作数据库。

三、科技查新中的文献检索

科技查新中的文献检索与一般意义上的文献检索有所不同,对文献资源和查新人员都有着比一般文献检索更高的要求。

1. 检索年限　检索文献的年限应当以查新项目所属专业的发展情况和查新目的为依据,一般应从查新委托之日前推 10 年以上,对于新兴学科、高新技术项目,前推年限可酌情缩短;对于较成熟的技术产品、工艺和专利查新等,前推年限应酌情延长;对于查新合同中另有约定的,按约定执行。

2. 检索方法的选择　为了提高查全率、查准率,缩短检索时间,提高查新效率,查新机构在选择检索方法时,应当根据查新委托人对检索的要求、查新项目所属学科特点和查新机构自身的检索条件等具体情况来确定,但应当以机检方法为主、手检方法为辅。

3. 检索策略的制定　在进行计算机检索之前,查新员应当事先拟定周密的检索策略。

(1) 制定检索策略的基本要求:①尽可能准确表达查新委托人的信息需求,以期获得满意的检索结果。②尽可能节省联机时间,降低检索费用。

(2) 查新员在制定检索策略时,应当做好以下 6 项工作。

1) 分析查新委托人的信息要求,确立检索目标。

2) 选择检索系统和数据库。在选择检索系统时,应当主要考虑其功能、提供的数据库、价格、易用性等因素。

3) 对检索项目进行概念分析。查新员应当在分析检索项目的主题类型、主题结构的基础上,对具有检索意义的主题概念进行提炼和取舍。

4) 选择检索词。注意所选检索词的全面性、专指性和一致性。

5) 构造检索式。对编制检索式的要求是:①准确反映检索提问的主题内容;②适应所查数据库的索引体系和检索用词规则;③符合检索系统的功能及限制条件的规定。为了满足上述三项要求,应当了解检索系统的特性与功能;熟悉所检数据库的标引规则及词表结构;掌握必要的检索技术及调节技术;了解查新项目所属专业的知识。

6) 编制具体检索程序。

以上 6 个步骤不一定按顺序执行,可根据查新要求和使用系统的具体情况而灵活运用。

检索策略不是一成不变的,在具体的检索过程中要根据检索结果的满意程度作适当调整和优化。

4. 检索结果的检验和调整　在文献检索实际工作中,常常会出现检索结果不理想,还需要进行检验和调整。检验和调整有以下4种方式。

(1) 增加新的相关数据库检索。

(2) 从主题词途径检出的文献用分类检索途径来检验。

(3) 从数据库设置的其他字段检验主题词检索结果。

(4) 扩大、缩小检索范围。对于检出的记录文献太少时,应当扩大检索范围;当检出的记录文献过多时,应当优化检索策略,缩小检索范围。

四、科技查新报告

查新报告是查新机构用书面形式就查新事务及其结论向查新委托人所做的正式陈述。查新机构应当在查新合同约定的时间内向查新委托人出具查新报告,各查新机构出具的查新报告在格式上有所不同。

1. 查新报告的基本内容

(1) 查新报告编号,查新项目名称,查新委托人名称,查新委托日期,查新机构的名称、地址、邮政编码、电话、传真和电子信箱,查新员和审核员姓名,查新完成日期。

(2) 查新目的、查新项目的科学技术要点、查新点与查新要求、文献检索范围及检索策略、检索结果、查新结论、查新员与审核员声明、附件清单。

(3) 查新委托人要求提供的其他内容。

2. 查新报告的基本要求

(1) 查新报告应当采用科学技术部规定的格式;内容符合查新合同的要求;提交的时间和方式符合查新合同双方的约定。

(2) 查新报告应当采用描述性写法,使用规范化术语,文字、符号、计量单位应当符合国家现行标准和规范要求;不得使用含意不清、模棱两可的词句;应当包含足够的信息,使得查新报告的使用者能够正确理解。

(3) 查新报告中的任何分析、科学技术特点描述、每一个结论,都应以客观事实和文献为依据,完全符合实际,不包含任何个人偏见。

(4) "文献检索范围及检索策略"应当列出查新员对查新项目进行分析后所确定的手工检索的工具书、年限、主题词、分类号和计算机检索系统、数据库、文档、年限、检索词等。

(5) "检索结果"应当反映出通过对所检数据库和工具书命中的相关文献情况及对相关文献的主要论点进行对比分析的客观情况。检索结果应当包括下列3个内容:①对所检数据库和工具书命中的相关文献情况进行简单描述;②依据检出文献的相关程度分国内、国外两种情况分别依次列出;③对所列主要相关文献逐篇进行简要描述(一般可用原文中的摘要或者利用原文中的摘要进行抽提),对于密切相关文献,可节录部分原文并提供原文的复印件作为附录。

(6) 查新结论应当客观、公正、准确、清晰地反映查新项目的真实情况,不得误导。查新结论应当包括3个内容:①相关文献检出情况;②检索结果与查新项目的科学技术要点的比较分析;③对查新项目新颖性的判断结论。

(7) 查新员应当根据查新项目的科学技术要点,将检索结果分为密切相关文献和一般相关文献。

(8) 检索附件包括密切相关文献的题目、出处及其原文复制件;一般相关文献的题目、出处及其文摘。

(9) 有效的查新报告应当具有查新员和审核员的签字,加盖查新机构的科技查新专用章,同时对查新报告的每一页进行跨页盖章。

五、科技查新委托人需提交的资料

1. 必需资料　查新委托人应当据实、完整地向查新机构提供下列查新所必需的资料:①查新项目的科学技术资料;②技术性能指标数据;③查新机构认为查新所必需的其他资料。

2. 需要资料　查新委托人应当尽可能提供下列查新所需要的资料:①参考检索词,包括中英文对照的查新关键词(含规范词、同义词、缩写词、相关词)、分类号、专利号、化学物质登记号等。关键词应当从查新项目所在专业的文献常用词中选择;②国内外同类科学技术和相关科学技术的背景材料;③参考文献,列出与查新项目密切相关的国内外文献(含著者、题目、刊名、年、卷、期、页),以供查新员在检索时参考。

查新委托人所提交的资料应当真实可靠,用词准确,能够满足完成查新事务的需要。如果查新委托人提供的资料和有关证明有虚假内容,所产生的一切后果由查新委托人承担法律责任。

六、查新合同

对于每一个查新项目,查新机构与查新委托人应当依法订立并履行查新合同。查新委托人提交的查新项目资料,按照查新合同双方的约定可以作为查新合同的组成部分。查新合同双方应当在查新合同上签字(盖章)。查新合同一般包括以下条款:①查新项目名称;②查新合同双方各自的基本情况;③查新目的;④查新点;⑤查新要求;⑥查新项目的科学技术要点,包括查新项目的主要科学技术特征、技术参数或者指标、应用范围等;⑦参考文献;⑧查新委托人提供的资料清单;⑨合同履行的期限、地点和方式;⑩保密责任;⑪查新报告的使用范围;⑫查新费用及其支付方式;⑬违约金或者损失赔偿的计算方法;⑭解决争议的方法;⑮名称和术语的解释。

七、科技查新委托书的填写

科技项目查新委托书是项目研究人委托查新的科技项目要点说明书,也是检索人员进行检索的重要依据,同时也是用户有效地维护自己的合法权益的重要依据。查新委托书填写的完整性和准确性将直接影响查新工作的质量。对于查新委托人来说,委托书的填写是查新委托过程中重要的环节。

随着计算机网络的普及,很多委托人也有权限访问查新机构进行查新检索时利用的数据库等资源。委托人可以在委托查新前对自己所从事课题相关的学科领域进行初步文献检索,在充分了解该学科领域研究现状和最新成果的基础上,再进行课题查新委托,避免将不具备新颖性的课题委托给查新机构。

有的委托人不了解科技查新,把科技查新与普通检索相混淆,认为科技查新就是检索一下国内外的文献,所以在委托查新项目时,没有向查新机构提供反映查新项目的研究内容和主要技术参数的资料。有的只提供一个项目名称和几个关键词,有的仅仅提供一篇文章,有的甚至只提供一个简短的摘要,使查新机构对委托项目不能全面理解。建议查新委托人填写查新委托书时注意以下事项。

1. 了解查新流程和机构类别　查新委托人到查新机构委托时,应该先了解查新机构的查新流程和机构类别。注意判别:①查新课题是否超出了查新机构受理的专业范围;②接收查新报告机构对查新站的要求(例如有的项目申请时只接受教育部或者卫生部下属科技查新站出具的查新报告)。

2. 查新委托书的填写　查新委托人需要重视查新委托书的填写,最好由负责该项目的相关技术人员填写,因为技术人员对该项目比较了解,对委托项目的研究现状也比较熟悉,可以明确归纳出委托项目的科学技术要点和创新点。科技查新委托书填写前,委托人应主动向查新接待人员介绍所委托项目的概况和技术要点,使查新人员完全理解用户需要委托查新的项目。查新委托人同时应当据实完整准确地向查新机构提供查新所必需的各种资料:查新项目的科学技术资料(如背景资料、研究报告、项目总结报告、成果申报表、专利说明书、结构图或配方、测试报告等);技术性能指标数据及查新项目的产品样本或图片等;查新机构认为查新所必需的其他资料。

3. 科技查新委托书的规范化填写

(1) 查新项目名称:如委托项目为国内查新,仅需填写项目中文名称;如委托项目为国内外查新,需要用中英文分别填写项目名称。在项目名称中需要采用通用的名称。有确切中文翻译的概念在中文项目名称中要填写中文。

(2) 查新委托人:因为有的项目负责人事务比较繁忙,所以除了项目负责人外,最好提供一个熟悉委托课题的项目联系人,方便查新机构在查新过程中进行必要的沟通和联系。

(3) 查新目的:查新目的通常分为科研立项、成果鉴定、申报奖励、专利申请、技术咨询等。科研立项查新包括申报各级、各类科技计划,科研课题开始前的资料收集等。有的委托人考虑一个报告可以多次使用,所以刻意不写具体的查新目的。但是,查新报告的有效期一般为半年,过了有效期的查新报告也失去了实时的参考价值。

(4) 查新项目的科学技术要点:科学技术要点包含查新项目拟研究的内容及如何进行研究,类似于项目申请书中不包括研究背景的摘要部分。在此部分需要着重说明查新项目的主要科学技术特征、技术参数或指标、应用范围等。填写时应注意内容的全面性,该部分内容应包含委托项目的所有查新点。

在实际的查新工作有时会出现以下情况:有的委托人为了强调项目的分量,大量介绍项目相关的国内外发展情况,而对本项目的技术要点及应用范围等只字不提,严重偏离了科学技术要点的填写要求;有的委托人在填写科技查新委托书时,容易将"查新点与查新要求"和"查新项目的科学技术要点"混淆,出现查新点描述不清、科学技术要点描述不全等问题,误导了查新人员,给查新结果带来负面影响。

(5) 查新点与查新要求:查新点或者创新点是指需要查证的内容的要点,即查新委托人自我判断的新颖点。查新要求是指查新委托人对查新提出的具体愿望,一般分为以下 4 种:①希望查新机构通过查新,证明在所查范围内无相同或类似研究;②希望查新机构对查新项目分别或综合进行对比分析,明确指出项目的创新之处;③希望查新机构对查新项目的新颖性做出判断;④查新委托人提出的其他愿望。

此处要注意项目名称、项目科学技术要点和查新点的一致性。有的查新委托人对自己的课题不是很有信心,或者很清楚自己课题的水平,对申报立项或报奖不是很有把握,因此在进行查新委托时提供很多不切实际的查新点,将简单课题复杂化。递交的资料也缺乏真实性和可靠性,引导查新人员走弯路。也有的查新委托人认为查新是查新机构的事,查新员应该对每个专业都很精通,填写了项目的科学技术要点就没有必要对课题的查新点进行准确描述,所以给出的查新点非常笼统或者过于精细,并且不作详细的解释,让查新人员无从下手。这些都增加了查新人员的工作难度,也延迟了委托人查新报告的完成日期。

(6) 查新委托人提供的检索词:委托人需要提供和查新点相关的检索词,包括中英文关键词,无需提供项目涉及的所有关键词,国内查新可不提供英文关键词。有的委托人希望查新人员查不到与课题相关的文献,希望检索出来的文献越少越好,甚至检索结果为零,所以故意将查新点与查新要求写得非常模糊,用一些生僻的词来代替常用词或者采用一些自己"创造"的关键词。实际上,查新人员在检索的过程中,并非仅仅依赖委托人提供的检索词进行检索,而是要对所有相关概念进行梳理,整理出所有相同和相关的检索词,确保不漏检。如果委托人提供的是自己"创造"的关键词,查新人员也一定会找到该词通用的表述方法,从而发现相关文献。

(7) 查新报告完成时间的约定:有的查新委托人要求在短时间内得到查新报告,甚至要求一两天之内必须完成,但查新人员通常需要用相当长的时间去理解查新委托人的科技成果、对查出的国内外文献进行多次分析对比,才能作出查新结论。查新员完成查新报告初稿后,还要由审核员进行审核,有时还需要查新咨询专家的参与,方能出具最终的查新报告。因此,为了确保查新质量,需要给查新人员足够的时间完成查新项目,委托人按要求填写好查新委托书也是查新报告及时完成的重要保障。

(8) 项目的主要技术文件、背景资料(附年)及密级:委托人可以提供项目的主要技术文件、背景资料,也可以提供一些与项目密切相关的委托人或他人发表的文献。这些文献可以帮助查新人员更好地理解委托项目,也可以协助查新人员判断查询式的检索效果。

不论查新委托项目是否涉密,查新机构和查新人员都无权向无关人员披露查新内容。《科技查新规范》明确指出查新机构及其工作人员应当维护查新项目所有者的知识产权,不得非法占有、使用或者向他人披露、转让查新项目所有者的科技成果。除以下人员和机构外,查新机构及其工作人员不得向任何人泄露查新项目的科学技术秘密和查新结论:①查新委托人或者由查新委托人明确指定的人(或机构);②法律、法规允许的第三方(如省、自治区、直辖市的科学技术行政部门,国务院有关部门、直属机构、直属事业单位的科技成果管理机构等);③具有管辖权的专业检查组织。对查新机构不负责任、敷衍了事、丢失科学技术资料、泄露查新项目的科学技术秘密等行为,查新委托人有权向各级科学技术行政部门反映。因查新机构的过错造成损失的,查新委托人有权依法索取赔偿。

科技查新委托书的规范化填写是保证科技查新质量的第一步,也是委托人对科研项目重视与否的客观反映。科技查新委托书填写的质量直接影响查新工作的开展,也直接影响了查新结论的客观性,最终也直接影响项目申报的中标和成果的获奖,所以委托人要充分认识正确委托查新的重要性,按要求认真、规范填写查新委托书,配合查新人员顺利完成查新检索,以得到客观而满意的查新结果,获得高质量的查新报告,提高科研项目的中标、获奖率。

【例】 委托人拟申报科研项目"抗抑郁新药大叶蒟素的研究",需要查询在所查范围内国内外有无相同或者类似研究,并根据分析对查新项目的新颖性做出判断。

1. 查新委托 委托人按要求填写查新委托书、提供课题申请的相关技术背景资料(项目申请书等)及密切相关的文献资料。经查新接待人员审核查新委托书等内容后,符合委托要求,签订查新合同接受委托并予以登记,将课题分配给查新员。

2. 查新目的分析 因该课题的查新目的为科研立项,所以所有检出文献(包含委托人申请的专利或发表的文献等)都必须与拟查新课题的查新点有明显不同。

3. 分析项目查新点 查新员通过阅读相关背景资料,对委托人提出的查新点进行分析,当对查新课题的研究领域不是非常熟悉时,可以通过阅读相关领域最新的文献综述或咨询委托人来了解更多的背景知识。如果查新员阅读相关资料后,发现委托人提出的查新点不恰当或根本无法进行检索时,在征得委托人同意后可以将委托人提出的查新点修改为可以检索的查新点。本课题的查新点最终确定为"大叶蒟素的抗抑郁作用研究"。分析该查新点后,可将该查新点分解成两个概念,一个概念是抗抑郁,一个概念是大叶蒟素,只要同时讨论这两个方面的文献就可能是密切相关文献。

4. 选择数据库 教育部科技查新要求国内外查新需检索中外文各不少于10个数据库,各查新机构可以根据委托查新课题的研究内容和本机构的资源配置的情况,选择符合要求的数据库进行检索,这些数据库涵盖了学术期刊库、学位论文库和专利数据库等。由于医学研究的特殊性,有些数据库为必查数据库,比如中文数据库中的CBM,外文数据库中的MEDLINE。中文数据库中,中国期刊全文数据库、中国优秀硕士学位论文全文数据库、中国博士学位论文全文数据库、万方数据资源系统、维普资讯——中文科技期刊数据库、中国专利等在医学科技查新中比较常用。外文数据库中,Web of Science with Conference Proceedings、Scopus、Embase、Scifinder、Derwent Innovations Index、Elsevier Science等在医学科技查新中比较常用。本课题由于涉及药物研发,药学数据库Embase、Scifinder也成为了必查数据库;药物研发与专利申请密切相关,所以国内外专利也是本委托课题需检索的重点数据库。如果有的数据库收录文献存在滞后的情况,还需要手工检索相关的印刷版资源来弥补数据库在时间上的缺陷。

5. 确定检索年限 科技查新规范规定检索文献的年限应当以查新项目所属专业的发展情况和查新目的为依据,一般应从查新委托之日前推10年以上,对于新兴学科、高新技术项目,前推年限可酌情缩短;对于较成熟的技术产品、工艺和专利查新等,前推年限应酌情延长;对于查新合同中另有约定的,按约定执行。因本课题涉及中草药,所以数据库检索年限被确定为数据库从建库至今的所有年代。

6. 编制检索策略 应按照不同数据库的检索特性编制不同的检索策略。在编制策略前,查新员已通过分析委托课题的查新点,将查新点分解为两个主要检索概念:抗抑郁和大叶蒟素。

中文检索词的确定:①经阅读相关资料得知大叶蒟为胡椒科胡椒属的植物,是中国特有的植物,大叶蒟素是从大叶蒟中提取分离、鉴定出的新化合物。所以"大叶蒟素"和"大叶蒟"均应作为检索词进行检索,在中文检索中"大叶蒟"包含了"大叶蒟素"的检索结果,所以仅保留"大叶蒟"这个检索词。②抗抑郁在中文中是一个有确切含义的词汇,抗抑郁包含了"抗抑郁药"、"抗抑郁剂"等相关概念,且这些概念无其他同义词或近义词,所以确定"抗抑郁"为检索词。

英文检索词的确定：①由于"大叶蒟"和"大叶蒟素"在英文拼写中没有包含关系，所以需要取各自相应的所有英文概念作为检索词，确定"laetispicine"和"piper laetispicum"作为检索词。②抗抑郁采用"antidepressant＊"（包含 antidepressants 和 antidepressant）、"antidepressive"、"thymoleptics"和"thymoanaleptics"等所有同义词和近义词作为检索词。

7. 检索策略的构建

（1）CBM数据库：因为查新检索对查全率要求很高，所以需要结合主题词和自由词途径进行检索。用"大叶蒟"在主题词表中进行检索（用"大叶蒟"可以检索到含"大叶蒟"或与"大叶蒟"相关的主题词），发现并无相应主题词，所以该概念仅用自由词进行检索。用"抗抑郁"在主题词表中进行检索，发现有主题词"抗抑郁药"，且该主题词在主题词表中有下位词"抗抑郁药，三环"及"抗抑郁药，第二代"，所以需要采用自由词和主题词进行扩展检索。

在CBM数据库中相应的检索式为：大叶蒟 AND（"抗抑郁药"[不加权:扩展] OR 抗抑郁）。

（2）PubMed数据库：在PubMed主题词表中未找到与"大叶蒟"或与"大叶蒟"相关的主题词，所以采用"laetispicine"和"piper laetispicum"作为自由词进行检索。在词表中找到了抗抑郁相关的主题词"Antidepressive Agents"，该主题词包含下位词"Antidepressive Agents，Second-Generation"和"Antidepressive Agents，Tricyclic"，所以对该概念采用自由词和主题词结合进行扩展检索。

在PubMed中相应的检索式为：（laetispicine OR "piper laetispicum"）AND（"Antidepressive Agents"[Mesh] OR antidepressant＊ OR antidepressive OR thymoleptics OR thymoanaleptics）。

（3）对其他不具备主题词检索途径的数据库，仅采用自由词进行检索。

8. 检索策略的调整　利用初步拟定的检索式在所有选定数据库中进行检索后，发现除查新委托人发表的文献外，检出文献过少。当检索结果不理想时，一般可采用以下方法来进行调整：①增加新的相关数据库检索。②从主题词途径检出的文献用分类检索途径来检验。③从数据库设置的其他字段检验主题词检索结果。④扩大、缩小检索范围。

对于检出的记录文献太少时，应当扩大检索范围；当检出的记录文献过多时，应当优化检索策略，缩小检索范围。

查新员结合查新点对检索策略和检出结果进行分析后，决定采用方法④即扩大检索范围来增加检索结果的数量。因大叶蒟为胡椒科胡椒属的植物，所以将查新检索范围扩大为"胡椒科植物的抗抑郁作用"，对检索式也需要进行相应的修正，增加胡椒科所有植物作为检索对象。参考医学主题词树状结构表，了解到胡椒科植物相关概念的树状结构如下。

```
胡椒科
    胡椒属
        卡瓦根
        胡椒
        蒌叶
```

所以，增加"胡椒科"作为主题词进行扩展检索，并将其及下位词及所有相关词汇作为自由词进行检索。检索式经过本次调整后得到了比较理想的检索结果，所以确定为最终检索式。

9. 文献的阅读与对比　通过阅读检出结果的标题和摘要,必要时查阅原文,确定一般相关文献和主要相关文献。其中,主要相关文献必须查阅全文,并按照查新点与委托课题进行对比分析。分析内容作为科技查新报告中的"检索结果"部分列出,检索结果应包括下列内容:①对所检数据库和工具书命中的相关文献情况进行简单描述;②依据检出文献的相关程度分国内、国外两种情况分别依次列出;③对所列主要相关文献逐篇进行简要描述(一般可用原文中的摘要或者利用原文中的摘要进行抽提),对于密切相关文献,可节录部分原文并提供原文的复印件作为附录。

本委托课题检出的主要相关文献包含了本课题组发表的文献和非本课题组发表的文献。非本课题组发表文献中,一部分文献讨论了19种中国产的胡椒属植物(包含本查新课题大叶蒟素的原料植物大叶蒟)用于前列腺素和白三烯合成的抑制作用,但未涉及本查新课题的抗抑郁作用。另一部分文献讨论了同属胡椒属的植物卡瓦根用于抗抑郁治疗及治疗不良反应,这些文献与本查新课题研究的植物不同。在主要相关文献中也检出了查新委托人发表的文献(包含已申请的专利),但这些文献和专利是本课题研究的前期研究成果,拟申请课题是在前期研究成果基础上的深入探索,所以本课题组发表的文献与委托课题存在明显不同。

10. 查新报告的撰写　在完成文献分析对比后,即可开始按规定格式撰写查新报告。其中,查新结论是查新报告中的重要内容。查新结论是在综合文献对比结果后对查新点是否具有新颖性做出的判断,应当包括下列内容:①相关文献检出情况;②检索结果与查新项目的科学技术要点的比较分析;③对查新项目新颖性的判断结论。本课题经文献对比分析后,在查新结论中支持了委托人的查新点。

查新员撰写的查新报告经查新审核员审核合格,由查新员和审核员在查新报告上签字,加盖"科技查新专用章"后,提供给查新委托人。

习题

1. 查新委托人确定进行查新委托时,需要填写或签署哪两份文件?
2. 查新委托人在委托查新时,必须据实完整准确地向查新机构提供的资料包括哪些?

(应　峻)

第九章

医学写作

医学写作(medical writing)是用文字记录医学科学的知识。医学写作的主要任务是对医学某一学科、领域创新性发现进行科学论述,对某些医学理论性、实验性或观测性的新知识进行科学记录,对某些原理在实际应用中的新进展、新成果进行科学总结。医学写作是医学信息交流的重要手段,是医学信息研究、利用的一个主要组成部分。

医学文献的体裁种类繁多,结构复杂,单从 MEDLINE 数据库中就能够看到近百种类型体裁的医学文献。常用的医学文献体裁类型有学术论文(academic thesis)、学位论文(degree thesis;dissertations)、医学综述(medical review)、病例报告(case report)、科学社论(scientific editorials)等。本章主要介绍医学学术论文、医学综述的撰写和医学学位论文及其提交。

第一节 医学学术论文

学术论文定义:根据中华人民共和国国家标准 GB 7713—87,学术论文是指"某一学术课题在实验性、理论性或观测性上具有新的科学研究成果或创新见解和知识的科学记录;或是某种已知原理应用于实际中取得新进展的科学总结"。

医学学术论文(medical scientific paper)是医学科技人员通过科学思维,概括医学科研过程和反映医学科研成果,按论点和论据所写成的医学科学论证文章。

医学学术论文的种类也很多,按研究性质不同可分为理论性研究论文、实验性研究论文和观测性研究论文;按学科专业性质不同可分为基础医学研究论文、预防医学研究论文、临床医学研究论文等;按论文的体裁不同可分为实验研究论文、调查报告、经验总结、病例分析、疗效观察等;按写作目的不同又可分为学术论文和学位论文。

医学学术论文是反映医学科学最新成就和最前沿科研水平的科学研究议论文。它与一般发表感想和议论事件的议论文不同,它要依据或运用重要的基本理论,在观察和分析具有医学研究重要价值现象的基础上,剖析医学客观的因果,阐述科学的观点并指导医学科学的实践。同时,它也可用于在学术会议上交流和在学术刊物上发表,促进科学事业的发展。

一、医学学术论文的基本要求

1. 科学性 科学性是学术论文的最基本要求,也是科研论文的灵魂和生命。学术论文的科学性是指论文的论点客观公允,论据充分可靠,论证严谨周密,有较强的逻辑性。论文的选题、研究方法、搜集的资料、数据的处理及其结论能真实地反映和遵从客观事实,反映事物的本质和规律。医学论文撰写是为了解决医学研究的实际问题,有很强的实践性,而使医学研究可以重复并具再现性,这也是医学科研科学性的鉴别要点之一。

2. 学术性　论文不仅对事物的客观现象和外部特征作出一般的描述,更重要的是能够站在一定的理论高度,揭示事物内在本质和变化规律,这就是学术性。

3. 创新性　创新性是学术论文的基本特征。创新性是指前人没有进行过的科学研究,如新现象的发现、新方法的建立、新理论的创立等。创新性是世界各国衡量科研工作水平的重要标准,是决定论文质量高低的主要标准之一,也是反映它自身价值的标志。

4. 规范性　学术论文是一种反映科学研究成果的特殊文献,它能使读者以最高的效率读懂读通论文的实质内容,如基本的观点、方法、结果和结论等。它不同于一般的文学作品,不需冗长的描述与华丽辞藻的修饰、动人的情节、艺术的夸张和浓厚的渲染。它要求写法格式规范、叙述严谨、逻辑清晰、文理通顺、描述准确、简明。

二、学术论文的一般格式

医学学术论文与社会科学的论文不同,它有着特殊的统一编写格式。在比较规范统一的格式下,医学科研工作者能够有效地进行医学学术论文的阅读、搜集、存储、检索、交流。

1978年,生物医学期刊的编辑在加拿大的温哥华集会,确定了生物医学期刊的投稿格式统一要求。这个投稿要求在1979年由美国国立医学图书馆第一次公布,以后经过多次修订,被称为温哥华格式,其中包括文后的参考文献著录格式。温哥华集会的小组以后也形成了国际医学期刊编辑委员会(International Committee of Medical Journal Editors,ICMJE)。目前世界上大部分的生物医学期刊学术论文的通用格式都采用温哥华格式,最新版本可通过网上http://www.icmje.org 查找。

我国在1987年公布了《科学技术报告、学位论文和学术论文的编写格式》的国家标准(GB 7713—87)文件,对中文期刊的投稿也有一定的格式规范和要求。

国际上对医学文稿的格式和要求都有趋同现象,但不同的期刊在某些细节上可能会稍有区别。因此,撰写医学学术论文最重要的是参考所要投稿的期刊对于论文的格式要求,多数期刊会在每年的第一期,刊出该刊论文及参考文献的格式要求。也有很多电子期刊在网上公布投稿须知,如 *British Medical Journal*,我国的《中华内科杂志》等。网上公布投稿须知英文写法有:Instruction for Authors(图 9-1-1),Guide to Contributors,Guide for Authors of Papers,Advice to Contributors 等。

根据国际通用及我国国家标准的一般规定,医学学术论文的一般分为3个部分:前置部分、主体部分和附录部分。

前置部分包括题名(Title)、著者(Authorship)、中英文摘要(Chinese & English Abstracts)、关键词(Keywords)、中国图书馆分类法分类号(Chinese Library Classification)。

主体部分包括前言(Introduction)、材料和方法(Material & Methods)或临床资料(Clinical Material)或对象和方法(Subjects & Methods)、结果(Results)、讨论(Discussion)、结论(Conclusion)、致谢(Acknowledgements)、参考文献(References)。

附录部分(必要时)包括插图和表格。

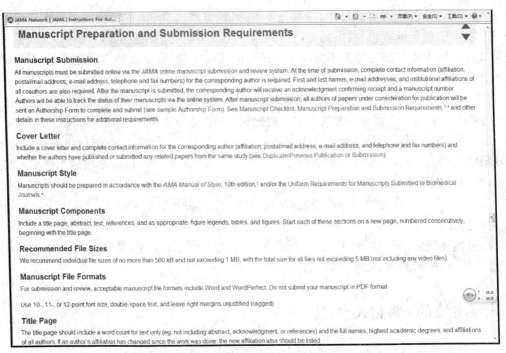

图 9-1-1　JAMA(美国医学会杂志)的投稿须知

(一) 前置部分写法

1. **题名**　也可称标题、题目或篇名。它必须是详尽且能恰如其分地反映研究的对象、手段、方法与达到的程度,并具有一定的逻辑性。其修饰要求简明扼要、确切醒目,应该既能够确切地反映论文的内容,又避免过大范围或一般化,如"冠脉内多普勒血流储备与核素心肌显像潘生丁试验的对比研究"。题名中尽可能不用缩略语。按照我国标准学术论文的中文标题一般为 20 个汉字,尽量不超过 30 个汉字。

2. **著者署名**　著者的姓名、单位及邮政编码,可有个人著者和集体著者,次序按参与工作的重要性排列。根据温哥华格式(2013 年 11 月 10 日访问)的要求作者应该满足以下所有条件方可署名,以承担论文内容的公共责任:①研究思想的主要构想或设计者,参与数据采集、分析或解释;②起草或批判性地修改重要的知识内容;③最终同意发表的版本;④承诺对研究的各个方面负责,以确保对相关研究任何部分的适当调查和问题解决的准确性或完整性。温哥华格式的著者署名被生物医学期刊广为接受,如美国《内科学纪事》(*Annals of Internal Medicine*)投稿须知(2013 年 11 月 10 日访问)中,该部分与之完全一致。

3. **摘要**　也可称内容提要。它是指对一份文献的内容所做的简略、准确的描述。一篇好的摘要可以提供读者论文的主要内容,避免由于时间、文种、经费等限制而无法了解许多医学学术论文。目前,生物医学学术期刊多数采用结构式摘要。

国内期刊与国外期刊的结构式摘要内容不尽相同。国内期刊的结构式摘要,一般分为目的、方法、结果和结论 4 个部分。可分段也可连续排列,其中结果和结论更为重要。

研究的目的:主要说明研究要解决的问题,即突出论文的主题内容,要求简单明了,一般只用一句话。

研究的方法:主要说明研究所采用的方法、途径、对象、仪器等,是论文中材料和方法的简化。如果论文主要论述涉及新的方法,这一部分应进行较详细的描写。

研究的结果:主要介绍研究所发现的事实、获得的数据、资料,发明的新技术、新方法、取得的新成果等。

研究的结论:介绍研究者通过研究,在对结果的分析基础上所得出的观点或看法,提出尚待解决的问题或有争议的问题,这一部分内容只有涉及当前意见分歧较大的问题时才在摘要中撰写。

4. 关键词　关键词及分类号便于检索工具和数据库收录文献的计算机处理,也便于读者进行文献检索。

关键词是从题名、摘要、前言及结论中提取出能反映论文主要内容的单词或术语,一般列出3~8个。选词时可参考一些规范词表,如《汉语主题词表》、MEDLINE 检索系统中的 MeSH 词表及其中译本(中国生物医学文献数据库电子词表)。有些较新的概念、尚未有规范词与其匹配的关键词可采用当前使用的语言,并且要注意反映关键词的特征性。

【例】文章"蜂毒对豚鼠乳头肌的作用",著者列出关键词:蜂毒;乳头肌;收缩。编辑部修回意见为:蜂毒;乳头肌;挛缩。著者不同意,认为自己进行的是生理现象研究,在本文著者建议下,改为关键词:蜂毒;乳头肌;心肌收缩(器官功能规范词)。编辑部接受。

5. 分类号　可参见的有:我国医学高等院校图书馆使用的《中国图书馆分类法》;国际通用分类体系(国外)包括 PACC (*Physics Abstracts Classification and Contents*),系英国《科学文摘》分辑 A(*Science Abstracts Series A*);《物理文摘》(*Physical Abstracts*)分类;《物理天文学分类表》(*Physics and Astronomy Classification Scheme*),由美国物理学会提供。

【例】查阅一篇有关急性白血病的论文分类,可先查《中国图书馆分类法》医学"R"类,然后顺序归为 R733 造血器及淋巴系肿瘤,R733.7 白血病,R733.71 急性白血病。另外,也可以通过数据库如《中国生物医学文献数据库》,通过类目关键词、投稿期刊信息等途径直接查找分类号(详见第二章第四节)。

(二)主体部分写法

1. 引言部分　主要阐述相关领域的前人工作和知识空白、理论基础和分析、研究设想、研究方法和实验设计、预期结果和意义等。其主要作用是使读者了解著者的研究方向、背景知识和为什么要做这项研究。写作要注意:①应简要地介绍该论文研究的目的和背景,但不要把背景写成短篇综述。一般教科书已有的知识、显而易见的作用和意义不必赘述。②注意实事求是地客观评价自己的研究,对"国际国内首次报道"等必须要有确切的资料和依据。③文字精练,篇幅不宜过长,与文中使用的语言要统一。引言的内容结构可以包括:先总体上介绍研究背景;密切相关的参考信息,逐渐缩小到立题依据;研究或观察的基本原理(不包括在正文中报道的数据或结论),再集中到研究目的。例如:"P Haggarty, Effect of B vitamins and genetics on success of *in-vitro* fertilization: respective cohort study. Lancet, 2006, 367: 1513 - 1519"一文前言结构总体背景:欧洲试管怀孕治疗,试管怀孕和双胞胎的影响因素需要进一步研究;立题背景:低维生素 B 状况与早期怀孕失败、高浓度的叶酸与双胞胎高发有关;研究目的:研究维生素 B 在体内水平,涉及维生素 B 代谢的相关基因变异等。

2. 材料和方法　这部分提供了研究工作中的原始资料,是论文中论据的主要内容,也是主要交代研究是如何进行的一个部分。重点介绍研究的对象、实验材料、方法及研究的基本过程,包括用逻辑顺序,精确地描述新方法,并指明方法借鉴的参考文献,表明采用方法的目的等。这一部分的写作内容实验研究类与临床研究类论述的要点存在区别。

实验研究论文中论述的要点,通常包括:①仪器设备:应说明所用仪器的型号,制造的国别和厂家等详细的参数等。②试剂药品:如材料的来源、制备、选择标准,包括普通名、剂量、服用规则等。尽量避免用商标名。③实验对象:选用的观察或试验的对象(病人或实验动物,包括对照组),指明年龄、性别和其他对象的重要特征如选择标准与特征等。生物体尽量采用科学分类等规范名词,避免用实验室的俗称。涉及人的实验应求得自愿。④实验方法:表述要精确,包括观察和记录方法的指标,涉及计量和单位的问题,要根据国家最新法定计量和单位的标准进行表达。⑤实验程序、操作要点:包括获得结果的过程。⑥统计方法:描述统计学方法要详细,使读者容易理解,并能依据原始数据证实报告的结果。

临床疗效观察或临床病例分析论文中,材料和方法部分可改为"临床资料"(clinical material),其论述要点主要包括:①病例选择标准(诊断和分型标准);②病例一般资料(病情、病史);③随机分组情况(实验组、对照组);④治疗用药(剂量、剂型、途径);⑤疗效观察项目(症状、体征、实验室检查等);⑥疗效标准项目(痊愈、显效、缓解、无效或死亡)。

材料和方法在涉及新的内容时,应详细而便于同行重复、借鉴。常规方法或重复前人的方法则可略或注明文献出处即可。

3. 结果描述　实验所得到的数据与事实结果,是论文的关键部分。应该按科研的逻辑顺序在正文、表格和图中表达研究结果,强调和概述重要的观察结果。这一部分的写法如下。

再一次阅读你的研究课题,针对研究的问题,逐一列出结果。选择代表性数据,进行必要的统计学方法处理。

画出表格和图,要求按国际标准或国家标准规范化,如我国国家标准《科学技术报告、学位论文和学术论文的编写格式》GB 7713—87 规定:图包括曲线图、构造图、示意图、图解、框图、流程图、记录图、布置图、地图、照片、图版等。表内同一栏的数字必须上下对齐。表内不宜用"同上"、"同左"、":"和类似词,一律填入具体数字或文字。表内"空白"代表未测或无此项,"—"或"…"(因"—"可能与代表阴性反应相混)代表未发现,"0"代表实测结果确为零。

凡能用文字说明的问题,尽量不用图表。如数据已绘成曲线图,可不再列表。不要同时用表和图重复同一数据。表中已有的数据不要再在正文中重复叙述。没有必要,可以不要图表;结论不多,也可以不要图表。

4. 讨论　全文的精华部分。写作要根据研究结果,结合基础理论和前人成果,应用国际国内最新的学说、理论、见解对该课题进行分析、作出解释,即强调研究课题的创新点和重要性。不要重复文章其他部分已经介绍的详细数据和资料。实验研究要突出主要的发现,与其他相关研究进行对比。它们主要体现在对实验结果受影响的因素进行分析,对意外发现作出解释、建议和设想。注意:①突出创新点,要有自己见解,不要大量引用他人资料。②分析紧扣主题,不要离题发挥。③论证采用已有科学根据的数据,不要以假设证明假设。评价实事求是,认同相关的研究。④不重复在前言或结果部分中的详细数据或其他材料。⑤避免不成熟的论断,避免工作尚未完成就提出或暗示要求首创权。理由充分时,可以提出新的假设,但须恰如其分。

5. 结论　根据研究结果和讨论所作出的论断,主要指出通过研究解决了什么问题,总结发现的规律,对前人的研究或见解做了哪些修正、补充、发展、证实或否定。写结论部分要求观点鲜明,措辞严谨,评价恰当,文字精练。现在有许多期刊将结论放在文前的摘要内。

6. 致谢　根据温哥华标准,在文章的恰当位置(题名页的脚注或文章的附录中,见各期刊的要求)可以对以下对象表示感谢:①对文章有贡献但不属著者,比如部门领导一般支持;

②对研究进行过技术协助;③经济资助和材料支持,等等。对论文有思想贡献而不拥有著者权的对象可以列出姓名,在致谢中可以描述为"科学顾问"、"研究计划的重大评论者"、"数据采集"或"临床试验参与者"等,但必须得到个人的同意才能列出姓名,因为读者可据此推断数据和结论的可靠性。

近年来,论文的主体部分有些杂志有了一些格式的改变,如 *Nature Genetics*,VOLUME 44 No. 4:398—407,2012 中正文采用了结果、讨论、方法(联机补充的形式)。

(三) 参考文献

对文中引用他人研究的基本原理、方法、观点等相关文献,要在文中标明,并在文后列出相关文献的来源及出处。文中引用和文后列表都有标准格式和规范。医学学术论文、综述、医学学位论文采用相同的著录标准(详见本章第二节、第三节)。

习题

1. 医学学术论文格式和规范主要参照哪些标准?
2. 医学学术论文主要由哪些部分构成?

(李晓玲)

第二节 医学综述

一、概述

1. **医学综述的含义** 医学综述是在查阅了医学某一专题在一定时期内的相当数量的文献资料基础上,经过分析研究,选取有关情报信息,进行归纳整理,综合性描述撰写而成的文章。

2. **综述的作用和特点** 综述的作用在于它能够对医学科研或临床的研究过程进行全面系统的回顾,并报道、反映科研现状、科研发展趋势。综述在文章的篇幅、结构和参考文献等方面都有特别的要求。综述有以下 3 个特点。

(1) 文章的篇幅较大。在国外期刊上登载的综述,典型的长达 10~50 页,国内发表的综述的字数以 3 000~6 000 字多见,也有长达 8 000~15 000 字。最近,随着信息量的日益剧增,在期刊上出现了一些"短小综述",被称为"mini-review",这些综述高度概括现期研究,预测未来,很受读者欢迎。近年来,随着循证医学的发展,Meta 分析文献、临床系统评价、临床指南等综述文献大量涌现,并正得到广大医学工作者、临床医师的重视,有关循证医学相关综述的内容详见第六章节。

(2) 综述的引文和参考文献较多。综述的主要工作之一就是复习大量文献。综述往往是著者查阅了大量的文献资料,从中选取较有价值的情报信息,浓缩于一文。在国外期刊上登载的综述,通常要求附百篇以上的引文。国内期刊登载的综述,通常参考文献要求在 15 篇左右。

(3) 综述的内容比较丰富,涉及面较广。相对其他信息产品如目录、文摘等,综述揭示文献信息的程度较深。综述的著者要通过对大量密切相关、实用价值高的参考文献进行归纳、总结、分析研究,作出既有研究的评价,并能预测和展望未来趋势,在提供回溯文献的思路和途径基础上,介绍某一专题的来龙去脉,使读者对整个课题有全方位、整体的认识。

二、综述的一般格式

1. 前置部分　项目与学术论文相同,但是综述的题名要求准确、切题、精炼,如"寄生虫病化学治疗新进展"、"视神经胶质细胞的研究进展"。

2. 正文　综述的正文与学术论文不同,其结构灵活,通常可立概念标题,而不是像学术论文那样的格式标题。

(1) 前言(introduction):撰写该综述的理由、目的、意义、范围、学术背景、目前状况及争论焦点等。前言的篇幅一般在 100～200 字。

(2) 主体(body)部分:综述不同于学术论文写作,综述的主体部分格式比较灵活。综述的组织要根据综述的内容要求来定。综述主体的常见写法有列举法、层次法、阶段法、分析综合法、对比法等。如现状列举:关于巨噬细胞的分泌产物在肿瘤发生中的作用的综述,它可以列举 MΨ 分泌的活性氧在肿瘤发生中的作用、活性花生四烯酸与肿瘤发生的关系、肿瘤坏死因子在肿瘤中的作用等各方面的研究分别进行叙述。又如阶段层次写法,即将课题按科研逻辑过程分阶段进行分析,比如,药物开发的综述文献,可以药物开发的逻辑过程展开:①研发筛选(R&D screening),其中包括市场调查(market survey)与专利调查(patent survey);②临床前研究(preclincal studies);③临床阶段(clinical phases);④新药报批(new drug approval)。

主体内容的结构,通常取决于专题的类型。一般可分设若干小标题。可以按研究内容分列,如研究的学科、主题或技术方法等,也可参考经典综述文献的框架。

所谓原框架:经典文献框架基础上补充文献信息。如有关药物不良反应的综述主体部分的次序可从一般到特殊或从局部到整体(细胞作用到器官、系统至全身作用)。有关某种疾病的综述可遵循教科书中的常规次序:病因(etiology)、发病机制(pathogenesis)、临床体征(clinical manifestation)、影像学检查(imagings)、实验室检查(laboratory)、临床诊断(diagnosis)、治疗(treatment)、预后(prognosis)。有关基础学说如细胞研究则可按形态学、组织学、分子生物学等细胞特征框架。循证医学的系统评价综述结构则由题目、摘要:结构式、课题背景、研究目的、检索策略、选择标准、结果、结论构成。

所谓后框架:则是将 4～5 篇综述过滤后,逐步汇成初稿,以此为框架,再补充文献,称为后框架综述。

(3) 总结(summary):当综述篇幅大,内容多时,需采用 100～200 字的总结,概括主要内容、结论,指出存在分歧和有待解决的问题。这部分内容如在正文中已经涉及,可以不必再写。如果要写,字数以 100～200 字为宜。

3. 参考文献　综述一定程度上是文献的综合叙述。因此,参考文献是综述的重要组成部分,是人们了解综述选用资料的背景和依据,并且也是获取更多文献的线索。参考文献引用要注意以下内容。

(1) 精选:只列出综述著者亲自阅读的,直接引用的,具有新颖性、真实性、代表性的文献。只列出公开发表的文献。公开发表是指在国内外公开发行的报刊或书籍上发表。译文、文摘、转载、内部资料一般不列入参考文献。

(2) 著录准确：医学文献（包括医学学术论文、综述、学位论文）参考文献的著录可参照的标准如下。

1) 按照国际标准（ISO 690:1987，Documentation bibliographic references content form and structure；ISO 6902:1997，Information and documentation bibliographic references part 2：Electronic documents or parts thereof，NEQ)《文献工作文后参考文献内容、格式和结构》。

2) 我国国家标准《文后参考文献著录规则》(GB 7714/2005)。

3)《生物医学期刊投稿的统一要求》(温哥华格式 Uniform Requirements for Manuscripts Submitted to Biomedical Journals)http://www.icmje.org。

4) 由于各种期刊的著录规定稍有区别，参考文献最好的著录参照是在明确投稿的期刊后，按该期刊要求的格式处理。

综述参考文献与学术论文、学位论文采用相同著录标准，范例详见本章第三节医学学位论文写作。

三、综述的写作步骤

（一）选题、调整文章的主题

撰写综述可以根据自己的能力和专业熟悉程度自由选题，大到一个领域、一个学科、一种疾病，小到一个方法、一个理论。综述选题时要注意以下 3 点。

1. 根据资料调整文章内容范围　如"子宫内膜异位症诱导因素"，选用的资料主要集中在哪几个方面，重点选用什么范围，都应在定题时进行考虑。题材选得偏宽偏大，不仅在资料搜集与阅读方面有难度，而且分析综合更不易，虽然尽力而为，写出的综述还是空洞无物。倒不如把题材范围缩小一些，资料的搜集与整理也就容易一些，分析综合得深入全面一些，可以写出一篇有一定质量的综述。

2. 选用资料充分、具有新颖性（且较贴切）的主题　如上述课题分子生物学研究为新颖性较强、资料充分，可以详写；而相关课题甾类激素研究较为古老、癌基因研究资料不很充分也不够贴切则可以略写。

3. 突出更具现实意义的主题　如上述课题子宫内膜异位症的环境污染因素，可以作为主要内容之一。

综述题目选得过大，如"肿瘤转移的分子生物学研究"，查阅文献花费的时间太多，影响实习，而且归纳整理困难，最后写出的综述大题小做或是文不对题。

综述题目选得过小，内容过于简单，难以达到综述全面分析综合科研情况的目的。如"趋化因子与 Schilder 弥漫性脑硬化"。

（二）搜集资料和阅读文献

选题与搜集资料或互有先后，或齐头并进，它们都是撰写综述必不可少的环节（搜集资料详见第八章第三节）。搜集资料离不开信息检索与文献阅读。

1. 阅读文献注意点

(1) 由点及线再到面的阅读：对初习综述写作的人来讲，可以先看教科书、参考工具书，从课题研究的具体问题即"研究点"上掌握一些名词术语、基本概念和有关事实和数据。进一步再读别人写的有关综述:①从科研的"线索"中了解课题的来龙去脉;②可以学习别人的构思与文章的框架,看别人是怎样搜集与利用资料,如何引用文献的,把从别人那里学到的东西融化到自己的综述中去,既丰富了素材,又节省了精力和时间。然后,再从课题研究各个方面阅读期刊论文、会议文献、科技报告等原始文献,从而对所写题材有深入全面的了解。

(2) 先读最新发表的论文:综述中应引用最新资料向读者展示某一专题的最新信息和进展情况。为此,在搜集到的资料中要优先阅读最新发表的论文。

(3) 先读有权威性、代表性的论文:衡量权威性是看论文著者在该专题领域中确实是声望卓著的专家,他所从事的科研项目在国际或国内处于领先地位,曾在权威性期刊上发表过质量高、数量多的论文并常被引用。所谓代表性论文,是指在搜集到的论文中往往有几篇相关或相近的论文,则选其中科学性、学术性或实用性最强的作为代表性论文先读。

2. 在阅读方法上要粗读、通读与精读相结合

(1) 粗读(浏览):粗读就是粗略地、快速地阅读,以求了解文章的梗概,了解学科研究的概貌、主要的研究动向。如在写有关蜂毒肽对细胞膜跨膜离子转运的作用这样的综述前,先浏览蜂毒肽在毒理学、药理学一般论述文献;在撰写唾液酸在消化道肿瘤诊断中的应用综述前,先浏览唾液酸在肿瘤诊断中的应用类型的相关文献等。方法是扫描式地阅读文章的标题,看期刊的目录、跳跃式地选读图书的书名页、序言、目次、有关章节,或论文的题名、著者姓名、摘要、前言、结论与参考文献等。粗读所费精力与时间不多,还可作出是否要通读或精读的决定。

(2) 通读(泛读):通读就是按原文顺序平顺地阅读,读时但求领会,不求甚解,用力不多,费时较少。特别是通读较好的综述,分析文章的总体框架,比较不同写法,可以养成多读、快读的习惯,提高阅读的效率。通过博览群书和广泛涉猎,能够开阔视野,扩大知识面。

(3) 精读:精读的对象主要是指那些与自己所从事的专业、科研或工作关系最为密切,且又有较大理论或使用价值的文献资料,阅读论文的详细内容,如"子宫内膜异位症的趋化因子影响、化学诱导、细胞因子影响的研究详细内容",包括诱导的作用机制、基本理论等,诱导因素如细胞因子等的来源、主要类型和特点等研究方面并进行精读与归类。

(三) 拟订提纲

资料搜集齐全以后,遂进行拟订提纲。明确中心内容、结构层次、材料安排等。按综述的格式规划好前言、主体、总结等部分。列出主体部分每个层次的标题,直到自然段。然后将材料用简短的词语安插在各个层次标题与段落之下,并注明材料出处。

(四) 写成初稿

综述提纲已定,落笔时最好集中一段时间一气呵成。这样可以使思路通畅,衔接紧密,前后连贯,浑然一体。初稿要写得文字通顺,语法准确,至于修辞、精练等问题,留待修改定稿时斟酌。

综述还应指出本课题业已发表的综述(尤其是国内已发表的综述),并说明本综述与已经发表的综述的差异。

认真校审,综述写成之后,初写或新涉及该学科领域的人,如研究生或本科生在学或刚毕业者,要请专家审校,从专业和文字方面进一步修改提高。

(五) 修改定稿

1. 内容和主题的修改 对综述撰写的目的、意义是否明确,选题是否恰当,信息是否全面,周密等方面再进行检验、查核,并作出必要的修改。

2. **材料的修改**　对材料进行增、删或更换,以期综述的材料突出新颖性,抓住研究热点,丰富综述的内容。

3. **结构的修改**　主要是使综述的整体突出、层次分明、均衡衔接,同时也使篇幅符合规定要求。

4. **语言和文字的修改**　文章的语言和文字要求语句准确、精练,所谓"词无浪费、句无虚发、言简意赅,用词恰当"。并对错别字和标点符号进行校对和改正。

习题

1. 综述文献有哪些特点?
2. 药物开发的综述文献主体结构如何展开?

(李晓玲)

第三节　医学学位论文及提交

一、医学学位论文

(一)概述

学位论文是科研论文中的一种论文类型,是著者为了获得更高一级学位而撰写的毕业论文,因而学位论文不仅具有一般科研论文的特点、要求和价值,同时还应能反映相应学位的水平,是一项比较复杂的学习、研究和写作相结合的综合训练和总结。我国大学本科学生、研究生以及在职申请学位人员(包括具有研究生毕业同等学力人员)在完成学业后要申请相应的学位,都必须在规定的期限内向学位授予单位提交申请学位论文,通过学位论文答辩后才能获得相应的学位。

医学学位论文是学位申请者为申请医学学位而提交的医学论文,它反映了申请者从事医学研究所取得的成果和独立从事科研工作的能力,是考核其申请者能否被授予学位的重要依据。

(二)医学学位论文的种类

1. **按学位类别分**　我国现行大学实行学士、硕士、博士三级学位授予制。医学学位论文同其他学科一样,分为学士论文、硕士论文和博士论文3个级别。

(1)医学学士论文是高等医学院校大学本科毕业生所写的医学毕业论文。要求论文著者较好地掌握本门学科的基础理论、专门知识和基本技能;具有从事科研工作或担负专门技术工作的初步能力,对某个问题有一定的见解。

(2)医学硕士论文是指攻读硕士学位的研究生所写的毕业论文。根据我国学位条例规定,硕士学位应该达到下列学术水平:在本门学科上掌握坚实的基础理论和系统的专门知识;具有从事科学研究工作或独立担负专门技术工作的能力。也就是说,医学硕士学位论文应具有较高的学术水平,应能反映所掌握的专业知识的广度与深度,对医学某学科的基础问题和重要疑难问题有独到的见解。

(3) 医学博士论文是指攻读博士学位的研究生所写的毕业论文。根据我国学位条例规定,博士学位应达到下列学术水平:在本门学科上掌握坚实宽广的基础理论和系统深入的专门知识;具有独立从事科学研究工作的能力;在科学或专门技术上做出创造性的成果。相应地,医学博士论文要求反映对某医学学科所具有的深邃广博的知识,并能熟练地运用这些知识对该学科提出创造性的见解,或对该学科的发展有重要的推动作用,或对该学科的研究有重要的、突破性的发明或发现。

2. 按科研方法分医学学位论文　按研究方法不同,通常可分为实验研究型、临床研究型和调查研究型三大类。以前,医学研究生教育强调研究能力的培养,故多为实验研究型,临床研究型较少,或在临床研究中也要加入较多的实验研究内容。这种方法培养的临床医学研究生,由于临床实践少,临床技能较差。为了改变这种状况,现在临床医学专门设立了临床型研究生,不再要求一定要进行实验研究。另外,调查研究型较多地用于公共卫生专业,如用流行病学调查的方法进行研究等。

二、医学学位论文的构成

根据科学技术报告、学位论文和学术论文的编写格式国家标准 GB 7713/87 规定,学位论文由前置部分、主体部分、附录部分与结尾部分组成。

(一) 前置部分

1. 封面　封面是学位论文的外表面,提供应有的信息,并起保护作用。封面的格式及所用的纸张一般由学位授予单位统一规定,通常包括申请学位级别、学校代码与学号、学校名称、题目、院系(所)名称、专业名称、著者姓名、导师姓名及完成日期。如系保密论文,还须在封面右上角注明保密级别及保密年份。

2. 题名页　题名页是对学位论文进行著录的依据。通常著录申请学位级别、中英文题名、著者与导师、完成日期外,还应包括参加部分工作的合著者姓名,如导师组成员等。题名页与封面上同时都有的信息,应保持两者一致。

3. 目录　目录由论文的篇、章、条、附录等的序号、名称和页码组成。具有检索、报道、导读等功能。

4. 插图和附表清单　此清单非必需项目。论文中如图表较多,可以分别列出清单置于目次页之后。图的清单应有序号、图题和页码。表的清单应有序号、表题和页码。

5. 缩略词表　此表非必需项目。符号、标志、缩略词、首字母缩写、计量单位、名词、术语等的注释表符号、标志、缩略词、首字母缩写、计量单位、名词、术语等的注释说明汇集表,应置于图表清单之后。

6. 中英文摘要　摘要是对学位论文的内容不加注释和评论的高度概括的简短陈述。摘要应具有独立性和自含性,即不阅读报告、论文的全文,就能获得必要的信息。摘要一般应说明研究工作目的、实验方法、结果和最终结论等,而重点是结果和终论。为了国际交流,还应有英文摘要。编写摘要时应注意下列事项。

(1) 摘要必须在论文全文完稿之后,在遵循论文主题及主要内容的基础上撰写。

(2) 应如实、客观反映和高度浓缩、精炼原文的内容,不应成为正文的补充、注释和总结,也不可加进原文内容以外的解释、评价或自我评价。

(3) 不要简单重复篇名中已有的信息,不要把本专业领域的常识或过于浅显的内容写进摘要。

(4) 一般不用图表、公式、化学结构式、数学方程式、参考文献等,也尽量不用非公认通用的符号、术语、缩略词,如必须使用,应在首次出现时加括号说明。

7. 关键词　以显著的字符另起一行,排在摘要末尾左下方。写法同学术论文写作。

8. 中图分类号　著录于关键词下方,另起一行。写法同学术论文写作。

(二) 主体部分

主体部分是学位论文的核心组成部分,包括引言、正文、致谢及参考文献等,占论文篇幅的绝大部分。正文部分应全面阐述研究的方法、过程和步骤,列出研究的结果,详细分析讨论结果和得出的结论。主体部分的编写格式可由著者自定,一般由引言(或绪论)开始,实验型医学论文的正文通常由材料和方法、实验结果、讨论、结论4个部分组成。以下以实验型医学论文为例介绍主体部分的撰写。学位论文在实验材料与设备、研究过程、取得结果、计算程序、推理论证等内容上比学术论文更详尽。

1. **引言(或绪论)**　医学学位论文的引言(或绪论)与学术论文的引言相比,在写作要求上基本一致,但更详尽,篇幅更长。内容包括简要说明研究工作的目的、范围、相关领域的前人工作和知识空白、理论基础和分析、研究设想、研究方法和实验设计、预期结果和意义等。应言简意赅,不要与摘要雷同,不要成为摘要的注释。有关历史回顾和前人工作的综述,可以单独成章,用足够的文字叙述。医学学位论文的综述一般附于文后。

2. **材料和方法**　材料和方法是学位论文的基础,是判断论文科学性、创新性的主要依据,对论文质量起着保证作用。

材料与方法主要有以下几个方面的内容:主要仪器、设备的名称、型号和生产厂家、主要性能和技术参数;主要试剂的名称、型号、纯度和生产厂家;材料的制备、加工、纯化和鉴定方法;实验对象,如实验动物的种数、数量、品系、窝别、分级、性别、体重、年龄及来源等;实验方法,如动物疾病模型形成的方法、实验组与对照组的分组方法、体内实验方法、体外实验方法、切片方法、染色方法、测试方法、记录方法、统计方法等;实验程序、实验环境条件和其他必须交代清楚的有关实验工作的情况。

这部分内容必须做到可据此重复进行实验,以便引用或验证。故应注意叙述的完整性、客观性与准确性。要把实验的每个程序、步骤,如实、简要地交代清楚,关键的信息不可省略。

3. **实验结果**　实验结果是本课题经过研究所取得的成果结晶,是论文的核心内容。讨论由此引发,结论也由此导出,是体现论文学术水平的高低和价值的重要基础。

实验型医学论文的结果包括实验研究观察到的现象,获得的物质,测得的数据、图像,得出的规律和结论等。结果必须是著者的第一手资料,应如实反映研究的具体成果,客观地进行分析与报道,不可随意更改或伪造成果。对于不符合主观设想的数据、资料不可随意舍弃,必须经过科学的处理与严密的逻辑判断方可决定,不要忽视偶发现象和数据,以确保论文的真实性。

4. **讨论**　讨论是体现论文主题思想和创新性的关键部分,主要针对"材料和方法"、"结果"这两部分进行综合分析、比较、论证,阐明事物间的内部联系与发展规律,解释现象与本质之间的内在关系,揭示研究结果的理论意义和实用价值,从感性认识上升到理性认识,做到有所发现、有所发明或有所创新。

讨论部分主要内容一般包括以下4个方面。

(1) 对实验材料和方法、实验结果的正确性、合理性进行分析和论证,以说明本项研究的理论意义和实用价值。

(2) 对实验结果进行理论阐述,以便找出规律性的结论,体现出论文的学术水平。

(3) 将本研究与国内外同类研究进行比较,说明异同之处及本研究处于什么地位。

(4) 对研究结果中可能出现的误差进行合理的解释,实事求是地评价本研究的优缺点及存在的问题,今后设想及研究方向。

5. 结论   结论又称小结或结语,是文章全部内容推论出的结果。著者在绪言或引言中提出的问题,经过本课题的一系列实验、研究、分析论证之后,要在结论中作一个总结。结论需高度概括说明本文解决的问题,发现的规律,有何创新,有何不足,指出尚待解决、需进一步研究的问题和建议。结论不要简单重复上文的内容,而是要从理论的高度给以明确、简要的总结。但是,结论并非必要,如果不可能导出应有的结论,也可以没有结论而进行必要的讨论。

6. 致谢   致谢是著者对本课题研究中提供帮助、指导,或仅参加了部分工作的单位和个人表示谢意的一种方式,是对他人劳动的尊重,也是著者应有的礼貌。学位论文的致谢也可置于文末。致谢时要恰如其分,实事求是,不以名人来抬高自己,也不能抹杀他人的劳动成果。以下个人或组织可列为致谢对象:①著者的指导老师及在研究工作中提出建议和提供帮助的人;②协助完成研究工作和提供便利条件的组织或个人;③给予转载和引用权的资料、图片、文献、研究思想和设想的所有者;④提供研究基金或给予资助的企业、组织或个人;⑤其他应感谢的组织或个人。

7. 参考文献   参考文献是医学学位论文的重要组成部分。要求著者著录在撰写毕业论文过程中曾经借鉴、引用过的,与本论文密切相关的重要文献,以表明研究的科学性与继承性。

参考文献的著录格式有严格的规定,根据国际标准 ISO/DIS 690,即《文献工作文后参考文献内容、格式和结构》规定可采用顺序编码制、著者出版年制和引文引注法3种体制,并对不同体制的文献著录格式作了明确的规定。国际生物医学期刊编辑委员会制订的《生物医学期刊投稿的统一要求》(即温哥华格式,2008年10月最新版本可在 http://www.icmje.org 上找到全文)规定参考文献采用顺序编码制,我国最新的国家标准 GB 7714—2005《文后参考文献著录规则》规定可采用顺序编码制和著者出版年制。本书着重介绍目前使用最普遍的顺序编码制的著录格式。

(1) 参考文献在正文中的标注方法

1) 按正文中引用的文献出现的先后顺序用阿拉伯数字连续编码,并将序号置于方括号中,上标。

2) 同一处引用多篇文献时,将各篇文献的序号在方括号中全部列出,各序号间用",",如"……[5,7,10]"如遇连续序号,可标注起讫号"—",如"……[2-5]"。

3) 同一文献在论著中被引用多次,在正文中标注首次引用的文献序号,并在序号的"[]"外著录引文的页码,文献表中不再重复著录页码。如"该数据库为目前世界上最大的有机化学数值数据库[2]180。"

4) 如文中写出所引文献的著者,则引文编码标在原著者的右上角,如"×××等[10]首次报道了……"如不出现引文著者名字,则标在该句(段)引文结束的右上角,标点符号之前,如"……之间的关系仍值得进一步研究[6]。"

5) 在文末按正文部分标注的序号依次列出所有的参考文献。

(2) 常用著录格式范例。以下为一些常用的参考文献著录格式与实例,其中文献类型标志、引用日期与获取访问路径为电子文献必备项。如系电子文献，还应在注明文献类型标志的同时注明其载体类型。文献类型与电子文献载体类型标志与代码对照表(表9-3-1)。

表9-3-1 参考文献类型、电子文献载体类型及其标志代码

参考文献类型及其标志代码											电子文献的载体类型及其标志代码			
普通图书	会议录	汇编	报纸	期刊	学位论文	报告	标准	专利	数据库	计算机程序	电子公告	磁带	磁盘	光盘	联机网络
M	C	G	N	J	D	R	S	P	DB	CP	EB	MT	DK	CD	OL
其他未说明的文献类型，用字母"Z"标识。															
电子参考文献著录代码															
序号	文献类型									著录代码					
1	光盘数据库									DB/CD					
2	联机网上数据库									DB/OL					
3	磁盘图书									M/DK					
4	光盘图书									M/CD					
5	联机网上图书									M/OL					
6	磁带期刊									J/MT					
7	联机网上期刊									J/OL					
8	联机网上电子公告									EB/OL					
说明	电子文献著录代码由"文献类型标志代码"+"/"+"电子文献的载体标志代码"构成，可根据具体情况依公式生成。															

1) 期刊文献

[序号]主要责任者. 文献题名[文献类型标志]. 刊名，出版年份，卷号(期号):起止页码[引用日期]. 获取和访问路径. 。例如：

[序号]李增刚，孙开来. 视黄类受体与视黄酸致畸作用关系[J]. 遗传，2004，26(5):735~738.

[序号] Gasparri RI, Jannis NC, Flameng WJ, et al. Ischemic preconditioning enhances donor lung preservation in the rabbit[J]. *Eur J Cardiothorac Surg*, 1999,16(6):639~646.

[序号] Nolan T, McVernon J, Skelj M, et al. Immunogenicity of a Monovalent 2009 Influenza A(H1N1) Vaccine in Infants and Children: A Randomized Trial [J/OL]. *JAMA*, 2010,303(1):37~46[2013-07-03]. http://jama.jamanetwork.com/data/Journals/JAMA/4494/jpc90010_37_46.pdf

2) 图书、专著

[序号]主要责任者. 文献题名[文献类型标志]. 出版地:出版者，出版年:页码[引用日期]. 获取和访问路径. 。例如：

[序号]广西壮族自治区林业厅. 广西自然保护区[M]. 北京:中国林业出版社，1993:

55-57.

［序号］Beckerle, MC. *Cell Adhesion* [M]. New York: Oxford University Press, 2001.

［序号］Hoque N, McGehee MA, Bradshaw BS. *Applied Demography and Public Health* [M]. Dordrecht, Springer Netherlands, 2013[2013-07-03]. http://link.springer.com/book/10.1007/978-94-007-6140-7/page/1

3) 图书中析出文献

［序号］析出文献主要责任者. 析出文献题名[文献类型标志]//专著主要责任者. 专著题名. 版本项. 出版地:出版者,出版年:析出文献的页码[引用日期]. 获取和访问路径. 。例如:

［序号］林庚金. 消化性溃疡//陈灏珠主编. 实用内科学[M]. 第10版. 北京:人民卫生出版社,1997:1565.

［序号］Melcescu E, Koch CA. Syndromes of Mineralocorticoid Excess[M/OL]. Koch CA, Chrousos GP. Endocrine Hypertension. Totowa, Humana Press, 2013:33-50[2013-07-03]. http://link.springer.com/content/pdf/10.1007%2F978-1-60761-548-4_2.pdf

4) 会议录、论文集

［序号］析出责任者. 析出题名//主编. 论文集名[文献类型标志]. (供选择项:会议名,会址,开会年)出版地:出版者,出版年:起止页码[引用日期]. 获取和访问路径. 。例如:

［序号］孙品一. 高校学报编辑工作现代化特征//中国高等学校自然科学学报研究会. 科技编辑学论文集[C]. 北京:北京师范大学出版社,1998:10-22.

［序号］Rosenthall EM. Proceedings of the fifth Canadian mathematical congress, University of Montreal, 1961[C]. Toronto: University of Toronto Press, 1963.

［序号］Metcalf SW. The tort hall air emission study[C/OL]. The International Congress on Hazardous Waste, Atlanta Marriott Marquis Hotel, Atlanta, Georgia, June 5-8, 1995: impact on human and ecological health[2010-09-22]. http://atsdrl.atsdr.cdc.gov:8080/cong95.html.

5) 专利文献

［序号］专利申请者或所有者. 专利题名:专利国别,专利号[文献类型标志]. 公告日期或公开日期[引用日期]. 获取和访问路径. 。例如:

［序号］姜锡洲. 一种温热外敷药制备方案:中国,881056072[P]. 1989-07-26.

［序号］古双喜. 治疗肝炎的药物及其制备方法:中国,02129229.9[P/OL]. 2003-03-12[2013-07-04]. http://211.157.104.87:8080/sipo/zljs/hyjs-yx-new.jsp?recid=CN02129229.9&leixin=fmzl&title=治疗肝炎的药物及其制备方法&ipc=A61K35/78

6) 学位论文

［序号］主要责任者. 文献题名[文献类型标志]. 保存地:保存单位,年份:页码范围[引用日期]. 获取和访问路径. 。例如:

［序号］Calms RB. Infrared spectroscopic studies on solid oxygen[D]. Berkeley: University of California, 1965:50-52.

［序号］李宝华. I-TAC在皮肤移植排斥中的作用及其机制[D/OL]. 上海:复旦大学,2007[2013-07-03]. http://d.g.wanfangdata.com.cn/Thesis_Y1272626.aspx

［序号］张志详. 间断动力系统的随机扰动及其在守恒律方程中的应用[D]. 北京:北京大学,1998.

7) 报告

[序号]主要责任者.文献题名[文献类型标志].报告地:报告会主办单位,年份:页码[引用日期].获取和访问路径..例如:

[序号]冯西桥.核反应堆压力容器的 LBB 分析[R].北京:清华大学核能技术设计研究,1997:2.

[序号]World Health Organization. Factors regulating the immune response: report of WHO Scientific Group[R]. Geneva:WHO,1970.

8) 报纸文章

[序号]主要责任者.文献题名[文献类型标志].报纸名,出版年,月(日):版次[引用日期].获取和访问路径..例如:

[序号]谢希德.创造学习的思路[N].人民日报,1998,12(25):10.

[序号]孙刚.外科医生不能只会开刀[N/OL].解放日报,2008,4(7):6[2013-07-03]. http://epaper.jfdaily.com/jfdaily/html/2008-04/07/content_123651.htm.

9) 电子公告

[序号]主要责任者.题名:其他题名信息[文献类型标志].(更新或修改日期)[引用日期].获取和访问路径..例如:

[序号]复旦大学图书馆.复旦大学图书馆第四届咨询委员会会议[EB/OL].(2013-05-09)[2013-07-04]. http://www.library.fudan.edu.cn/main/info/3287.htm

(3) 著录时注意事项

1) 原则上要求用文献本身的文字著录。

2) 个人著者,其姓全部著录,而名可以缩写为首字母,省略代表省略意义的".",如"Albert Einstein"可著录为"EINSTEIN A";如用首字母无法识别该人名时,则用全名。责任者不超过 3 个时,全部照录。超过 3 个时,只著录前 3 个责任者,其后加",等"或", et al"等与之相应的词。

3) 出版项中附在出版地之后的省名、州名、国名等以及作为限定语的机关团体名称可按国际公认的方法缩写,如"World Health Organization"可缩写为"WHO"。

4) 西文期刊刊名的缩写可参照 ISO 4《信息与文献:出版物题名和标题缩写规则》的规定缩写,缩写点可省略,医学期刊刊名也可参照 MEDLINE 的规范。

8. **文献综述** 文献综述是医学学位论文的重要组成部分,按照医学学位论文的写作传统,文献综述通常单独成章,置于正文后。通过学位论文的综述部分,可以考核研究生掌握文献的深度与广度,以及综合文献的能力。综述的写作方法详见第九章第二节。

(三) 附录部分

附录是医学学位论文主体的补充内容,并非必需项。下列内容可以作为附录编于学位论文之后。

(1) 为了整篇报告、论文材料的完整,但编入正文又有损于编排的条理和逻辑性,这一类材料包括比正文更为详尽的信息、研究方法和技术更深入的叙述,建议可以阅读的参考文献题录,对了解正文内容有用的补充信息等。

(2) 由于篇幅过大或取材于复制品而不便于编入正文的材料。

(3) 不便于编入正文的罕见珍贵资料。

(4) 某些重要的原始数据、数学推导、计算程序、框图、结构图、注释、统计表等。

(5) 本人在就读学位期间发表的文章、论著及取得的成果等。

(四) 结尾部分

学位论文的结尾部分包括封三与封底。封底通常为空白页,复旦大学规定封三的内容为独创性声明与使用授权声明。

为了净化学术风气,强化独创意识,防止学术剽窃,目前学位论文的授予单位一般都要求论文著者签署论文独创性声明。复旦大学研究生论文的独创性声明的内容为:"本论文是我个人在导师指导下进行的研究及取得的研究成果。论文中除了特别加以标注和致谢的地方外,不包含其他人或其他机构已经或撰写过的研究成果。其他同志对研究的启发和所作的贡献均已在论文中作为明确的声明并表示了谢意。"此声明要求论文著者签署姓名及日期。

为尊重论文著者与导师的智力劳动,保护学位授予单位的权益,根据我国研究生教育制度的特点,研究生应与培养单位签署"学位论文使用授权声明",通常规定学校有权保留送交论文的复印件,允许论文被查阅和借阅;学校有公布论文内容的权利及采用影印、缩印或其他复制手段保存论文。此声明需由著者与导师共同签署姓名和日期。

不同的学位授予单位在独创性声明与使用授权声明在措辞上会有所不同,但内容大致相同。论文著者要根据要求下载不同的声明并填写。复旦大学研究生论文的两项声明可在复旦大学研究生院主页的"学位申请"中的"论文规范"中下载。

三、学位论文提交

学位论文著者在通过论文答辩之后,按学位授予单位的要求,要向单位及其相关部门递交规定数量和规定载体的学位论文。复旦大学从 2010 年 12 月起规定,研究生在通过论文答辩之后,非涉密论文必须按规定在图书馆的学位论文递交系统中进行网上递交,印刷版论文由院系统一递交。

(一) 论文密级的确定

复旦大学研究生院规定以学位论文的信息内容是否涉及国家秘密事项为界限,将论文分为涉密论文与非涉密论文。

1. 涉密论文 涉密论文是指涉及国家政治、经济、科技、军事等秘密的论文。军工类涉密论文的管理参照复旦大学军工涉密研究生的管理办法执行;非军工类涉密论文由学校保密委员会根据项目委托方是否定密确定论文密级,此类论文交学校保密委员会存放。涉密论文无需向图书馆进行网上和实物递交。

2. 非涉密论文 非涉密论文可根据是否需要限制使用或公开发行为依据,分为"公开级"与"限制级"。对于虽未涉及国家秘密但又需要在一定时间内限制其对外交流和使用范围的学位论文,可确定为"限制级",主要包括论文研究内容涉及知识产权、商业秘密、技术秘密、工作秘密或个人隐私以及待申请专利等情况。

(1) 限制级论文的申请应在论文预答辩前,由研究生本人根据需要填写《复旦大学研究生限制级(内部)学位论文申请审核表》(图 9-3-1),导师审核签字,院系同意盖章,并由各学位评定分委员会审定后,报研究生院审核,批准后生效。

(2) 限制级论文应在封面右上角"学校代码:10246"上方,明确标注"内部★两年"的字样,即保密期限为两年。这是指自批准之日起两年内,不作公开使用或上网公布。

(3) 公开级与限制级论文均需在图书馆的学位论文提交系统中提交相关数据,但两者有不同的要求与规定。

复旦大学研究生限制级（内部）学位论文申请审核表

申请人姓名		学科专业	
学　　号		学位层次	博士□　　硕士□
所属院系		导师姓名	
论文题目			
申请理由： 申请人（签名）：　　年　月　日			
导师意见	导师（签名）：　　年　月　日		
院系意见	负责人（签章）：　　年　月　日		
学位评定分委员会审核意见	分委员会主席（签名）：　　年　月　日		
研究生院审核意见	负责人（签章）：　　年　月　日		

注：限制级学位论文的申请主要针对论文研究内容涉及知识产权、商业秘密、技术秘密、工作秘密或个人隐私以及待申请专利等情况，保密期限为两年，论文封面右上角以"内部★两年"标识。

图 9－3－1　复旦大学研究生限制级(内部)学位论文审核表

（二）学位论文递交系统入口

复旦大学学位论文提交介绍及系统的入口在复旦大学图书馆主页（http://www.library.fudan.edu.cn）上，在"读者服务"一栏中选择"学位论文提交"。

（三）网上提交

在学位论文提交页面上点击"网上递交"按钮，进入"复旦大学论文授权提交系统"，输入姓名与学号后，在下一个页面的菜单栏中，按学位级别分别点击"硕士学位论文提交"或"博士学位论文提交"，即可开始学位论文网上提交工作。

1. 查询密码设置　要求输入姓名、学号、密码（自定义）及随机出现的验证码。此处的密码为读者日后查询或修改提交信息时所必需。设置完密码后，可继续后面的提交。如此次未完成后面的提交，日后需通过学号与密码从"提交查询"入口进入提交页面，继续提交或修改数据。

2. 提交元数据　如实填写培养单位、学科及专业、常用的电子邮件地址、入学年份、答辩日期、导师姓名与单位、中英文题目、关键词（不少于 3 个）及摘要等。凡是有"＊"标记的为必填项，其他项目遵循有则填之的原则。其中，论文的中英文摘要信息可从原文中拷贝粘贴至填写窗口，但粘贴后的文字原有的上下标格式需重新设置。如果摘要中有"AP_5"，粘贴后变为"AP5"，需重新选中"5"，再点击"下标"即可。信息全部填写完整后，点击"保存"按钮。公开级与内部级论文均要求提交元数据。

3. 学位论文主文件上传　公开级的论文需在该系统中上传论文全文。上传的论文需遵循"复旦大学博士、硕士学位论文规范"要求,内容包含标准封面、扉页、目录、中文摘要(含中文关键词,中图分类号)、英文摘要(含英文关键词,中图分类号)、引言、正文、参考文献、综述、致谢、签署姓名和日期的论文独创性声明和论文使用授权声明等。系统只支持提交一个论文主文件,为 word 或 pdf 格式。

要特别注意的是:论文正文页码的编制要与目录一一对应;签署姓名和日期的论文独创性声明页需扫描或拍照后,附在正文的最后。

限制级论文除要求要封面上标注"内部★两年"字样外,正文格式要求同公开级论文。论文全文刻录在光盘中,word 或 pdf 格式均可。在元数据提交完成后,到图书馆递交经研究生院批准的《复旦大学研究生限制级(内部)学位论文申请表》复印件,同时递交论文全文光盘审核验收。

(四) 审核结果

完成论文网上递交之后,可以依下述方法查询。

(1) 登录网上递交系统,在"提交查询"界面中输入学号和密码,再点击"状态"标签按钮,查询审核情况。如果审核未通过,请按照审核意见在"元数据"或"文件"页面中作修改,直至通过审核。

(2) 依个人填写的邮箱地址查询邮件,通过与否均会有邮件通知。

(叶　琦)

参考文献及网站

1. 曾民族.知识技术及其应用.北京:科学技术文献出版社,2005
2. 张自钧.医学检索与利用.上海:上海医科大学出版社,1998
3. 李晓玲,夏知平.医学信息检索与利用.第4版.上海:复旦大学出版社,2008
4. 黄晓鹂.医学信息检索与利用-案例版.北京.科学出版社,2012
5. 符福峘.信息学基础理论.北京:科学技术文献出版社,1994
6. 方平.医学文献信息检索.北京:人民卫生出版社,2005
7. 梁玲芳,蒋海萍,林红等.医学信息学.北京:中国档案出版社,2006
8. 叶鹰.信息检索:理论与方法.北京:高等教育出版社,2004
9. 艾利贝斯官方网站.http://www.exlibrisgroup.com/cn/[2013-08-09]
10. 窦天芳,姜爱蓉.资源发现系统功能分析及应用前景.图书情报工作,2012,56(7):38~43
11. 路莹.图书馆资源整合新技术——探索发现系统.中华医学图书情报杂志,2013,22(5):28~31
12. 王霞,周涛.高校信息资源异构数据源的整合.中华医学图书情报杂志,2012,21(2):15~17
13. 孙建军,成颖.信息检索技术.北京:科学出版社,2004
14. 柯平.信息素养与信息检索概论.天津:南开大学出版社,2005.
15. 关志英,郭依群.网络学术资源应用导览(科技篇).北京:中国水利水电出版社,2007.
16. 彭奇志.信息检索与利用教程.北京:中国轻工业出版社,2006
17. 祁延利,赵丹群.信息检索概论.北京:北京大学出版社,2006
18. 赵金海,高伟,王洪志.文献检索与利用.天津:天津教育出版社,2007
19. Robert Kiley 著,马费成等译.Internet 医学信息检索指南.沈阳:辽宁科学技术出版社,2003
20. Baeza Yates R.现代信息检索.北京:机械工业出版社,2004
21. 缪其浩.大数据时代:趋势与对策.科学,2013,65(4):25~28
22. 张静波.大数据时代的数据素养教育.科学,2013,65(4):29~32
23. 赖茂生等.计算机情报检索.修订版.北京:北京大学出版社,2003.
24. 符绍宏.信息检索.北京:高等教育出版社,2004.
25. Menou MJ. Measuring the Impact of Information on Development. Ottawa, Canada: International Development Research Centre,1993.
26. 教育部科技发展中心.http://www.cutech.edu.cn/cn[2013-08-11]
27. 谢新洲,滕跃主编.科技查新手册.北京:科学技术文献出版社,2004
28. 朱世琴.面临新一轮查新机构认定的大学图书馆.津图学刊.2003,(1):64~66

29. 黄如花,王小琼.我国科技查新机构的分布及特点.情报理论与实践,2005,28(3):255~259
30. 王彪.科技查新委托书填写的常见问题及对策.能源技术与管理,2006,(6):152,154
31. 我国国家标准"文后参考文献著录规则"(GB7714 2005)
32. 刘助柏,梁辰.知识创新学.北京:机械工业出版社,2002
33. 戴起勋,赵玉涛.科技创新与论文写作.北京:机械工业出版社,2004
34. 国家自然科学基金委员会. www.nsfc.gov.cn
35. 美国大学与研究型图书馆协会指导委员会(ACRL) http://www.ala.org/acrl.html
36. Physician Data Query http://www.cancer.gov/cancertopics/pdq
37. Prescribing Reference http://www.prescribingreference.com
38. MeSH http://www.ncbi.nlm.nih.gov/mesh
39. 复旦大学图书馆 http://www.library.fudan.edu.cn
40. Nucleic Acids Research http://www.oxfordjournals.org/nar/database/c/
41. 美国生物信息技术中心 http://www.ncbi.nlm.nih.gov/
42. PubMed http://www.pubmed.gov
43. Chranelibrary http://www.thecochranelibrary.com
44. PREMIER Biosoft http://www.premierbiosoft.com
45. primer3 http://primer3.ut.ee/
46. ExPASy Bioformatics Resources Portal http://www.expasy.ch/tools/
47. Compute pI/Mw tool http://web.expasy.org/compute_pi/
48. European Molecular Biology Laboratory http://www.embl.org
49. International Committee of Medical Journal Editors http://www.icmje.org
50. Annals of Internal Medicine http://annals.org/public/authorsinfo.aspx#authorship-issues
51. Uniform Requirements for Manuscripts Submitted to Biomedical Journal) http://www.icmje.org

(以上网址均为 2013 年 11 月 26 日核对)

图书在版编目(CIP)数据

医学信息检索与利用/李晓玲,符礼平主编. —5 版. —上海:复旦大学出版社,
2014.2(2018.6 重印)
ISBN 978-7-309-10248-2

Ⅰ.医… Ⅱ.①李…②符… Ⅲ.医学-情报检索 Ⅳ.G252.7

中国版本图书馆 CIP 数据核字(2013)第 307915 号

医学信息检索与利用(第五版)
李晓玲　符礼平　主编
责任编辑/傅淑娟

复旦大学出版社有限公司出版发行
上海市国权路 579 号　邮编:200433
网址:fupnet@fudanpress.com　http://www.fudanpress.com
门市零售:86-21-65642857　团体订购:86-21-65118853
外埠邮购:86-21-65109143　出版部电话:86-21-65642845
江苏省句容市排印厂

开本 787×1092　1/16　印张 17.5　字数 426 千
2018 年 6 月第 5 版第 4 次印刷
印数 11 301—14 400

ISBN 978-7-309-10248-2/G·1258
定价:46.00 元

如有印装质量问题,请向复旦大学出版社有限公司出版部调换。
版权所有　侵权必究

复旦大学出版社向使用本社《医学信息检索与利用》(第五版)作为教材进行教学的教师免费赠送多媒体课件,该课件有许多教学案例,以及教学PPT。欢迎完整填写下面表格来索取多媒体课件。

教师姓名:_____

任课课程名称:_____

任课课程学生人数:_____

联系电话:(O)_____ (H)_____ 手机:_____

E-mail 地址:_____

所在学校名称:_____

邮政编码:_____

所在学校地址:_____

学校电话总机(带区号):_____

学校网址:_____

系名称:_____

系联系电话:_____

每位教师限赠多媒体课件一份。

邮寄多媒体课件地址:_____

邮政编码:_____

请将本页复印完整填写后,邮寄到上海市国权路579号

复旦大学出版社傅淑娟收

邮政编码:200433

联系电话:(021)65654719

E-mail:shujuanfu@163.com

复旦大学出版社将免费邮寄赠送教师所需要的多媒体课件。